大数据技术精品系列教材

U0287771

机器学习
原理与实战

Machine Learning Principles and Practices

何伟 张良均◉主编

金应华 王清 施兴◉副主编

人民邮电出版社

北 京

图书在版编目（ＣＩＰ）数据

机器学习原理与实战 / 何伟，张良均主编. -- 北京：人民邮电出版社，2021.7
大数据技术精品系列教材
ISBN 978-7-115-56399-6

Ⅰ．①机… Ⅱ．①何… ②张… Ⅲ．①机器学习－高等学校－教材 Ⅳ．①TP181

中国版本图书馆CIP数据核字(2021)第070166号

内 容 提 要

　　本书以 Python 机器学习常用技术与真实案例相结合的方式，深入浅出地介绍了 Python 机器学习应用的主要内容。全书共 11 章，分别介绍了机器学习概述、数据准备、特征工程、有监督学习、无监督学习、智能推荐的相关知识，并介绍了市财政收入分析案例、基于非侵入式电力负荷监测与分解的电力分析案例、航空公司客户价值分析案例、广电大数据营销推荐案例以及基于 TipDM 数据挖掘建模平台实现航空公司客户价值分析案例。每章都包含了课后习题，帮助读者巩固所学的内容。

　　本书可以作为高校数据科学或人工智能的相关专业教材，也可以作为机器学习爱好者的自学用书。

◆ 主　　编　何　伟　张良均
　　副 主 编　金应华　王　清　施　兴
　　责任编辑　初美呈
　　责任印制　王　郁　彭志环

◆ 人民邮电出版社出版发行　北京市丰台区成寿寺路 11 号
　　邮编 100164　电子邮件 315@ptpress.com.cn
　　网址 https://www.ptpress.com.cn
　　固安县铭成印刷有限公司印刷

◆ 开本：787×1092　1/16
　　印张：18.25　　　　　　　　　　　2021 年 7 月第 1 版
　　字数：437 千字　　　　　　　2024 年 12 月河北第 8 次印刷

定价：59.80 元

读者服务热线：(010)81055256　印装质量热线：(010)81055316
反盗版热线：(010)81055315
广告经营许可证：京东市监广登字 20170147 号

大数据技术精品系列教材
专家委员会

张敏（广东泰迪智能科技股份有限公司）　　张兴发（广州大学）

张尚佳（广东泰迪智能科技股份有限公司）　张治斌（北京信息职业技术学院）

张积林（福建理工大学）　　　　　　　　　张雅珍（陕西工商职业学院）

陈永（江苏海事职业技术学院）　　　　　　武春岭（重庆电子科技职业大学）

周胜安（广东行政职业学院）　　　　　　　赵强（山东师范大学）

赵静（广东机电职业技术学院）　　　　　　胡支军（贵州大学）

胡国胜（上海电子信息职业技术学院）　　　施兴（广东泰迪智能科技股份有限公司）

韩宝国（广东轻工职业技术大学）　　　　　曾文权（广东科学技术职业学院）

蒙飚（柳州职业技术大学）　　　　　　　　谭旭（深圳信息职业技术学院）

谭忠（厦门大学）　　　　　　　　　　　　薛毅（北京工业大学）

薛云（华南师范大学）

序 # FOREWORD

随着大数据时代的到来，移动互联网和智能手机迅速普及，多种形态的移动互联网应用蓬勃发展，电子商务、云计算、互联网金融、物联网、虚拟现实、机器人等不断渗透并重塑传统产业，而与此同时，大数据当之无愧地成为了新的产业革命核心。

2019年8月，联合国教科文组织以联合国6种官方语言正式发布《北京共识——人工智能与教育》，其中提出，各国要制定相应政策，推动人工智能与教育系统性融合，利用人工智能加快建设开放灵活的教育体系，促进全民享有公平、高质量、适合每个人的终身学习机会，这表明基于大数据的人工智能和教育均进入了新的阶段。

高等教育是教育系统中的重要组成部分，高等院校作为人才培养的重要载体，肩负着为社会培养人才的重要使命。教育部部长陈宝生于2018年6月21日在新时代全国高等学校本科教育工作会议上首次提出了"金课"的概念，"金专""金课""金师"迅速成为新时代高等教育的热词。如何建设具有中国特色的大数据相关专业，如何打造世界水平的"金专""金课""金师"和"金教材"是当代教育教学改革的难点和热点。

实践教学是在一定的理论指导下，通过实践引导，使学习者能够获得实践知识、掌握实践技能、锻炼实践能力、提高综合素质的教学活动。实践教学在高校人才培养中有着重要的地位，是巩固和加深理论知识的有效途径。目前，高校的大数据相关专业的教学体系设置过多地偏向理论教学，课程设置冗余或缺漏，知识体系不健全，且与企业实际应用契合度不高，学生无法把理论转化为实践应用技能。为了有效解决该问题，"泰迪杯"数据挖掘挑战赛组委会与人民邮电出版社共同策划了"大数据专业系列教材"。这恰与2019年10月24日教育部发布的《教育部关于一流本科课程建设的实施意见》（教高〔2019〕8号）中提出的"坚持分类建设、坚持扶强扶特、提升高阶性、突出创新性、增加挑战度"原则完全契合。

"泰迪杯"数据挖掘挑战赛自2013年创办以来一直致力于推广高校数据挖掘实践教学，培养学生数据挖掘的应用和创新能力。挑战赛的赛题均为经过适当简化和加工的实际问题，来源于各企业、管理机构和科研院所等，非常贴近现实热点需求。赛题中的数据只做必要的脱敏处理，力求保持原始状态。竞赛围绕数据挖掘的整个流程，从数据采集、数据迁移、数据存储、数据分析与挖掘，最终到数据可视化，涵盖了企业应用中的各个环节，与目前大数据专业人才培养目标高度一致。"泰迪杯"数据挖掘挑战赛不依赖于数学建模，甚至不依赖传统模型的竞赛形式，使得"泰迪杯"数据挖掘挑战赛在全国各大高校反响热烈，且得到了全国各界专家学者的认可与支持。2018年，"泰迪杯"数据挖掘挑战赛增加了子赛项——数据分析职业技能大赛，为高职及中职技能型人才培养提供理论、技术和资源方面的支持。截至2019年，全国共有近800所高校，约1万名研究生、5万名本科生、2万名高职生参加了"泰迪杯"数据挖掘挑战赛和数据分析职业技能大赛。

本系列教材的第一大特点是注重学生的实践能力培养，针对高校实践教学中的痛点，首次提出"鱼骨教学法"的概念。以企业真实需求为导向，学生学习技能紧紧围绕企业实际应用需求，将学生需掌握的理论知识，通过企业案例的形式进行衔接，达到知行合一、以用促学的目的。第二大特点是以大数据技术应用为核心，紧紧围绕大数据应用闭环的流程进行教学。本系列教材涵盖了企业大数据应用中的各个环节，符合企业大数据应用真实场景，使学生从宏观上理解大数据技术在企业中的具体应用场景及应用方法。

在教育部全面实施"六卓越一拔尖"计划2.0的背景下，对于如何促进我国高等教育人才培养体制机制的综合改革，如何重新定位和全面提升我国高等教育质量的问题，本系列教材将起到抛砖引玉的作用，从而加快推进以新工科、新医科、新农科、新文科为代表的一流本科课程的"双万计划"建设；落实"让学生忙起来，管理严起来和教学活起来"措施，让大数据相关专业的人才培养质量有一个质的提升；借助数据科学的引导，在文、理、农、工、医等方面全方位发力，培养各个行业的卓越人才及未来的领军人才。同时本系列教材将根据读者的反馈意见和建议及时改进、完善，努力成为大数据时代的新型"编写、使用、反馈"螺旋式上升的系列教材建设样板。

汕头大学校长
教育部高校大学数学教学指导委员会副主任委员
泰迪杯数据挖掘挑战赛组织委员会主任
泰迪杯数据分析技能赛组织委员会主任

2021年6月6日于粤港澳大湾区

前 言 PREFACE

随着智能化设备和硬件的发展，人工智能与人们现实中生产生活间的联系也更为紧密，相关的技术应用也越来越频繁地出现在人们的视野当中。不论是在围棋比赛中大放异彩的 AlphaGO，还是物流行业中的自动分拣系统，再或者是人们手机中的语音识别功能或家中的扫地机器人等，这些智能化应用的实现都需要人工智能技术的支撑。凡是使用机器代替人类实现认知、识别、分析、决策等功能，均可认为使用了人工智能技术。

人工智能是一门综合了计算机科学、生理学和哲学的交叉学科，按照技术应用的不同场景，人工智能可以分为基础技术类和终端产品类。作为人工智能基础技术中的核心，机器学习是实现人工智能的重要手段之一，也是目前主流的人工智能实现方法。随着时间的推移，数据、计算资源和机器学习都得到了充分的发展，未来将持续有大量的相关工作需要懂得机器学习的人去实现。因此，机器学习必将成为高校人工智能相关专业的重要课程之一。

本书特色

本书全面贯彻党的二十大精神，以社会主义核心价值观为引领，加强基础研究、发扬斗争精神，为建成教育强国、科技强国、人才强国、文化强国添砖加瓦。本书内容以实现机器学习流程的各个步骤为导向，深入浅出地介绍了如何从零开始构建机器学习应用所需的必备技能。本书所有章节均采用总分结构，先总体陈述本章涉及的内容，而后将相关知识点一一道出。设计思路以应用为导向，让读者明确如何利用所学知识来解决问题，并通过课后习题巩固所学内容，使读者真正理解并能够应用所学知识。本书内容由浅入深，第 1 章介绍机器学习相关的基本概念等知识，让读者在宏观上理解机器学习的概念和常用应用领域，同时还介绍了机器学习的通用流程和常用 Python 机器学习工具库。第 2～6 章介绍了 Python 机器学习中各个步骤的具体应用，内容涵盖数据准备、特征工程、有监督学习、无监督学习以及智能推荐等，为读者提供 Python 机器学习全流程的详细说明。第 7～10 章是前面几章的综合应用，分别介绍了市财政收入分析、基于非侵入式电力负荷监测与分解的电力分析、航空公司客户价值分析、广电大数据营销推荐案例，帮助读者巩固前 6 章的知识。第 11 章介绍了基于开源、去编程化的 TipDM 数据挖掘建模平台，通过拖曳的图形化操作实现航空公司客户价值分析。

本书适用对象

● 开设有机器学习课程高校的教师和学生。

目前，国内不少高校将机器学习引入教学中，在数学、计算机、自动化、电子信息、金融等专业开设了与机器学习相关的课程，但目前这一课程将 Python 基础与机器学习割裂开来，不够系统，同时也增加了课业负担。本书将 Python 基础与机器学习常用编程库整合起来，帮助读者在零基础的情况下更快地学会使用 Python 进行机器学习。

● 机器学习应用开发人员。

机器学习应用开发人员的主要工作是将机器学习相关的算法应用于实际业务系统。本书提供了详细的机器学习流程设计步骤与算法相关接口的用法与说明，能够帮助此类人员快速而有效地建立起数据分析应用的算法框架，迅速完成开发。

● 进行机器学习应用研究的科研人员。

科研人员理论基础强，但为了实现机器学习算法，需要花费大量的时间。本书可以为这类人员提供一个算法快速实现的通道，在短时间内实现与验证理论，同时也可为科研系统提供机器学习相关的功能支撑。

代码下载及问题反馈

为了帮助读者更好地使用本书，泰迪云课堂提供了配套的教学视频。本书配套的原始数据文件、Python 程序代码，读者可以从"泰迪杯"数据挖掘挑战赛网站免费下载，也可登录人民邮电出版社的人邮教育社区（http://www.ryjiaoyu.com）下载。为方便教师授课，本书还提供了 PPT 课件、教学大纲、教学进度表和教案等教学资源，教师可扫码下载申请表，填写后发送至指定邮箱申请所需资料。同时欢迎教师加入 QQ 交流群"人邮大数据教师服务群"（669819871）进行交流探讨。

编者已经尽最大努力避免在文本和代码中出现错误，但是由于水平有限，书中疏漏和不足之处在所难免。如果您有更多的宝贵意见，欢迎在泰迪学社微信公众号（TipDataMining）发送"图书反馈"进行反馈。更多本系列图书的信息可以在"泰迪杯"数据挖掘挑战赛网站查阅。

泰迪云课堂　　　　　"泰迪杯"数据挖掘挑战赛网站　　　　　申请表下载

编　者
2023 年 5 月

目 录 CONTENTS

第 1 章 机器学习概述

机器学习（Machine Learning）是人工智能的一个重要分支，也是实现人工智能的一个重要途径。在 20 世纪中叶，机器学习成为计算机科学领域一个重要的研究课题，如今已发展成为一门多领域交叉的学科，涉及概率论、统计学、逼近论、凸分析、计算复杂性理论等多门学科。在人工智能领域，机器学习是现阶段解决很多人工智能问题的主流方法，作为一个独立的方向，其正处于高速发展中。本章主要介绍机器学习的概念和应用领域、机器学习的通用流程和 Python 的机器学习相关工具库。

学习目标
（1）了解机器学习的概念和应用领域。
（2）熟悉机器学习的通用流程。
（3）了解常用的 Python 机器学习相关工具库。

1.1 机器学习简介

机器学习研究计算机怎样模拟或实现人类的学习行为，它以获取新的知识或技能，并重新组织已有的知识结构来不断改善自身性能。

1.1.1 机器学习的概念

目前关于机器学习的主流定义有以下 3 种。

（1）机器学习是人工智能的一个研究方向，该方向的主要研究对象是人工智能算法，研究重点是如何在经验学习中改善具体算法的性能。

（2）机器学习研究能通过经验来自动改进自身的算法。

（3）机器学习是将数据或以往的经验作为优化算法性能标准的过程。

对于机器学习，更为具体的解释是，计算机程序通过学习，将无序的数据转换为有用的信息，进而达到程序能够自行解决实际问题的目的。该学习过程通常不需要人类对计算机程序下达指示，而由程序独立完成。

以一个能自动识别鸟类的计算机程序为例，程序将输入的已知种类的鸟类的体重、翼长、是否有脚蹼、喙的颜色和后背的颜色等数据转换为一种知识进行记忆，最终只需要输入未知类型的鸟类对应的数据，便可自动识别该鸟类的类型。整个学习过程需要人类进行干涉的部分仅有提供鸟类样本数据，其余部分都由程序自行完成。

1.1.2 机器学习的应用领域

随着人工智能技术的发展与普及，作为人工智能核心的机器学习也得到了广泛的应用。机器学习的应用已经涵盖金融、交通、电力、教育、通信、电子商务、制造、医疗和农业等多个领域。常见的机器学习实际应用如表 1-1 所示。

表 1-1　常见的机器学习实际应用

应用领域	应用方向	简介
金融	智能投顾	在投资个人或者机构提供投资的偏好、收益目标以及承担的风险水平等要求的基础上，进行智能核算和投资组合优化，从而提供最符合用户需求的投资参考
	风险管控	在收集和分析消费者个人相关信息的基础上，使用机器学习技术构建风险预测模型，进而确定风险的程度。在贷款业务中，运用机器学习技术，能够在短至几秒的时间内完成审批任务，并得出审批结果
交通	智能调度	能够智能化集中协调统一管理线网，同时也能进一步提高城市管理的自动化水平，可通过开放数据平台访问按需服务，同时与共享汽车、单车、出租、公交等交通终端并网，可查询实时信息及重大事件
	智能控制	能够模拟人的行为来实施对列车和列车群的管理。通过车载计算机来控制列车辅助和自动驾驶，或者通过调度中心智能工作站对列车进行控制，完成行车计划、运营管理和信息服务等功能
电力	电力设备状态监测	使用机器学习技术，在设备本身运行状态相关的温度、湿度、压力、声音、振动、频率等数据的基础上，对历史数据中的模式进行筛选，构建系统正常运行的数据模型，可以实现设备状态的自动监测
	电力设备缺陷检测	通过采集设备运行过程中的图像信息，使用深度学习、图像分类、目标检测相关的算法实现设备缺陷类型识别、设备缺陷位置检测
教育	智能教学管理	通过智能化教学管理系统，将教学管理要素中的人事、科研、后勤等有机结合，实现共享与动态更新教学管理信息，从而实现智能化管理，保证对突发事件的即时响应
	个性化辅导	通过分析学生的基础信息数据、行为数据和学习数据，智能生成个性化学习路径，提供个性化学习支持服务，推送个性化学习资源以及进行智能测评与及时反馈，帮助学生更好地进行自主学习
通信	质量监测	目前，通信行业已经逐渐将网络运营与维护的相关数据利用机器学习技术和大数据平台进行分析，以便于更好地掌握网络情况，开展管理工作
	安全防护	将机器学习技术应用于网络防护当中，建立起一个安全的智能防护体系，保护人们的信息安全，对网络攻击的监测会有很大程度的提高。应用了机器学习技术的智能防护体系还能对信息数据进行备份工作，让网络主动进行安全防护，为保护网络信息安全提供一个安心的屏障
电子商务	商品智能推荐	这是在算法框架基础之上的一套完整的推荐系统，可以实现海量数据集的深度学习，分析消费者的行为，并且预测哪些产品可能会吸引消费者，从而为他们推荐商品，有效降低消费者的选择成本

续表

应用领域	应用方向	简介
电子商务	客户分析	根据历史合作客户维度、销售数据等进行分析，构建预测模型，为企业自动推荐更精准的客户。随着销售数据库中销售数据的增加，算法的自我学习能力会提升推荐的有效度，帮助企业逐步完善更具竞争力及利润空间的战略地图，更科学、合理地规划来年需要重点攻克的行业难题及提前洞察客户需求，告别过去传统、简单地根据业绩选择行业销售模式
制造	智能测量	一般的专用测量装置和系统在处理输入信号时，普遍建立确定的数学模型并使用规范的数学算法，但算法由于具有复杂性和难度，导致在某些情况下无法对问题进行规范化的说明和表达，如测量结果的有效性验证、特定环境下最适宜量程的自动选择和零点的自动校准等。应用机器学习技术可对当前和历史数据信息进行智能分析与处理，从不同层次对测量过程进行抽象，提高现有测量系统的性能和效率，扩展传统测量的功能
	智能管理	利用知识库、专家系统和决策支持系统等，可以建立智能管理应用平台，综合分析各类内部和外部的动态数据，参考已有的知识与规则，帮助企业管理层提供及时的决策支持，减少因决策失误导致的各种风险与浪费，提高企业综合竞争力
医疗	影像识别	通过计算机视觉技术对医疗影像进行快速读片和智能诊断，其应用主要包括图像识别和数据训练：首先对影像进行预处理，定位病变位置；其次对图像进行分割和特征提取，对病变影像进一步量化，提取病变的大小、密度、形态特征等；最后是匹配和聚类，利用深度学习，用特定的学习型算法，将特征向量映射为诊断决策，如是良性病变还是恶性病变
	辅助诊断	通过计算机学习医疗知识，模拟医生的思维和诊断推理，给出可靠的诊断和治疗方案。辅诊能力基于大数据硬件和神经网络芯片等计算能力，对医疗领域大量数据进行系统训练和优化，运用自然语言处理、认知技术、自动推理、机器学习、信息检索等技术，实现自动问答、挂号、临床决策、诊疗决策等全方位的智能诊疗
农业	土壤成分检测分析	可对土壤传感器收集到的可溶性盐含量、地表水分蒸发量、土壤湿度等数据通过人工神经网络进行预测分析，决策各类农作物所适宜的最佳土壤。也可预测土壤表层的黏土含量，通过深度加权方法从土壤传感器获取的信号中提取土壤表层地质信息，再使用人工神经网络进行预测
	农田灌溉用水分析	对农作物用水需求量进行分析，可以科学地指导农户灌溉，保证作物有水可依，极大程度地缓解洪涝或干旱灾害对作物造成的不良影响。此外，智能灌溉系统与传感器、灌溉设备连接后，可对土壤含水量进行实时监控，据此选择最合适的灌溉模式进行作物灌溉

1.2 机器学习通用流程

一个完整的机器学习过程可拆分为多个步骤，包括前期的目标分析、数据准备、特征工程，中期的模型训练与调优以及后期的性能度量与模型应用。机器学习的通用流程如图 1-1 所示。

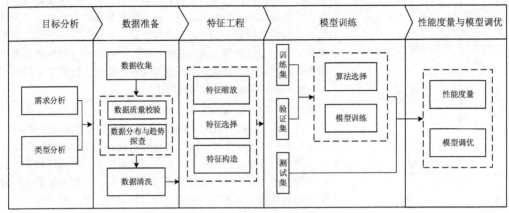

图 1-1　机器学习的通用流程

1.2.1　目标分析

目标分析是机器学习前期准备的一个重要步骤，包括需求分析与类型分析两种。

1. 需求分析

在软件工程中，需求分析是指在创建系统或产品前，确定新系统的目的、范围、定义和功能的步骤。机器学习中的需求分析是指确定机器学习的使用场景，需要完成的业务和解决的技术问题。机器学习中的需求分析与软件工程中的需求分析的不同点在于，软件工程的需求分析注重实现某一个功能，而机器学习的需求分析更注重于解决某一个具体问题。机器学习中的需求分析需要分析想要解决问题需要达成的具体目标，例如，要识别邮件是否是垃圾邮件，需要解决区分垃圾邮件与正常邮件的问题，需要达成的具体目标就是从一堆未知的邮件中准确地寻找出其中的垃圾邮件，剩下的便是正常的邮件。

同时，机器学习中的需求分析还需要分析邮件系统可提供的信息。例如，每封邮件可以提供的信息包含发件人、发件邮箱地址、邮件标题等，需要设计一个依据此类信息完成垃圾邮件识别的初步构想，从而确定需要收集与分析的数据。

2. 类型分析

类型分析是选定机器学习使用的算法种类的重要步骤，为之后的算法选取与模型训练起到铺垫作用。机器学习的类型按训练方式可分为：有监督学习、无监督学习和半监督学习。

（1）有监督学习

有监督学习的算法能够从带有标记的训练资料中学习或建立一种知识，依据此知识对新的实例进行推测。垃圾邮件识别是一个典型的有监督学习问题——人们会对以往已经确认是垃圾邮件的邮件打上标记，而机器学习算法将会依赖这些标记进行学习。

有监督学习可细分为分类与回归。分类的目标是预测一批未知类型的对象的类别。典型的分类问题有垃圾邮件识别、恶意软件检测等。这类问题需要识别具体对象的具体类别。回归则是预测某一事物未来的发展变化状况。典型的回归问题有股票价格预测、未来几天的气温变化预测等。这类问题需要预测对象的未来某一具体数值属性的变化。

（2）无监督学习

无监督学习与有监督学习相反，即训练资料中没有预设的标记，需要算法自行从训练资料中建立一种知识。客户分群是一个典型的无监督学习问题——需要分群的客户不具备具体的类别等参考信息，仅可通过相似的特征进行分群，如年龄、性别、消费行为等，按具体的属性相似度进行分群，并且结果具有不确定性和非唯一性。

（3）半监督学习

半监督学习介于无监督学习和有监督学习之间。半监督学习使用部分标记的训练资料进行训练。这些训练资料由少量带有标记的数据和大量不带标记的数据构成。标记数据的成本使得标记全部数据不太现实，而获取未标记的数据相对便宜。在这种情况下，半监督学习可能具有很大的实用价值。许多机器学习研究人员发现，将未标记数据与少量标记数据结合使用可以显著提高学习准确性。

1.2.2　数据准备

数据准备是机器学习中最重要的一个步骤，没有数据，机器学习便无从谈起。数据准备可细分为数据收集、数据探索和数据清洗。

1. 数据收集

数据收集是数据准备最初始的步骤，收集的数据的种类将直接影响模型训练的结果，其中需要特别注意样本数据的偏差状况。实际生产、生活中的数据往往并不是均匀分布的，如果无视样本数据分布的偏差而直接使用随机抽样采集数据，那么模型的训练结果将会明显地偏向数量较多的种类。而数据量将影响模型的精确度与训练时间，若数据量越丰富、覆盖越广，则模型的精确度将越高，但同时训练时间也可能会增加。

根据数据来源的不同，数据收集也需要采取不同的方式，与业务系统对接的数据可直接从数据库采集，而网络数据则往往需要爬虫进行爬取。不同类型的数据所需要用到的存储模式也不一样，结构化数据需要存储在结构化的关系型数据库中，如邮件系统中的邮件数据。非结构化数据则需要另行存储，如图片、音频片段等。

2. 数据探索

在数据收集完毕后，为了掌握数据中的基本状况，需要进行数据探索。数据探索分为数据质量校验、数据分布与趋势探查。

（1）数据质量校验

实际生产环境中的业务数据或网络爬虫爬取的数据，往往掺杂了大量的噪声数据。噪声数据指的是数据中无意义的空值或明显偏离正常水平的异常值，这些噪声数据如果不经处理直接进入模型，将会严重影响模型的结果。

数据质量校验包括一致性校验、缺失值校验和异常值校验。一致性校验用于检验数据之间的一致性，包括时间校验、字段校验、粒度校验等；缺失值校验用于检测数据中是否存在空值；异常值校验用于检测数据中是否存在明显偏离正常分布区间或不符合业务逻辑的数据。

（2）数据分布与趋势探查

数据探索的另一个重要目的是，探索数据的分布与数据的变化趋势，以图形或统计指标的方式发现数据中的模式和关系，如通过最大最小值、分位数等指标或通过箱形图探索数据的分布区间和密度。数据分布与趋势探查常用于将数据分组、识别潜在的模式、发现数据的趋势或探索不同属性之间的关系。

分布与趋势分析通常包括分布分析、对比分析、描述性统计、周期性分析、贡献度分析和相关性分析等，使用可视化图表（如条形图、箱形图、时间轴）等可以更直观地展示数据的状况。

3. 数据清洗

数据清洗是数据准备中的一道重要工序，数据清洗结果的质量将直接影响到模型结果与最终结论。如同它的字面意思一样，数据清洗是指清洗数据中的噪声数据，处理数据中存在的缺失值、异常值与不一致值。

数据清洗的清洗对象包括缺失的数据、格式与内容不规范的数据、重复的数据、取值异常的数据、相矛盾的数据等。需要注意的是，具体情况需要具体分析，如缺失严重的数据字段可能需要删除，缺失不严重但又比较重要的字段可以进行插补，而一些相关性不强的缺失字段可能并不需要插补。

1.2.3 特征工程

特征工程是机器学习中一个重要的前置步骤，会直接影响机器学习的效果，通常需要大量的时间。特征工程是一个将原始数据中的特征进行缩放、筛选和构造的过程，特征需要能够更好地描述原始数据的状况，从而提升模型的训练速度与拟合效果。特征工程包含特征缩放、特征选择和特征构造等过程。

1. 特征缩放

特征缩放包括数据标准化、独热编码（One-Hot）和数据离散化。数据标准化将数据中的量纲差异尽可能缩小，最终使得特征的取值范围落入一个更小的区间内。数据中不同特征的取值范围不一样，直接进行分析会对结果的准确性造成影响，因此需要对数据进行标准化处理。

独热编码使用 N 位状态寄存器对离散型特征的 N 个状态进行编码，每个状态都对应拥有独立的寄存器位，并且在任意时候只有一个编码位有效。将离散型特征进行独热编码后，特征的每个状态变得更为独立，更方便进行距离计算。

离散化将连续型特征按照分割点进行划分，最终转化为离散型的特征。部分分类算法要求输入的数据是离散型的，因此需要将连续型特征离散化之后才能进行模型训练。

2. 特征选择

特征选择按照特征重要性对特征进行排序，或依据具体的业务需求从特征集合中挑选一组最具统计意义的特征子集，从而达到降维的效果。

原始数据集中的特征对于目标类别的作用并不相同，特征选择能够剔除一些与目标无关的或相关性不强的特征，减少进入模型的数据量，提高训练速度。不过需要注意的是，有些时候，有些看上去无关或相关性不强的数据中往往也隐含着有用的信息，因此特征选择需要慎重进行。

3. 特征构造

特征构造是在原始数据中原有特征的基础上，构建新的更适合于机器学习算法的特征。

特征构造常用于文本分析、图像分析和用户行为分析等领域。文本和图像的原始数据的特征往往难以直接用于机器学习，而且用户的行为特征也常常隐藏在原始数据的特征中，这时需要从原始数据的特征中进行提取，构造出新的满足算法要求的更为显著的特征。

1.2.4　模型训练

在完成目标分析、数据准备和特征工程等一系列前期准备后，机器学习将进入模型训练的步骤。模型训练包括数据集划分、算法选择与模型训练。

1. 数据集划分

数据集用于有监督学习时，通常需要划分为训练集、验证集与测试集。训练集用于模型训练；验证集可以在训练过程中检验模型的性能和收敛情况，通常用于调整模型参数，根据几组模型验证集上的表现决定哪组参数能使模型拥有最好的性能；测试集用于测试模型对于未知数据的拟合效果，防止模型过度拟合于训练集的数据特征，而没有抽象得出更为通用的规则。划分数据集时需要注意数据集中样本的分布，往往数据集中的样本类别并不是均匀分布的，划分时需要避免这种不均匀分布造成的偏差。

2. 算法选择与模型训练

模型训练前需要针对问题的类型选择合适的算法，同类算法也需要多准备几个作为备选，用于效果对比。过于复杂的算法往往不是最优的选择，算法的复杂度与模型训练时间呈现正相关——算法复杂度越高，模型训练时间往往也越长，而结果的精度却可能与简单的算法相差无几。训练时可先使用小批量数据进行试验，避免直接使用大批量数据训练导致训练时间过长等问题。

1.2.5　性能度量与模型调优

在模型训练完毕后，需要对模型的性能进行评价，选出评价最优的模型。

针对不同类型的机器学习任务，如分类、回归、聚类等，所用的评价指标往往也不同。如分类模型常用的评价方法有准确率（Accuracy）、对数损失函数（Log Loss）、AUC等。同一种评价方法也往往适用于多种类的任务。对于实际的生产环境，模型性能评价的侧重点也不一样，不同的业务场景对模型的性能有不同的要求，如可能造成经济损失的预测结果会要求更高的模型精度。

仅训练一次模型往往无法达到理想的精度与效果，需要进行模型调优迭代，提升模型的最终效果。模型调优往往是一个复杂冗长且枯燥的过程，需要多次对模型的参数做出修正，调优的同时需要权衡模型的精度与泛用性，在提高模型精度的同时还需要避免造成过拟合。在现实生产与生活中，数据的分布会随着时间的推移而改变，有时甚至变化得很急剧，这种现象被称为分布漂移（Distribution Drift）。当随着时间的推移，一个模型在新的数据集中评价不断下降时，则意味着这个模型无法适应新的数据的变化，此时模型需要进行重新训练。

1.3　Python 机器学习工具库简介

Python 是机器学习领域最优秀的编程语言之一，简洁、灵活、可读性高且易于理解，其强大的第三方扩展库为机器学习的开发与应用提供了良好的支持。

1.3.1 数据准备相关工具库

Python 第三方库中的 SQLAlchemy 提供数据库连接，而 NumPy 和 pandas 都是当下非常重要的 Python 科学运算模块，为数据准备提供了良好的支持。常见的数据准备工具库如表 1-2 所示。

表 1-2　常见的数据准备工具库

库名	简介
SQLAlchemy	一种既支持原生 SQL，又支持 ORM 的工具库。ORM 是 Python 对象与数据库关系表的一种映射关系，可有效提高写代码的速度，同时兼容多种数据库系统，如 SQLite、MySQL 和 PostgreSQL，代价为性能上的一些损失。SQLAlchemy 提供了强大的对象模型间的转换，可以满足绝大多数数据库操作的需求，可通过 3 种方式操作数据库：使用 SQL Expression，通过 SQLAlchemy 提供的方法编写 SQL 表达式，间接地操作数据库；使用原生 SQL，直接书写 SQL 语句；使用 ORM 对象映射，将类映射到数据库，通过对象来操作数据库
NumPy	支持多维数组与矩阵运算，也针对数组运算提供大量的数学函数库。通常与 SciPy 和 Matplotlib 一起使用，支持比 Python 所支持种类更多的数值类型。其核心功能是被称为 ndarray（n-dimensional array，多维数组）的数据结构，这是一个表示多维度、同质并且固定大小的数组对象，由一个与此数组相关联的数据类型对象描述其数组元素的数据格式，如字符组顺序、在存储器中占用的字符组数量、整数或者浮点数等。NumPy 的数组包括以下 3 个特征：其通常是由相同种类的元素组成的，即数组中的数据项类型一致，能快速确定存储数据所需空间的大小；能够运用向量化运算来处理整个数组，速度较快；使用优化过的 C 语言的 API，运算速度较快
pandas	基于 NumPy 的一种工具，为完成数据分析任务而生。其纳入了大量库和一些标准的数据模型，提供高效操作大型数据集所需的工具及大量能快速便捷处理数据的函数和方法，为时间序列分析提供很好的支持，提供多种数据结构，如 Series、Time-Series、DataFrame 和 Panel。其中，Series 和 DataFrame 是最常用的数据结构：Series 是一个类似一维数组的对象，包含一个数组的数据，该数据可以是任何 NumPy 的数据类型，还包含一个被称为索引的与数组关联的数据标签；DataFrame 类似于日常使用的 Excel 表格，包含一个经过排序的列表集，每一行数据都可以有不同的类型值（数字、字符串、布尔等），拥有行和列的索引，可以看作是所有 Series 共享一个索引的 Series 字典

1.3.2 数据可视化相关工具库

Python 中的可视化库可大致分为基于 Matplotlib 的可视化库、基于 JS 的可视化库和基于上述两者或其他组合功能的库。常见的数据可视化工具库如表 1-3 所示。

表 1-3　常见的数据可视化工具库

库名	简介
Matplotlib	Python 下著名的绘图库。为了方便快速地绘图，Matplotlib 通过 pyplot 模块提供了一套和 MATLAB 类似的绘图 API，将众多绘图对象所构成的复杂结构隐藏在这套 API 内部，十分适合交互式绘图。只需要调用 pyplot 模块所提供的函数即可实现快速绘图以及设置图表的各种细节。能够创建多种类型的图表，包括线图、散点图、等高线图、条形图、柱状图、3D 图形甚至图形动画等。可通过参数定制图形，调整坐标轴、标题、图例、线条大小、线条颜色等图形参数

库名	简介
Seaborn	在 Matplotlib 的基础上进行了更高级的 API 封装,从而使得绘图更加容易。跟 Matplotlib 最大的区别为,Seaborn 的默认绘图风格和色彩搭配都具有现代美感,在大多数情况下使用 Seaborn 就能绘出很具有吸引力的图。其提供 5 个预设好的主题(darkgrid、whitegrid、dark、white 和 ticks),默认主题为 darkgrid。可以绘制多种图形,包括散点图、直方图、条形图、热点图、联合分布等。由于 Seaborn 是 Matplotlib 的高级接口,所以在使用 Seaborn 的时候仍然可以调用 Matplotlib 的函数
Bokeh	一个 Python 交互式可视化库,用于在 Web 浏览器上进行展示。优点是能用于制作可交互、可直接用于网络的图表。图表可以输出为 JSON 对象、HTML 文档或者可交互的网络应用。支持数据流和实时数据,采用了分层方法兼顾不同用户的使用需求,并提供了适合不同使用级别的不同编程接口,即控制水平。Bokeh 提供了 3 种控制水平:最高的控制水平用于快速制图,主要用于制作常用图像;中等控制水平与 Matplotlib 一样允许开发人员控制图像的基本元素(如分布图中的点);最低的控制水平主要面向开发人员和软件工程师,在最低的控制水平下没有默认值,需要定义图表的每一个元素

1.3.3 模型训练与评估相关工具库

目前,Python 已拥有许多成熟的第三方库,其中整合了大量的算法用于模型训练与评估。常见的模型训练与评估工具库如表 1-4 所示。

表 1-4 常见的模型训练与评估工具库

库名	简介
SciPy	基于 NumPy 构建的一个集成了多种数学算法和函数的 Python 模块,能够实现线性代数、常微分方程数值求解、信号处理、图像处理、稀疏矩阵等,其中:stats 模块是一个强大的统计工具包,包含了多种概率分布的随机变量,随机变量分为连续型与离散型两类;cluster 模块提供层次聚类、矢量量化与 K-Means 聚类等功能
Scikit-learn	一个基于 NumPy 和 SciPy 的专门为机器学习建造的 Python 模块,提供了大量用于机器学习的工具。其基本功能主要被分为 6 个部分:分类、回归、聚类、数据降维、模型选择和数据预处理。其算法库中集成了大量算法,包括支持向量机、逻辑回归、朴素贝叶斯分类器、随机森林、Gradient Boosting、K-Means 聚类和 DBSCAN 等
Keras	一个高度模块化的神经网络库,使用 Python 实现,并可以同时运行在 TensorFlow 和 Theano 上。Keras 专精于深度学习,提供了到目前为止最方便的 API,用户仅需将高级的模块拼在一起便可设计神经网络,大大降低了构建神经网络的编程成本(code overhead)与理解成本(cognitive overhead)。同时,其支持卷积网络和循环网络,支持级联的模型或任意的图结构模型,从在 CPU 上计算的模式切换到使用 GPU 加速,无须任何代码的改动,降低了编程复杂度的同时,在性能上丝毫不逊色于 TensorFlow 和 Theano。Keras 的功能分为几大模块,包括优化器(optimizers)、目标函数(objectives)、激活函数(activations)、参数初始化(initializations)、层(layer)等
TensorFlow	一个相对高阶的机器学习库,也是目前最流行的深度学习库,核心代码使用 C++语言编写并支持自动求导。用户可以方便地设计神经网络结构,不需要亲自编写 C++或 CUDA 代码,也无须通过反向传播求解梯度。由于底层使用 C++语言编写,所以运行效率得到了保证,并降低了线上部署的复杂度

库名	简介
TensorFlow	除了核心代码的 C++接口，TensorFlow 还有官方的 Python、Go 和 Java 接口，用户可以在一个硬件配置较好的机器中用 Python 语言进行试验，并在资源比较紧张的嵌入式环境或需要低延迟的环境中用 C++语言部署模型。 TensorFlow 不只局限于神经网络，它具有特色的数据流图支持非常自由的算法表达，也可以轻松实现深度学习以外的机器学习算法。TensorFlow 还支持算术操作、张量操作、数据类型转换，矩阵的变形、切片、合并、归约、分割，序列比较与索引提取等常用的 Math、Array、Matrix 相关操作功能
PyTorch	一个由 Facebook 的 AI 研究团队发布的 Python 工具包，专门针对 GPU 加速的深度神经网络（DNN）编程。 PyTorch 提供了两个高级特性，可使用 GPU 加速的张量计算与自动求导机制。PyTorch 利用 GPU 加速的张量计算加速科学计算，提升程序运行效率，如切片、索引、数学运算、线性代数等。PyTorch 使用基于自动求导的动态神经网络，支持直接修改模型架构，使得 PyTorch 拥有 debug 方便、能快速在 tensor 和 NumPy 间相互转换、程序包小、速度快、程序简洁与易扩展的优点

小结

本章主要介绍机器学习的相关概念与应用领域、实现机器学习的通用流程和 Python 中的机器学习工具库。机器学习主要研究能够依据数据或以往的经验自行改进与优化性能的计算机程序，目前已得到广泛应用。机器学习模型训练的通用流程包括目标分析、数据准备、特征工程、模型训练、性能度量与模型调优几个步骤。Python 提供多个强大的第三方扩展库对机器学习的各个步骤提供支持，包括 pandas、NumPy、Matplotlib、Scikit-learn 和 TensorFlow 等。

课后习题

1. 选择题

（1）下列关于机器学习的说法错误的是（   ）。

A. 机器学习的主要研究对象是人工智能

B. 机器学习研究的算法能够通过经验来自动改进自身

C. 机器学习以数据和经验为标准优化算法性能

D. 机器学习的整个学习过程不需要人类干涉

（2）下列关于机器学习的目标分析步骤的说法中，错误的是（   ）。

A. 机器学习的目标需求更注重于解决具体的问题

B. 机器学习的类型可分为有监督、无监督和半监督学习

C. 半监督学习使用的训练资料不需要带有标签

D. 有监督学习能够依据学习到的知识对新的实例进行推测

（3）下列关于机器学习的数据准备步骤的说法中，错误的是（   ）。

A. 数据样本的偏差不会影响模型的结果

B. 数据探索能够帮助掌握数据的基本状况

  C.　噪声数据会影响模型的结果

  D.　数据清洗是清洗数据中的噪声数据的过程

（4）下列关于机器学习的特征工程步骤的说法中，错误的是（　　　）。

  A.　数据标准化将具有量纲差异的数据缩小至一个更小的区间内

  B.　数据离散化最终将连续型数据转化为离散型数据

  C.　特征选择仅需要考虑特征的重要性

  D.　特征构造基于原始数据既有的特征构造新的特征

（5）下列关于机器学习的模型训练步骤的说法中，错误的是（　　　）。

  A.　测试集能够测试模型对于未知数据的拟合效果

  B.　验证集能够用于防止模型过拟合

  C.　划分数据集时需要注意数据是否为均匀分布

  D.　模型训练需要准备多个备选算法用于效果对比

（6）下列关于机器学习的性能度量与模型调优步骤的说法中，正确的是（　　　）。

  A.　不同类型的机器学习任务所使用的评价方法不一定相同

  B.　一种评价方法只对应一种机器学习任务

  C.　调优时模型的精度和泛用性可以兼顾

  D.　模型会自动适应数据的分布变化

（7）下列关于机器学习的数据准备工具库的说法中，正确的是（　　　）。

  A.　SQLAlchemy 提供了一个数据库

  B.　NumPy 和 pandas 是重要的 Python 科学运算模块

  C.　pandas 支持矩阵运算

  D.　Series 是 NumPy 中的一种数据结构

（8）下列关于数据可视化工具库的说法中，错误的是（　　　）。

  A.　可视化库有基于 Matplotlib、基于 JS 和基于两者或其他组合功能三种

  B.　Matplotlib 提供了一套与 MATLAB 类似的绘图 API

  C.　Seaborn 在 JS 的基础上进行了 API 封装

  D.　Bokeh 是一种交互式可视化库

（9）下列不属于 Python 常见模型训练与评估工具库的是（　　　）。

  A.　NumPy   B.　SciPy

  C.　Keras   D.　TensorFlow

（10）下列不属于 Scikit-learn 库的功能的是（　　　）。

  A.　分类

  B.　回归

  C.　聚类

  D.　深度神经网络

2．填空题

（1）目标分析、数据准备、特征工程在机器学习中属于＿＿＿＿＿＿＿＿步骤。

（2）无监督学习的训练资料中_____预设的标记，需要算法_____从训练资料中建立一种知识。

（3）特征选择能够剔除掉与目标_____的或_____的特征。

（4）_____用于调整模型参数，能在训练过程中检验模型的性能和收敛情况。

（5）数据的分布会随着时间的推移而改变的现象被称为_____。

第 2 章　数据准备

数据准备是机器学习流程中一个重要的前置步骤，分为数据质量校验、数据分布与趋势探查、数据清洗和数据合并等。数据准备为后续的建模提供了重要的数据来源，会极大地影响建模的结果。在实际的生产过程中，数据准备所消耗的时间往往能够占据整个机器学习项目总体时间的 80%左右。本章主要介绍数据准备中数据质量校验、数据分布与趋势探查、数据清洗和数据合并的常用方法。

学习目标

（1）了解数据不一致的概念和一致性校验的常用方法。
（2）掌握缺失值校验和异常值分析的常用方法。
（3）掌握常用的数据分布与趋势探查方法。
（4）掌握常见的缺失值与异常值处理方法。
（5）掌握常用的数据合并方法。

2.1　数据质量校验

如果机器学习中用于分析的基础数据有问题，那么基于这些数据分析得到的结论也会变得不可靠。因为对于机器学习而言，只有使用一份高质量的基础数据，才能得到正确、有用的结论，所以有必要进行数据质量校验。数据质量校验的主要任务是检查原始数据中是否存在噪声数据，常见的噪声数据包括不一致的值、缺失值和异常值。

2.1.1　一致性校验

数据不一致性是指各类数据的矛盾性、不相容性。数据不一致是数据冗余、并发控制不当或各种故障、错误造成的。对数据进行分析时需要对数据进行一致性校验来确认数据中是否存在不一致的值。

1．时间校验

时间不一致是指数据在合并或者联立后，时间字段出现时间范围、时间粒度、时间格式和时区不一致等情况。

时间范围不一致通常是指不同表的时间字段中所包含的时间的取值范围不一致，如表 2-1 所示，两张表的时间字段的取值范围分别为 2016 年 1 月 1 日—2016 年 2 月 29 日和 2016 年 1 月 15 日—2016 年 2 月 18 日，此时如果需要联立这两张表，就需要对时间字段进行补全，否则会产生大量的空值或者会导致报错。

时间粒度不一致通常是由于数据采集时没有设置统一的采集频率，如系统升级后采集频率发生了改变，或者不同系统的采集频率不一致，导致采集到的数据的时间粒度不一致。

如表 2-2 所示，某地部分设备的系统尚未升级，采集的数据为每分钟采集一次；另一部分设备已经升级，升级后采集频率提高至每 30 秒采集一次。如果此时将这两部分数据合并，会导致数据时间粒度不一致的问题。

表 2-1　时间范围不一致

create_time_A	create_time_B
2016-01-02 10:35:00	2016-01-15 09:31:00
2016-01-03 11:30:00	2016-01-16 12:03:00
……	……
2016-02-28 12:10:00	2016-02-17 17:13:00
2016-02-29 18:23:00	2016-02-18 19:17:00

表 2-2　时间粒度不一致

create_time_A	create_time_B
2016-12-27 13:42:00	2017-1-7 14:12:30
2016-12-27 13:43:00	2017-1-7 14:13:00
2016-12-27 13:44:00	2017-1-7 14:13:30
2016-12-27 13:45:00	2017-1-7 14:14:00
2016-12-27 13:46:00	2017-1-7 14:14:30

时间格式不一致通常是指不同系统之间设置时间字段时采用的格式不一致导致的不一致的情形，尤其是当系统中的时间字段使用字符串格式的时候。如表 2-3 所示，订单系统的时间字段 order_time 与结算系统的时间字段 ord_time 采用了不同的格式，导致时间格式不一致。

表 2-3　时间格式不一致

order_time	ord_time
2016-10-01 10:25:00	20161001102500
2016-10-01 10:30:00	20161001103000
2016-10-01 10:34:00	20161001103400
2016-10-01 10:41:00	20161001104100
2016-10-01 10:45:00	20161001104500

时区不一致通常是在数据传输时设置不合理，导致时间字段出现不一致的情况，如设置在海外的服务器没有修改时区，导致数据在传输回本地的服务器时，时区差异造成时间不一致。这种情况下的时间数据往往会呈现较为规律的差异性，即时间可能会有一个固定的差异值。

如表 2-4 所示，海外服务器时间 global_server_time 与本地服务器时间 local_server_time 由于时区差异固定相差 2 个小时。

表 2-4　时区不一致

local_server_time	global_server_time
2016-11-7 13:42:30	2016-11-7 11:42:30
2016-11-7 13:43:00	2016-11-7 11:43:00

续表

local_server_time	global_server_time
2016-11-7 13:43:30	2016-11-7 11:43:30
2016-11-7 13:44:00	2016-11-7 11:44:00
2016-11-7 13:44:30	2016-11-7 11:44:30

2. 字段信息校验

合并不同数据来源的数据时，字段可能存在以下 3 种不一致的问题。

（1）同名异义

同名异义即两个名称相同的字段所代表的实际意义不一致。如表 2-5 所示，数据源 A 中的 ID 字段和数据源 B 中的 ID 字段分别描述的是菜品编号和订单编号，即描述的是不同的实体。

表 2-5　同名异义的 ID 字段

ID_A	ID_B
2175612	3270050
2185493	3271325
2191768	3271486
2207458	3271654
2216547	3271848

（2）异名同义

异名同义即两个名称不同的字段所代表的实际意义是一致的。如表 2-6 所示，数据源 A 中的 sales_dt 字段和数据源 B 中的 sales_date 字段都是描述销售日期的，即 A.sales_dt = B.sales_date。

表 2-6　异名同义的销售日期字段

A.sales_dt	B.sales_date
2017-2-12	2017-2-12
2017-2-14	2017-2-14
2017-2-17	2017-2-17
2017-2-18	2017-2-18
2017-2-23	2017-2-23

（3）单位不统一

单位不统一即两个名称相同的字段所代表的实际意义一致，但是所使用的单位不一致。如表 2-7 所示，数据源 A 中的 sales_amount 字段单位使用的是人民币，而数据源 B 中 sales_amount 字段单位使用的是美元。

表 2-7　单位不统一的 sales_amount 字段

sales_amount_A	sales_amount_B
56.20	7.98
59.90	8.50
57.80	8.21
63.00	8.94
68.20	9.69

2.1.2 缺失值校验

缺失值是指数据中缺少信息造成的数据的聚类、分组或截断，即现有数据集中某个或某些特征的值是不完全的。缺失值按缺失的分布模式可以分为完全随机缺失（Missing Completely At Random，MCAR）、随机缺失（Missing At Random，MAR）和完全非随机缺失（Missing Not At Random，MNAR）。完全随机缺失指的是数据的缺失是随机的，数据的缺失不依赖于任何不完全变量或完全变量；随机缺失指的是数据的缺失不是完全随机的，即该类数据的缺失依赖于其他完全变量；完全非随机缺失指的是数据的缺失依赖于不完全变量自身。

在 Python 中，可以利用表 2-8 所示的缺失值校验函数检测数据中是否存在缺失值。

表 2-8　Python 缺失值校验函数

函数名	函数功能	所属扩展库	格式	参数及返回值
isnull	判断是否是空值	pandas	D.isnull()或 pandas.isnull(D)	参数为 DataFrame 或 pandas 的 Series 对象，返回的是一个布尔类型的 DataFrame 或 Series
notnull	判断是否是非空值	pandas	D.notnull()或 pandas.notnull(D)	参数为 DataFrame 或 pandas 的 Series 对象，返回的是一个布尔类型的 DataFrame 或 Series
count	非空元素计算	—	D.count()	参数为 DataFrame 或 pandas 的 Series 对象，返回的是 DataFrame 中每一列非空值个数或 Series 对象的非空值个数

例 2-1　对表 2-9 所示的含有缺失值的数据（表中空白处表示缺失值）进行缺失值/非缺失值识别和缺失率统计，如代码 2-1 所示。

表 2-9　含有缺失值的数据

x_1	x_2	x_3	x_4
	181.54	448.19	7571
3913824		549.97	9038.16
3928907	239.56	686.44	9905.31
		802.59	
4453911	283.14	904.57	11255.7

代码 2-1　缺失值/非缺失值识别和缺失率统计

```
In[1]:   import pandas as pd
         data = pd.read_excel('../data/data.xlsx')
         print('判断 data 中元素是否为空值的布尔型 DataFrame \n', data.isnull())
         print('判断 data 中元素是否为非空值的布尔型 DataFrame \n', data.
         notnull())

Out[1]:  判断 data 中元素是否为空值的布尔型 DataFrame
                 x1     x2     x3     x4
         0   True  False  False  False
         1  False   True  False  False
```

```
           2  False    False    False    False
           3  True     True     False    True
           4  False    False    False    False
判断 data 中元素是否为非空值的布尔型 DataFrame
               x1      x2      x3      x4
           0  False    True    True     True
           1  True     False   True     True
           2  True     True    True     True
           3  False    False   True     False
           4  True     True    True     True
```

In[2]:　
```
print('data 中每个特征对应的非空值数为: \n', data.count())
print('data 中每个特征对应的缺失率为: \n', 1-data.count()/len(data))
```

Out[2]:　
```
data 中每个特征对应的非空值数为:
x1    3
x2    3
x3    5
x4    4
dtype: int64
data 中每个特征对应的缺失率为:
x1    0.4
x2    0.4
x3    0.0
x4    0.2
dtype: float64
```

2.1.3　异常值分析

异常值是指样本中的个别值,其数值明显偏离它(或它们)所属样本的其余观测值。

假设数据服从正态分布,一组数据中与平均值的偏差超过两倍标准差的数据为异常值,这被称为四分位距(IQR)准则;与平均值的偏差超过 3 倍标准差的数据为高度异常的异常值,这被称为 3σ(3Sigma)原则。

在实际测量中,异常值的产生一般是由疏忽、失误或突然出现的不该出现的原因造成的,如读错、记错、仪器示值突然跳动、仪器示值突然震动、操作失误等。因为异常值的存在会歪曲测量结果,所以有必要检测数据中是否存在异常值。

在 Python 中可以利用表 2-10 中的函数检测异常值。

表 2-10　Python 异常值检测函数

函数名	函数功能	所属扩展库	格式	参数说明
percentile	计算百分位数	NumPy	numpy.percentile (a,q,axis=None)	参数 a 接收 array 或类似 array 的对象,无默认值
				参数 q 接收 float 或类似 array 的对象,必须介于 0~100
				参数 axis 表示计算百分位数的轴,可选 0 或 1
mean	计算平均值	pandas	pandas.DataFrame.mean()	参数 DataFrame 接收 DataFrame 或 pandas 的 Series 对象
std	计算标准差	pandas	pandas.DataFrame.std()	参数 DataFrame 接收 DataFrame 或 pandas 的 Series 对象

例 2-2　使用 IQR 准则和 3σ 原则检测元组 array 中的异常值，返回为异常值的元素，并计算元组 array 中异常值所占的比例，如代码 2-2 所示。

代码 2-2　检测元组 array 中的异常值

```
In[1]:    array = (51,2618.2,2608.4,2651.9,3442.1,3393.1,3136.1,3744.1,
                   6607.4,4060.3,3614.7,3295.5,2332.1,2699.3,3036.8,
                   865,3014.3,2742.8,2173.5)
          # 利用箱形图的四分位距（IQR）对异常值进行检测
          Percentile = np.percentile(array,[0,25,50,75,100])  # 计算百分位数
          IQR = Percentile[3] - Percentile[1]  # 计算箱形图四分位距
          UpLimit = Percentile[3]+IQR*1.5  # 计算临界值上界
          arrayownLimit = Percentile[1]-IQR*1.5  # 计算临界值下界
          # 判断异常值，大于上界或小于下界的值即为异常值
          abnormal = [i for i in array if i >UpLimit or i < arrayownLimit]
          print('箱形图的四分位距（IQR）检测出的array中异常值为: \n',abnormal)
          print('箱形图的四分位距（IQR）检测出的异常值比例为: \n',len(abnormal)/
          len(array))
```

```
Out[1]:   箱形图的四分位距（IQR）检测出的array中异常值为:
          [51, 6607.4, 865]
          箱形图的四分位距（IQR）检测出的异常值比例为:
          0.15789473684210525
```

```
In[2]:    # 利用3sigma原则对异常值进行检测
          array_mean = np.array(array).mean()  # 计算平均值
          array_sarray = np.array(array).std()  # 计算标准差
          array_cha = array - array_mean  # 计算元素与平均值之差
          # 返回异常值所在位置
          ind = [i for i in range(len(array_cha)) if np.abs(array_cha[i])>
          array_sarray]
          abnormal = [array[i] for i in ind]  #返回异常值
          print('3sigma原则检测出的array中异常值为: \n',abnormal)
          print('3sigma原则检测出的异常值比例为: \n',len(abnormal)/len(array))
```

```
Out[2]:   3sigma原则检测出的array中异常值为:
          [51, 6607.4, 865]
          3sigma原则检测出的异常值比例为:
          0.15789473684210525
```

2.2　数据分布与趋势探查

数据质量校验之后，可以通过计算特征量、绘制图表等方式对数据进行特征分析。

2.2.1　分布分析

对数据进行分布分析能够揭示数据的分布特征和分布类型，显示其分布情况。分布分析主要分为两种：对定量数据的分布分析和对定性数据的分布分析。

对于定量数据，可以通过绘制频率分布表、频率分布直方表、茎叶图等进行分布分析，这些图可以直观地分析数据是对称分布还是非对称分布，也可以发现某些特别大或特别小的可疑值；对于定性数据，可以通过绘制饼图或柱形图来对其分布情况进行直观的分析。

1．定量数据分布分析

定量数据分布分析一般按照以下步骤进行。

（1）求极差。

（2）决定组距与组数。

（3）决定分点。

（4）列出频率分布表。

（5）绘制频率分布直方图。

进行定量数据分布分析时，分组需要遵循的主要原则如下。

（1）组与组之间必须互斥。

（2）所有分组必须将所有数据包含在内。

（3）各组的组宽尽可能相等。

例 2-3　某超市收集了某产品 44 天的日销售额数据，如表 2-11 所示。用该数据绘制频率分布直方图，如代码 2-3 所示。

表 2-11　产品日销售额

日销售额（元）	日销售额（元）	日销售额（元）	日销售额（元）
1205	1376	69	405
522	663	2260	241
46	1376	882	218
277	1080	299	532
879	6404	8303	310
1459	224	503	1607
2525	135	336	312
1632	317	2919	1696
37	1097	149	4935
1945	166	367	323
534	607	897	595

代码 2-3　绘制频率分布直方图

```
In[1]:    import pandas as pd
          import numpy as np
          import matplotlib.pyplot as plt

          sale = pd.read_excel('../data/sale.xlsx')
          sale = np.array(sale)
          # 求极差
          sale_jicha = max(sale)-min(sale)
          # 分组，这里取初始组距为1000
          group = round(sale_jicha[0]/1000)  # 确定组数
          # 根据group对数据进行切片，即决定分点
          bins = np.linspace(min(sale), max(sale), group)
          # 根据分点确定最终组距
          zuju = bins[1] - bins[0]
          print('极差为', sale_jicha, '\n',
                '分组组数为', group, '\n',
                '分点为: \n', bins, '\n',
                '最终组距为', zuju)
```

```
Out[1]:   极差为 [8266]
          分组组数为 8.0
          分点为:
          [[  37.        ]
           [1217.85714286]
           [2398.71428571]
           [3579.57142857]
           [4760.42857143]
           [5941.28571429]
           [7122.14285714]
           [8303.        ]]
          最终组距为 [1180.85714286]
```

```python
In[2]:   # 绘制频率分布表
         table_fre = pd.DataFrame(np.zeros([8, 5]),
                                  columns = ['组段', '组中值 x', '频数',
         '频率 f', '累计频率'])
         f_sum = 0  # 累计频率初始值
         for i in range(len(bins)):
                 table_fre.ix[i, '组段'] = '['+str(np.round(bins[i],
         2))+','+ \
                     str(np.round(bins[i]+zuju, 2))+')'
                 table_fre.ix[i, '组中值 x'] = np.round(np.array((bins[i],
                             bins[i]+zuju)).mean (), 2)
                 table_fre.ix[i, '频数'] = sum([pd.notnull(j) for j in
         sale if bins[i] <= \
                             j < bins[i]+zuju])
                 table_fre.ix[i, '频率 f'] = table_fre.ix[i, '频数']/len(sale)
                 f_sum = f_sum + table_fre.ix[i, '频率 f']
                 table_fre.ix[i, '累计频率'] = f_sum
         print('频率分布表为: \n', table_fre)
```

```
Out[2]:   频率分布表为:
                 组段              组中值 x    频数    频率 f       累计频率
          0    [[37.],[1217.86])      627.43   31.0   0.704545   0.704545
          1    [[1217.86],[2398.71])  1808.29  8.0    0.181818   0.886364
          2    [[2398.71],[3579.57])  2989.14  2.0    0.045455   0.931818
          3    [[3579.57],[4760.43])  4170.00  0.0    0.000000   0.931818
          4    [[4760.43],[5941.29])  5350.86  1.0    0.022727   0.954545
          5    [[5941.29],[7122.14])  6531.71  1.0    0.022727   0.977273
          6    [[7122.14],[8303.])    7712.57  0.0    0.000000   0.977273
          7    [[8303.],[9483.86])    8893.43  1.0    0.022727   1.000000
```

```python
In[3]:   # 计算频率与组距的比值，作为频率分布直方图的纵坐标
         y = table_fre.ix[:, '频率 f']/zuju
         # 绘制频率分布直方图
         fig = plt.figure(figsize=(14, 4))
         plt.rcParams['font.sans-serif'] = ['SimHei']  # 用来正常显示中文
         标签
         plt.rcParams['axes.unicode_minus'] = False  # 用来正常显示负号
         ax = fig.add_subplot(111)
         plt.bar(table_fre.ix[:, '组段'], y, 0.8)
         plt.xlabel('分布区间')
         plt.ylabel('频率/组距')
         plt.title('频率分布直方图')
         plt.show()
```

Out[3]:

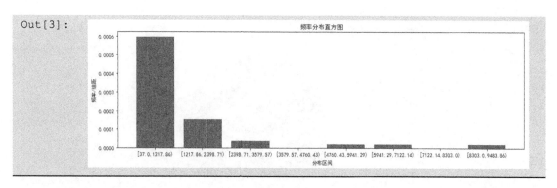

由代码 2-3 的结果可以看出，该产品在 44 天内的日销售额（单位：元）大部分集中在 [37.0，1217.86)区间内，表示该产品的常态日销售额在 37.0~1217.86 元范围内波动。

2. 定性数据分布分析

对定性变量进行分布分析，通常根据变量的分类来分组，然后统计分组的频数或频率，可以采用饼图和柱形图来描述定性变量的分布。

饼图的每一个扇形部分的面积代表一个类型在总体中所占的比例。根据定性变量的类型数目把饼图分成几个部分，每一部分的大小与每一类型的频数成正比。柱形图的高度表示每一类型的频率或频数；与直方图不同的是，柱形图的宽度没有任何意义。

例 2-4　某餐饮企业收集了 10 种菜品一天的盈利数据，如表 2-12 所示。用该数据绘制饼图和柱形图，如代码 2-4 所示。

表 2-12　10 种菜品一天的盈利数据

菜品 ID	菜品名	盈利（元）
17148	A1	9173
17154	A2	5729
109	A3	4811
117	A4	3594
17151	A5	3195
14	A6	3026
2868	A7	2378
397	A8	1970
88	A9	1877
426	A10	1782

代码 2-4　绘制饼图和柱形图

In[1]:
```
# 绘制饼图
greens = pd.read_excel('../data/greens.xlsx', index_col = None)
plt.pie(greens.ix[:, '盈利'], labels = greens.ix[:, '菜品名'],
autopct='%1.2f%%')
plt.rcParams['font.sans-serif'] = ['SimHei']  # 用来正常显示中文
标签
plt.rcParams['axes.unicode_minus'] = False  # 用来正常显示负号
plt.title('10 种菜品盈利分布（饼图）')
plt.show()
```

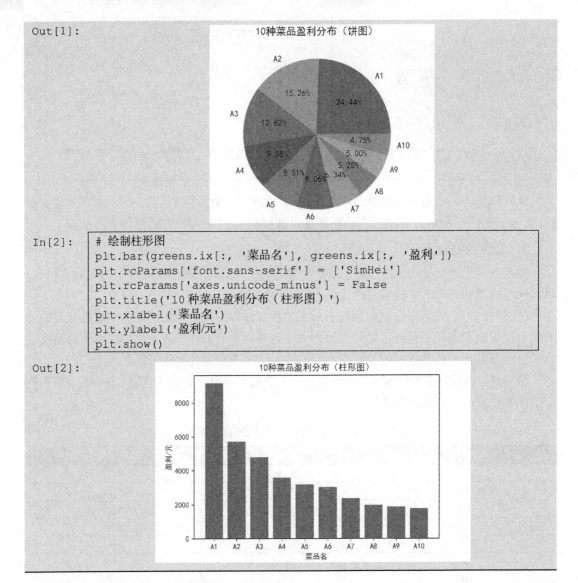

```
In[2]:    # 绘制柱形图
          plt.bar(greens.ix[:, '菜品名'], greens.ix[:, '盈利'])
          plt.rcParams['font.sans-serif'] = ['SimHei']
          plt.rcParams['axes.unicode_minus'] = False
          plt.title('10种菜品盈利分布（柱形图）')
          plt.xlabel('菜品名')
          plt.ylabel('盈利/元')
          plt.show()
```

由代码 2-4 的结果可以看出，A1、A2 和 A3 的盈利占了总盈利的一半以上，为总体盈利的 52.52%。而 A1 的盈利远超其他菜品，超过了 8000 元。

2.2.2　对比分析

对比分析法也称比较分析法，是将客观事物加以比较，以达到认识事物的本质和规律并做出正确评价的目的。

对比分析法通常将两个相互联系的指标数据进行比较，从数量上展示和说明研究对象规模的大小、水平的高低、速度的快慢以及各种关系是否协调。在对比分析中，选择合适的对比标准是十分关键的步骤，对比标准的选择决定了是否能够得到可靠的评价结果。

1．对比分析的形式

（1）绝对数比较

绝对数比较是利用绝对数进行对比，从而寻找差异的一种方法。

（2）相对数比较

相对数比较是将两个有联系的指标进行对比计算，用以反映客观现象之间数量联系程度的综合指标，其数值表现为相对数。由于研究目的和对比基础不同，相对数可以分为以下几种。

①**动态相对数**：将同一现象在不同时期的指标数值进行对比，用以说明发展方向和变化的速度。

②**强度相对数**：将两个性质不同但有一定联系的总量指标对比，用以说明现象的强度、密度和普遍程度。

③**比例相对数**：将同一总体内不同部分的数值进行对比，表明总体内各部分的比例关系。

④**比较相对数**：将同一时期两个性质相同的指标数值进行对比，说明同类现象在不同空间条件下的数量对比关系。

⑤**计划完成程度相对数**：某一时期实际完成数与计划数对比，用以说明计划完成程度。

⑥**结构相对数**：将同一总体内的部分数值与全部数值进行对比求得比重，用以说明事物的性质、结构或质量。

将相联系的两个指标进行对比，可以表明现象的强度、密度和普遍程度。按说明对象的不同，对比分析可分为单指标对比（简单评价）和多指标对比（综合评价）。对比分析在实际操作过程中需要遵循以下原则。

①指标的内涵和外延可比。

②指标的时间范围可比。

③指标的计算方法可比。

④总体性质可比。

将两个完全不具有可比性的对象，摆在一起进行对比分析是徒劳的。

2. 对比分析的标准

（1）计划标准

计划标准即将指定的数据与对应的计划数、定额数和目标数对比。

（2）经验或理论标准

经验标准是通过对大量历史资料的归纳总结而得到的标准，如衡量生活质量的恩格尔系数。理论标准是将已知理论经过推理后得出的一个标准和依据。

（3）时间标准

时间标准即选择不同时间的指标数值作为对比标准，最常用到的是与上年同期比较，即"同比"，也可以与前一时期比较，此外还可以与达到历史最好水平的时期或历史上一些关键时期进行比较。

（4）空间标准

空间标准即选择不同空间的指标数据进行比较，主要包括与相似的空间比较、与先进的空间比较和与扩大的空间比较3种。

例 2-5 某餐饮企业收集了百合酱蒸凤爪、翡翠蒸香茜饺、金银蒜汁蒸排骨和乐膳真味鸡 4 种菜品在 2015 年 1 月每天的销售量数据，部分数据如表 2-13 所示；同时还收集了生炒菜心在 2014 年 9 月—2015 年 1 月共 5 个月中每天的销售额数据，部分数据如表 2-14 所示。利用表 2-13、表 2-14 中的数据做对比分析。

表 2-13　4 种菜品销售量

日期	百合酱蒸凤爪	翡翠蒸香茜饺	金银蒜汁蒸排骨	乐膳真味鸡
2015-1-1	17	6	8	24
2015-1-2	11	15	14	13
2015-1-3	10	8	12	13
2015-1-4	9	6	6	3
2015-1-5	4	10	13	8
2015-1-6	13	10	13	16
2015-1-7	9	7	13	8
2015-1-8	9	12	13	6
2015-1-12	6	8	8	3
2015-1-13	9	11	13	6

表 2-14　生炒菜心销售额

序号	9 月日销售额（元）	10 月日销售额（元）	11 月日销售额（元）	12 月日销售额（元）	1 月日销售额（元）
1	3049.9	3075.4	2620.2	2358.6	2600
2	2706	3193.4	2941.9	2236.4	3313.3
3	2431.4	3039.6	2326.5	2415	3004.3
4	2926.1	3057.1	2527.2	2381.1	2468.3
5	3033.1	2524.3	2566.1	2594.4	2594.9
6	3462.5	2921.1	2265	3178.9	2775
7	3555.2	2778.6	2452.6	3041.5	2419.8
8	4065.2	3185.3	96	2468.1	2259.1
9	2097.5	2068.8	3236.4	2710.3	1958
10	2300.5	2344.1	2005.5	2511.3	2124.4

利用表 2-13 中的数据分析 4 种菜品的销售量趋势，如代码 2-5 所示。

代码 2-5　4 种菜品销售量趋势

```
In[1]:   compare = pd.read_excel('../data/compare.xlsx', index_col=0)
         ls = ['-', '--', '-.', ':']  # 线条类型
         leg = compare.columns  # 图例
         cl=['red', 'orange', 'green', 'blue']  # 线条颜色
         plt.figure(figsize=(9, 6))  # 画布大小
         plt.rcParams['font.sans-serif'] = ['SimHei']  # 设置中文字体
         plt.rcParams['axes.unicode_minus'] = False
         # 画多条折线对比
         for i in range(4):
                 plt.plot(compare.iloc[:, i], linestyle=ls[i], color=cl[i],
         label=leg[i])
         plt.title('4 种菜品销售量趋势')  # 图片标题
         plt.legend()  # 显示图例
         plt.show
```

Out[1]:

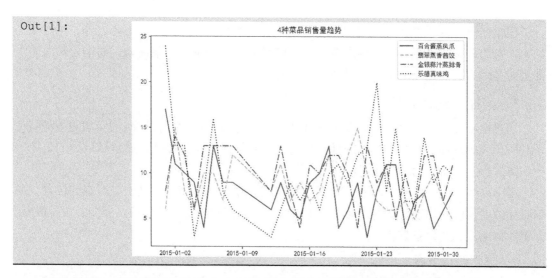

根据代码 2-5 的结果可以看出，金银蒜汁蒸排骨的销售量较其他菜品更为平稳；乐膳真味鸡、百合酱蒸凤爪和翡翠蒸香茜饺的销售量都有较为明显的下降趋势。

利用表2-14中的数据分析生炒菜心不同月份之间的销售额对比情况，如代码2-6所示。

代码 2-6 生炒菜心不同月份之间的销售额对比

In[1]:
```python
vegetable = pd.read_excel('../data/生炒菜心.xlsx', index_col=None)
ls = ['-', '--', '-.', ':', (0, (3, 5, 1, 5, 1, 5))]
leg = vegetable.columns
cl=['red', 'orange', 'green', 'blue', 'purple']
plt.figure(figsize=(9, 6))
plt.rcParams['font.sans-serif'] = ['SimHei']
plt.rcParams['axes.unicode_minus'] = False
for i in range(5):
    plt.plot(vegetable.iloc[:, i], linestyle=ls[i], color=cl[i],
label=leg[i])
plt.title('生炒菜心不同月份之间的销售额比较')
plt.legend()
plt.show
```

Out[1]:

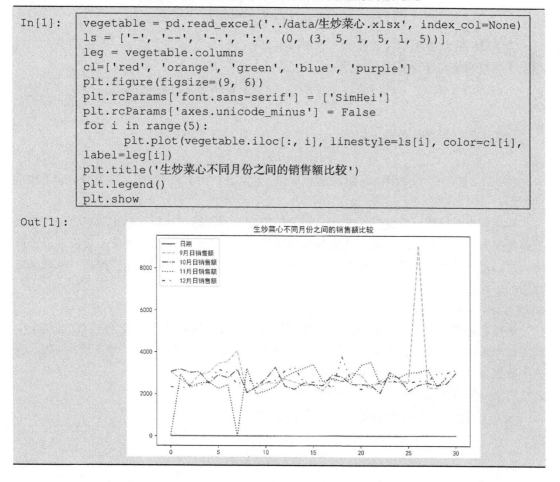

根据代码 2-6 的结果可以看出，除个别几天销售额有大幅上涨或下降之外，生炒菜心的销售额趋势基本平稳，销售额大幅上涨可能是因为当天承办了某活动，而销售额大幅下降可能是因为餐饮企业由于某些原因暂停营业。

2.2.3 描述性统计分析

描述性统计分析是对一组数据的各种特征进行分析，以便于描述测量样本的各种特征及其所代表的总体的特征。利用统计指标对定量数据进行统计描述，通常从数据的集中趋势和离散程度两个方面进行分析。

集中趋势是指一组数据向着一个中心靠拢的程度，也体现了数据中心所在的位置，集中趋势的度量使用比较广泛的是均值、中位数。离散程度的度量常用的是极差、四分位差、方差、标准差和变异系数。

1. 集中趋势度量

（1）均值

均值是指所有数据的平均值。

假设原始数据为 $\{x_1, x_2, \cdots, x_n\}$，如果求 n 个原始观察数据的平均数，那么计算公式如式（2-1）所示。

$$\text{mean}(x) = \bar{x} = \frac{\sum x_i}{n} \tag{2-1}$$

为了反映在均值中不同成分所占的不同重要程度，为数据集中的每一个 x_i 赋予 w_i，就得到了加权均值的计算公式，如式（2-2）所示。

$$\text{mean}(x) = \bar{x} = \frac{\sum w_i x_i}{\sum w_i} \tag{2-2}$$

与之类似，频率分布表（如代码 2-3）的平均数可以使用式（2-3）计算。

$$\text{mean}(x) = \bar{x} = \sum f_i x_i \tag{2-3}$$

在式（2-3）中，x_i 为第 i 个组段的组中值，f_i 为第 i 个组段的频率。这里的 f_i 起了权重的作用。

作为一个统计量，均值的主要问题是其对极端值很敏感。如果数据中存在极端值或数据是偏态分布的，那么均值就不能很好地度量数据的集中趋势。为了消除少数极端值的影响，可以使用截断均值或者中位数来度量数据的集中趋势。截断均值是去掉高、低极端值之后的平均数。

（2）中位数

中位数是将一组观察值从小到大按顺序排列，如果原始数据个数为奇数，那么位于中间的那个数据即中位数；如果原始数据个数为偶数，那么中间两个数的均值为中位数。在全部数据中，小于和大于中位数的数据个数相等。

将某一数据集 $\{x_1, x_2, \cdots, x_n\}$ 从小到大排序：$\{x_{(1)}, x_{(2)}, \cdots, x_{(n)}\}$。

当 n 为奇数时，中位数计算如式（2-4）所示。

$$M = x_{\left(\frac{n+1}{2}\right)} \tag{2-4}$$

当 n 为偶数时，中位数计算如式（2-5）所示。

$$M = \frac{1}{2}\left[x_{\left(\frac{n}{2}\right)} + x_{\left(\frac{n}{2}+1\right)} \right]$$ （2-5）

（3）众数

众数是指数据集中出现最频繁的值。众数并不经常用来度量定性变量的中心位置，更适用于定量变量。众数不具有唯一性。当然，众数一般用于离散型变量而非连续型变量。

2.　离散程度度量

（1）极差

利用极值计算极差，如式（2-6）所示。

极差=最大值-最小值 （2-6）

极差对数据集的极端值非常敏感，并且忽略了位于最大值与最小值之间的数据是如何分布的。

（2）四分位差

四分位差是指上四分位数和下四分位数之差。四分位差反映了中间 50%数据的离散程度，其数值越小，说明数据越集中，即数据的变异程度越小；反之，则说明数据越离散，数据的变异程度越大。

（3）方差（标准差）

方差是各样本相对均值的偏差平方和的平均值，如式（2-7）所示，而标准差是方差的开平方值，如式（2-8）所示。方差和标准差是描述数据离散程度最常用的指标，它们利用了样本的全部信息去描述数据取值的分散性。

$$s^2 = \frac{\sum (x_i - \overline{x})^2}{n}$$ （2-7）

$$s = \sqrt{\frac{\sum (x_i - \overline{x})^2}{n}}$$ （2-8）

（4）变异系数

变异系数度量标准差相对于均值的离中趋势，它是刻画数据相对分散性的一种度量，记为 CV，计算公式如式（2-9）所示。

$$CV = \frac{s}{\overline{x}} \times 100\%$$ （2-9）

变异系数主要用来比较两个或多个具有不同单位或不同波动幅度的数据集的离中趋势，即数据偏离其中心（平均数）的趋势。

例 2-6　某菜品 2014 年 4 月—2014 年 6 月的销售额部分数据如表 2-15 所示，对该销售额数据作描述性统计分析，如代码 2-7 所示。

表 2-15　某菜品销售额

日期	销售额（元）
2014-4-1	420
2014-4-2	900
2014-4-3	1290

日期	销售额（元）
2014-4-4	420
2014-4-5	1710
2014-4-6	1290
2014-4-7	2610
2014-4-8	840
2014-4-9	450
2014-4-10	420

代码 2-7　某菜品销售额描述性统计分析

```
In[1]:   statistic = pd.read_excel('../data/ statistic.xlsx', index_col = 0)
         explore = statistic.describe().T
         explore['jicha'] = explore['max'] - explore['min']  # 计算极差
         explore['IQR'] = explore['75%'] - explore['25%']   # 计算四分位差
         explore['cv'] = explore['std']/explore['mean']
         explore['std_2'] = explore['std']**2  # 计算方差
         explore['median'] = np.median(statistic.iloc[:, 0])   # 计算中位数
         explore['zhong'] = np.argmax(np.bincount(statistic.iloc[:, 0]))
         # 计算众数
         print('某菜品销售额统计量情况：\n', explore.T)

Out[1]:  某菜品销售额统计量情况：
                 销售额
         count     91.000000
         mean    1232.307692
         std      940.025008
         min       45.000000
         25%      420.000000
         50%      900.000000
         75%     1785.000000
         max     3960.000000
         jicha   3915.000000
         IQR     1365.000000
         cv         0.762817
         std_2  883647.015385
         median   900.000000
         zhong    420.000000
```

由代码 2-7 的结果可以看出，2014 年 4 月—2014 年 6 月期间，该菜品共有 91 条销售记录，其中：该菜品的平均销售额约为 1232.31 元，最小销售额为 45 元，最大销售额为 3960 元，销售额的标准差约为 940.03 元，说明该菜品销售额的波动较大。

2.2.4　周期性分析

周期性分析（Cyclical Analysis）是对周期性变动的数据进行分析，可以探索某个变量是否随着时间的变化而呈现出某种周期性变化趋势。周期性趋势按时间粒度的常

用划分方式分为年度周期性趋势、季度周期性趋势、月度周期性趋势、周度周期性趋势和天周期性趋势、小时周期性趋势。对数据进行周期性数据分析，能达到掌握数据周期性变动规律的目的。

　　例2-7　某车站2016年1月1日—2016年3月20日每天客流量的部分数据如表2-16所示。对该数据进行周期性数据分析，观察该车站客流量规律，如代码2-8所示。

表2-16　车站每天客流量

date	on_man	holiday
2016-1-1	5536	小长假
2016-1-2	5601	小长假
2016-1-3	11121	小长假
2016-1-4	4392	工作日
2016-1-5	3276	工作日
2016-1-6	3145	工作日
2016-1-7	3258	工作日
2016-1-8	4008	工作日
2016-1-9	3725	工作日
2016-1-10	3904	工作日

代码2-8　客流量周期性分析

```
In[1]:   on_h = pd.read_excel('../data/vacation.xlsx', index_col = None)
         holiday_data = on_h.loc[on_h['holiday']==' 小 长 假 ', ['date',
         'on_man']]
         workday_data = on_h.loc[on_h['holiday'] !=' 小长假 ', ['date',
         'on_man']]
         plt.rcParams['font.sans-serif'] = ['SimHei']  # 用来正常显示中文标签
         plt.rcParams['axes.unicode_minus'] = False  # 用来正常显示负号
         fig = plt.figure(figsize=(12, 6))  # 设置画布
         plt.xlim((0, 80))  # 设置 x 轴
         plt.plot(on_h.index,  on_h.iloc[:,  1],  color  =  'black',
         linestyle='-.',
                 label='黑色-工作日')
         plt.plot(holiday_data.index[:3], holiday_data.iloc[:3, 1], color
         = 'red',
                 label='红色-节假日')
         plt.plot(holiday_data.index[4:], holiday_data.iloc[4:, 1], color
         = 'red')
         for a, b in zip(holiday_data.index, holiday_data.iloc[:, 1]):
            plt.text(a, b, '小长假')  # 添加注释
         plt.ylabel('人流量')
         plt.legend(['黑色-工作日', '红色-节假日'])
         plt.title('节假日影响')
         plt.show()
```

Out[1]:

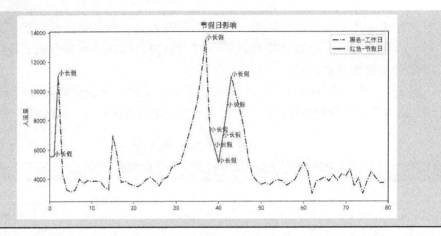

　　根据代码 2-8 的结果可以看出，该车站客流量以假期日为周期呈现周期性。客流量在工作日期间较为平稳，小长假期间明显增多。出现这种情况的原因是，假期为人们出游的高峰期。

2.2.5　贡献度分析

　　贡献度分析又称帕累托分析，它的原理是帕累托法则（又称二八定律）。同样的投入放在不同的地方会产生不同的效益。对一个公司来说，80% 的利润常常来自 20% 最畅销的产品，而其他 80% 的产品只产生了 20% 的利润。

　　贡献度分析需要绘制帕累托图。帕累托图又称排列图、主次图，是按照发生频率大小顺序绘制的直方图，表示有多少结果是由已确认类型或范畴的原因造成的，可以用来分析质量问题，确定产生质量问题的主要因素。帕累托图用双直角坐标系表示，左边纵坐标表示频数，右边纵坐标表示频率，分析线表示累计频率，横坐标表示影响质量的各项因素并按影响程度的大小（出现的频数多少）从左到右排列。该图可以判断影响质量的主要因素。

　　例 2-8　应用贡献度分析对表 2-12 的数据进行分析，找出盈利排在前 80% 的菜品，如代码 2-9 所示。

代码 2-9　菜品盈利贡献度分析

```
In[1]:   # 帕累托分析
         palt = pd.read_excel('../data/greens.xlsx ')
         plt.rcParams['font.sans-serif'] = ['SimHei']   # 用来正常显示中文
         标签
         plt.rcParams['axes.unicode_minus'] = False   # 用来正常显示负号
         # 绘制直方图
         palt1 = palt.ix[:, ['菜品名', '盈利']]
         palt1 = palt1.sort_values('盈利', ascending = False)
         palt1 = palt1.set_index('菜品名')
         palt1_h = palt1.plot(kind='bar')
         # 绘制折线
         palt2 = 1*palt1['盈利'].cumsum()/palt1['盈利'].sum()
         palt2.plot(color = 'black', secondary_y = True, style = '-x',
         linewidth = 2)
```

```
palt1_h.legend(loc = 'upper center')
# 添加标注
palt2 = palt2.reset_index(drop=True)
palt3 = palt2[palt2>=0.8][0:1]
point_X = palt3.index[0]
point_Y = palt3[point_X]
# 添加注释，即 85%处的标记，这里包括了指定箭头样式
plt.annotate(format(point_Y, '.2%'), xy = (point_X, point_Y),
             xytext=(point_X*0.9, point_Y*0.9), arrowprops=dict
(arrowstyle="->",
                     connectionstyle="arc3, rad=.2"))
# 设置标签
plt.ylabel('盈利（元）')
plt.ylabel('盈利（比例）')
plt.show()
```

Out[1]:

根据代码 2-9 的结果可以看出，菜品 A1～A7 的总盈利额达到了该月盈利额的 85%。在这种情况下，应该加大菜品 A1～A7 的成本投入，减少菜品 A8～A10 的成本投入，这样可以获得更高的盈利额。

2.2.6　相关性分析

相关性分析是指对两个或多个具备相关性的变量元素进行分析，从而衡量两个变量元素的相关密切程度。相关性分析旨在研究现象之间是否存在某种依存关系，并针对有依存关系的现象来探讨其相关方向以及相关程度，它是研究随机变量之间相关关系的一种统计方法。

相关性不等于因果性，也不是简单的个性化，相关性涵盖的范围和领域非常广泛，而且相关性在不同的学科里定义也有很大的差异。

相关性分析的方法有很多，可以直接通过数据可视化进行判断，也可以通过计算变量之间的相关系数进行判断。

1. 散点图和相关性热力图

判断两个变量是否具有线性相关关系最直观的方法是绘制散点图，如图 2-1 所示。

有时需要考察多个变量之间的相关关系，如果利用散点图进行相关性分析，则需要对变量两两绘制散点图，这样会让工作变得很复杂。相关性热力图是解决这个问题的好办法，其可以快速发现多个变量之间的两两间相关性。相关性热力图如图 2-2 所示。

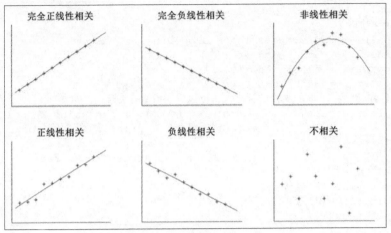

图 2-1　散点图相关性分析

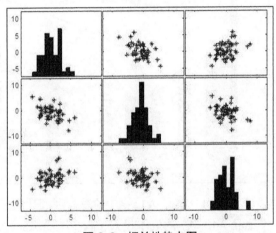

图 2-2　相关性热力图

2. 相关系数

相关系数最早是由统计学家卡尔·皮尔逊设计的统计指标，是研究变量之间线性相关程度的量，一般用字母 r 表示。根据研究对象的不同，相关系数有多种定义方式，比较常见的有 Pearson 相关系数、Spearman 相关系数和 Kendall 等级相关系数等。

（1）Pearson 相关系数

Pearson 相关系数衡量两个数据集合是否在一条线上面，用于衡量定距变量间的线性关系。

假设变量 x 和 y 分别可以表示为 $\{x_1, x_2, \cdots, x_n\}$ 和 $\{y_1, y_2, \cdots, y_n\}$，$x$ 和 y 之间的 Pearson 相关系数如式（2-10）所示。

$$r = \frac{\sum_{i=1}^{n}(x_i - \overline{x})(y_i - \overline{y})}{\sqrt{\sum_{i=1}^{n}(x_i - \overline{x})^2 \sum_{i=1}^{n}(y_i - \overline{y})^2}} \tag{2-10}$$

Pearson 相关系数 r 的取值范围及变量相关强度判断规则如表 2-17 所示。

表 2-17　Pearson 相关系数

取值范围	相关强度
$r>0$	正相关
$r<0$	负相关
$r=0$	完全线性相关
$0.8 \leqslant r<0$	极强相关
$0.6 \leqslant r<0.8$	强相关
$0.4 \leqslant r<0.6$	中等程度相关
$0.2 \leqslant r<0.4$	弱相关
$0 \leqslant r<0.2$	极弱相关或不相关

（2）Spearman 相关系数

Spearman 相关系数适用于不服从正态分布或者总体分布类型未知的数据，Spearman 相关系数也称等级相关系数或秩相关系数，用于描述两个变量之间关联的程度与方向。

假设变量 x 和 y 分别可以表示为 $\{x_1, x_2, \cdots, x_n\}$ 和 $\{y_1, y_2, \cdots, y_n\}$，$x$ 和 y 之间的 Spearman 相关系数如式（2-11）所示。

$$r_s = 1 - \frac{6\sum_{i=1}^{n}(R_i - Q_i)^2}{n(n^2 - 1)} \tag{2-11}$$

将两个变量的值按照由小到大（或由大到小）的顺序排列，得到两个变量对应的秩，R_i 表示 x_i 的秩次，Q_i 表示 y_i 的秩次。

假设变量 x 的取值已由小到大排序，秩次的计算如表 2-18 所示。

表 2-18　秩次的计算

x_i	x_i的位置	秩次 R_i
0.5	1	1
0.8	2	2
1.0	3	3
1.2	4	(4+5)/2=4.5
1.2	5	(4+5)/2=4.5
2.3	6	6
2.8	7	7

如果遇到相同的取值，那么计算秩次时需要取它们排序后所在位置的平均值。根据式（2-11）可以看出，如果两个变量具有严格单调的函数关系，那么这两个变量的 Spearman 相关系数值就为 1 或 - 1，此时称这两个变量完全 Spearman 相关。

研究表明，在正态分布假定下，Spearman 相关系数与 Pearson 相关系数在效率上是等价的，而连续测量数据更适合用 Pearson 相关系数来进行分析。

（3）Kendall 等级相关系数

Kendall 等级相关系数是用于反映分类相关变量的相关指标，适用于两个变量均为有序分类的情况，对相关的有序变量进行非参数性相关检验，取值范围为[-1,1]。Kendall 等级相关系数又称和谐系数，是表示多列等级变量相关程度的一种方法，该方法的数据通常采用等级评定的方法收集。

（4）判定系数

判定系数是相关系数的平方，表示为 r^2，用于衡量回归方程对被解释变量 y 的解释程度。与相关系数一致，判定系数也假定数据服从正态分布。判定系数的取值范围是 $0\sim1$。r^2 越接近 1，说明两个变量之间的相关性越强；r^2 越接近 0，说明两个变量之间几乎不存在直线相关关系。

例 2-9　某餐饮企业收集了 5 种菜品一个月的日销售量，部分数据如表 2-19 所示。分析这些菜品销售量之间的相关性并绘制相关性热力图，可以得到不同菜品之间的关系，如代码 2-10 所示。

表 2-19　5 种菜品的日销售量

日期	蜜汁焗餐包	铁板酸菜豆腐	香煎韭菜饺	香煎萝卜糕	原汁原味菜心
2015-1-1	13	18	10	10	27
2015-1-2	9	19	13	14	13
2015-1-3	8	7	11	10	9
2015-1-4	10	9	13	14	13
2015-1-5	12	17	11	13	14
2015-1-6	8	12	11	5	9
2015-1-7	5	10	8	10	7
2015-1-8	7	6	12	11	5
2015-1-12	0	5	5	7	10
2015-1-13	8	6	9	8	9

代码 2-10　5 种菜品销售量相关性分析

In[1]:	```# 读取菜品销售量数据
cor = pd.read_excel('../data/cor.xlsx')
# 计算相关系数矩阵，包含了任意两个菜品间的相关系数
print('5 种菜品销售量的相关系数矩阵为：\n', cor.corr())```
Out[1]:	```5 种菜品销售量的相关系数矩阵为：
蜜汁焗餐包   铁板酸菜豆腐   香煎韭菜饺   香煎萝卜糕   原汁原味菜心
蜜汁焗餐包   1.000000 0.502025 0.155428 0.171005 0.527844
铁板酸菜豆腐   0.502025 1.000000 0.095543 0.157958 0.567332
香煎韭菜饺   0.155428 0.095543 1.000000 0.178336 0.049689
香煎萝卜糕   0.171005 0.157958 0.178336 1.000000 0.088980
原汁原味菜心   0.527844 0.567332 0.049689 0.088980 1.000000```
In[2]:	```# 绘制相关性热力图
import matplotlib.pyplot as plt
import seaborn as sns
plt.subplots(figsize=(8, 8)) # 设置画面大小
plt.rcParams['font.sans-serif'] = ['SimHei'] # 用来正常显示中文标签
plt.rcParams['axes.unicode_minus'] = False # 用来正常显示负号
sns.heatmap(cor.corr(), annot=True, vmax=1, square=True, cmap="Blues")
plt.title('相关性热力图')
plt.show()```

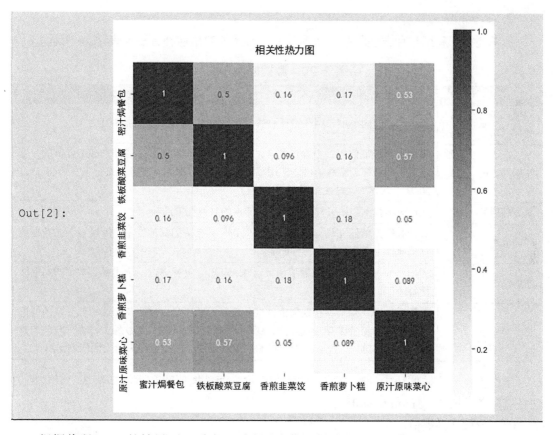

Out[2]:

根据代码 2-10 的结果可以看出，原汁原味菜心与铁板酸菜豆腐、蜜汁焗餐包这两种菜品的相关性较强，说明大部分客户对这 3 种菜品的偏好程度相当。

2.3 数据清洗

数据清洗是数据预处理过程之一，是发现并改正数据中可识别的错误的最后一道程序，目的是过滤或修改不符合要求的数据，主要包括删除原始数据中的无关数据、重复数据，平滑噪声数据，处理缺失值、异常值等。

2.3.1 缺失值处理

缺失值处理的方法分为 3 种：删除、数据插补、不处理。

1. 删除

删除即删除存在缺失值的个案、删除存在缺失数据的样本以及删除有过多缺失数据的变量，如果通过简单地删除一小部分数据能够达到既定目标，那么删除是处理缺失值最有效的方法；如果缺失的数据属于完全随机缺失，则使用删除法处理的后果仅仅是减少了样本量，尽管会导致信息量减少，但是利用删除法处理这种缺失数据也是有效的。

删除法有较大的局限性，该方法通过减少历史数据来换取数据的完备，这样会造成资源的大量浪费，丢弃了大量隐藏在这些数据中的信息。如果原始数据集包含的样本比较少，那么删除少量的样本就可能会导致分析结果的客观性和正确性受到影响。

2. 数据插补

数据插补即利用某种方法将缺失数据补齐，常用的数据插补方法如表 2-20 所示。

表 2-20　数据插补方法

插补方法	方法描述
均值/中位数/众数插补	根据特征值的类型，用该特征取值的均值/中位数/众数进行插补
使用固定值	将缺失的特征值用一个常量替换，例如，广州一家工厂普通外来务工人员的"基本工资"特征的空缺值可以使用 2015 年广州市普通外来务工人员工资标准 1895 元/月，该方法就是使用固定值
最近邻插补	在记录中找到与缺失样本最接近的样本的该特征值插补
回归方法	对带有缺失值的变量，根据已有数据和与其有关的其他变量（因变量）的数据建立拟合模型来预测缺失的特征值
插值法	利用已知点建立合适的插值函数 $f(x)$，未知值由对应点 x_i 求出的函数值 $f(x_i)$ 近似代替
热卡填充法	在数据集中找到与存在缺失值的变量最相似的变量，缺失值用该相似变量的值进行填充。如变量 X 存在缺失值，变量 Y 与变量 X 的相关系数最大，将 Y 对应的数据按照大小排序，那么 X 对应的缺失值可以用 Y 中排在缺失值前面的数据填充

下面重点介绍插值法中的分段线性插值法、拉格朗日插值法和牛顿插值法，其他插值法还有样条插值法、Hermite 插值法等。

（1）分段线性插值

分段线性插值即将给定样本区间分成多个不同的区间，记为 $[x_i, x_{i+1}]$，在每个区间上的线性方程如式（2-12）所示，函数值即插补值。

$$
\begin{aligned}
y &= \frac{y_{i+1} - y_i}{x_{i+1} - x_i}(x - x_i) + y_i \\
&= \frac{x - x_{i+1}}{x_i - x_{i+1}} y_i + \frac{x - x_i}{x_{i+1} - x_i} y_{i+1}
\end{aligned}
\tag{2-12}
$$

分段线性插值在插补速度和误差方面取得了很好的平衡，插值函数具有连续性，然而由于在已知点的斜率是不变的，因此插值结果并不光滑。

（2）拉格朗日插值

根据数学知识可知，对于空间上已知的 n 个点，可以找到一个 $n-1$ 次多项式 $y = a_0 + a_1 x + a_2 x^2 + \cdots + a_{n-1} x^{n-1}$，使此多项式曲线过这 n 个点。

① 求已知的过 n 个点的 $n-1$ 次多项式，如式（2-13）所示。

$$
y = a_0 + a_1 x + a_2 x^2 + \cdots + a_{n-1} x^{n-1}
\tag{2-13}
$$

将 n 个点的坐标 $(x_1, y_1), (x_2, y_2), \cdots, (x_n, y_n)$ 代入多项式函数，得式（2-14）。

$$
\begin{cases}
y_1 = a_0 + a_1 x_1 + a_2 x_1^2 + \cdots + a_{n-1} x_1^{n-1} \\
y_2 = a_0 + a_1 x_2 + a_2 x_2^2 + \cdots + a_{n-1} x_2^{n-1} \\
\cdots\cdots \\
y_n = a_0 + a_1 x_n + a_2 x_n^2 + \cdots + a_{n-1} x_n^{n-1}
\end{cases}
\tag{2-14}
$$

解出拉格朗日插值多项式为式（2-15）。

$$y = y_1 \frac{(x-x_2)(x-x_3)\cdots(x-x_n)}{(x_1-x_2)(x_1-x_3)\cdots(x_1-x_n)} +$$

$$y_2 \frac{(x-x_1)(x-x_3)\cdots(x-x_n)}{(x_2-x_1)(x_2-x_3)\cdots(x_2-x_n)} + \cdots +$$

$$y_n \frac{(x-x_1)(x-x_3)\cdots(x-x_{n-1})}{(x_n-x_1)(x_n-x_3)\cdots(x_n-x_{n-1})}$$

$$= \sum_{i=0}^{n} y_i \left(\prod_{j=0, j\neq i}^{n} \frac{x-x_j}{x_i-x_j} \right)$$

（2-15）

②将缺失的函数值对应的点 x 代入插值多项式得到缺失值的近似值 y。

拉格朗日插值公式结构紧凑，在理论分析中很方便，但是当插值节点增减时，插值多项式就会随之变化，这在实际计算中是很不方便的。为了克服这一缺点，牛顿插值法被提出。

（3）牛顿插值

在区间 $[a,b]$ 上，函数 $f(x)$ 在一个节点 x_i 的零阶差商定义如式（2-16）所示，$f(x)$ 关于两个节点 x_i 和 x_j 的一阶差商定义如式（2-17）所示。一般来说，k 阶差商就是 $k-1$ 阶差商的差商。式（2-18）被称为 $f(x)$ 关于 $k+1$ 个节点 $x_1, x_2, ..., x_k$ 的 k 阶差商，具体可以按照表 2-21 的格式有规律地计算差商。

$$f[x_i] = f(x_i) \tag{2-16}$$

$$f[x_i, x_j] = \frac{f(x_j) - f(x_i)}{x_j - x_i} \tag{2-17}$$

$$f[x_0, x_1, x_2, \cdots, x_k] = \frac{f[x_1, x_2, \cdots, x_k] - f[x_0, x_1, \cdots, x_{k-1}]}{x_k - x_0} \tag{2-18}$$

表 2-21　差商表

x_k	$f(x_k)$	一阶差商	二阶差商	三阶差商	四阶差商	…… ……
x_0	$f(x_0)$					
x_1	$f(x_1)$	$f[x_0,x_1]$				
x_2	$f(x_2)$	$f[x_1,x_2]$	$f[x_0,x_1,x_2]$			
x_3	$f(x_3)$	$f[x_2,x_3]$	$f[x_1,x_2,x_3]$	$f[x_0,x_1,x_2,x_3]$		
x_4	$f(x_4)$	$f[x_3,x_4]$	$f[x_2,x_3,x_4]$	$f[x_1,x_2,x_3,x_4]$	$f[x_0,x_1,x_2,x_3,x_4]$	
……	……	……	……	……	……	……

借助差商的定义，牛顿插值多项式可以表示为式（2-19）。

$$N_n(x)=f[x_0]w_0(x) + f[x_0,x_1]w_1(x) + f[x_0,x_1,x_2]w_2(x) + \\ \cdots + f[x_0,x_1,\cdots,x_n]w_n(x) \tag{2-19}$$

牛顿插值多项式的余项公式可以表示为式（2-20）。

$$R_n(x)=f[x,x_0,x_1,\cdots,x_n]w_{n+1}(x) \tag{2-20}$$

其中，$w_0(x)=1$，$w_k(x) = (x-x_0)(x-x_1)...(x-x_{k-1})(k=1,2,...,n+1)$。对于区间 $[a,b]$ 中的任意一点 x，有 $f(x) = N_n(x) + R_n(x)$。

牛顿插值也是多项式插值，但采用了另一种构造插值多项式的方法。与拉格朗日插值相比，牛顿插值具有承袭性和易于变动节点的特点。从本质上说，两者给出的结果是一样的（相同次数、相同系数的多项式），只不过表示形式不同。

3. 不处理

若缺失的特征不重要，不会进入后续的建模步骤，或者算法自身能够处理数据缺失，如随机森林，则在这种情况下不需要对缺失数据做任何处理。这种做法的缺点是，在算法的选择上有局限性。

在 Python 中，可以利用表 2-22 所示的缺失值插补函数和方法插补缺失值。

表 2-22　Python 缺失值插补函数和方法

名称	功能	所属扩展库	格式	参数
fillna	将所有空值使用指定值替换	pandas	D.fillna(value=None, inplace=False)	value 表示用于填补空值的 scalar、dict、Series 或者 DataFrame 对象；inplace 表示是否用填补空值后的 DataFrame 替换原对象，默认为 False
interpolate	使用指定方法插补空值	pandas	DataFrame.interpolate (method='linear', inplace=False)	method 表示用于插补的方法，默认为 linear；inplace 表示是否用填补空值后的 DataFrame 替换原对象，默认为 False
dropna	删除对象中的空值	pandas	DataFrame.dropna(how= 'any', inplace=False)	how 参数为删除空值的方式,默认为 any，表示删除全部空值

利用 fillna、dropna 和拉格朗日插值法对表 2-23 中的缺失值进行处理，如代码 2-11 所示。

表 2-23　缺失数据

编号	1	2	3	4	5	6	7	8
x	3913824	3928907	4453911	7571	9038.16	9905.31	239.56	283.14
编号	9	10	11	12	13	14	15	16
x		448.19	549.97	686.44	802.59	904.57	3913824	3928907

代码 2-11　缺失值处理

```
In[1]:
from scipy.interpolate import lagrange  # 导入拉格朗日插值函数
import pandas as pd
data = pd.read_excel('../data/null.xlsx',index_col = 0)
print('原始数据缺失值个数为：',sum(data['x'].isnull()))
print('使用fillna插补后的数据为：\n',data.fillna(0))
print('使用dropna删除空值后的数据为：\n',data.dropna())
```

```
Out[1]:
原始数据缺失值个数为：1
使用fillna插补后的数据为：          使用dropna删除空值后的数据为：
                 x                              x
编号                             编号
1   3913824.00                  1   3913824.00
2   3928907.00                  2   3928907.00
```

3	4453911.00	3	4453911.00
4	7571.00	4	7571.00
5	9038.16	5	9038.16
6	9905.31	6	9905.31
7	239.56	7	239.56
8	283.14	8	283.14
9	0.00	10	448.19
10	448.19	11	549.97
11	549.97	12	686.44
12	686.44	13	802.59
13	802.59	14	904.57
14	904.57	15	3913824.00
15	3913824.00	16	3928907.00
16	3928907.00		

In[2]:
```python
# s 表示列向量，n 表示缺失值位置，k 表示取缺失值前后 k 个数据，默认为5
def ployinterp_column(s, n, k=5):
  y = s[list(range(n-k, n)) + list(range(n+1, n+1+k))]  # 取数
  y = y[y.notnull()]  #剔除空值
  return lagrange(y.index, list(y))(n)  # 插值并返回插值结果
# 逐个元素判断是否需要插值
for j in data.index:
    if (data['x'].isnull())[j]:  #如果为空即插值
        data['x'][j] = ployinterp_column(data['x'], j)
        print('插补值为: ',data['x'][j])
print('拉格朗日插值插补后缺失值个数为: ',sum(data['x'].isnull()))
```

Out[2]:
```
插补值为: 1767.9861877262592
拉格朗日插值插补后缺失值个数为: 0
```

注：由于代码运行结果篇幅过长，此处分两栏进行展示。

2.3.2 异常值处理

在数据预处理时，异常值是否剔除需视具体情况而定，因为有些异常值可能蕴含着有用的信息。异常值处理常用方法如表 2-24 所示。

表 2-24　异常值处理常用方法

异常值处理方法	方法描述
删除含有异常值的记录	直接将含有异常值的记录删除
视为缺失值	将异常值视为缺失值，利用缺失值处理的方法进行处理
不处理	直接在具有异常值的数据集上进行模型训练

将含有异常值的记录直接删除，这种方法简单易行，但缺点也很明显：在观测值很少的情况下，这种处理方式会造成样本量不足，可能会改变变量的原有分布，从而造成分析结果不准确。视为缺失值处理的好处是，可以利用现有变量的信息对异常值（缺失值）进行填补。

在很多情况下，要先分析异常值出现的可能原因，再判断异常值是否应该舍弃，如果是正确的数据，可以直接在具有异常值的数据集上进行建模。

2.4　数据合并

数据合并即通过数据堆叠、主键合并等方式将不同的有关联性的数据信息合并在同一

张表中。

2.4.1　数据堆叠

数据堆叠就是简单地把两个表拼在一起，也可以称为轴向连接、绑定或连接。根据连接轴的不同方向，数据堆叠可以分为横向堆叠和纵向堆叠。

横向堆叠即将两个数据表在 x 轴向连接到一起，纵向堆叠是将两个数据表在 y 轴向上拼接。可以利用 Python 中 pandas 库的 concat 函数对两个表进行横向或者纵向堆叠，其基本语法格式如下。

```
pandas.concat(objs, axis=0, join='outer', join_axes=None, ignore_index=False,
keys=None, levels=None, names=None, verify_integrity=False, copy=True)
```

concat 函数常用的参数及其说明如表 2-25 所示。

表 2-25　concat 函数常用的参数及其说明

参数名称	说明
objs	接收多个 Series、DataFrame、Panel 的组合，无默认值
axis	接收 0 或 1，表示连接的轴向，默认为 0
join	接收 inner 或 outer，表示其他轴向上的索引是按交集（inner）还是并集（outer）进行合并，默认为 outer
join_axes	接收 Index 对象，表示用于其他 n-1 条轴的索引，不执行并/交集运算，默认为 None
ignore_index	接收 bool，表示是否不保留连接轴上的索引，产生一组新索引 range(total_length)，默认为 False
keys	接收 sequence，表示与连接对象有关的值，用于形成连接轴向上的层次化索引，默认为 None
levels	接收包含多个 sequence 的 list，在指定 keys 参数后，指定用作层次化索引时各级别中的索引，默认为 None
names	接收 list，在设置了 keys 和 levels 参数后，用于创建分层级别的名称，默认为 None
verify_integrity	接收 bool，表示是否检查结果对象新轴上的重复情况，如果发现重复则引发异常，默认为 False

使用 concat 函数时，当 axis=1 时，将不同表中的数据做行对齐；而在默认情况下，即 axis=0 时，将不同表中的数据做列对齐，将不同行索引的两张或多张表纵向合并。当需要合并的表索引或列名不完全一样时，可以使用 join 参数选择是内连接还是外连接。在内连接的情况下，仅返回索引或列名的重叠部分；在外连接的情况下，则显示索引或列名的并集部分数据，不足的地方则使用空值填补。当需要合并的表含有的主键或列名完全一样时，无论 join 参数取值是 inner 还是 outer，结果都是将表格完全按照 x 轴或 y 轴拼接起来。

如果要实现纵向堆叠的两张表列名称完全一致，也可以利用 append 方法达成堆叠的目标，其基本语法格式如下。

```
pandas.DataFrame.append(self, other, ignore_index=False, verify_integrity=
False)
```

append 常用的参数及其说明如表 2-26 所示。

表 2-26　append 常用参数及其说明

参数名称	说明
other	接收 DataFrame 或 Series，表示要添加的新数据，无默认值
ignore_index	接收 bool。如果输入 True，则会对新生成的 DataFrame 使用新的索引（自动产生）而忽略原来数据的索引，默认为 False
verify_integrity	接收 bool。如果输入 True，那么当 ignore_index 为 False 时，会检查添加的数据索引是否冲突，如果冲突，则会添加失败，默认为 False

例 2-10　利用 concat 函数和 append 函数分别实现表 2-27 和表 2-28 中数据的堆叠，如代码 2-12 所示。

表 2-27　横向堆叠数据 1

	A	B	C	D
1	4816	5135	3519	1826
2	6762	2758	2325	3347
3	1508	7004	3964	3194
4	8364	8285	3780	9553

表 2-28　横向堆叠数据 2

	B	D	F
2	2758	3347	7414
4	8285	9553	5349
6	2184	1945	3976
8	1274	5697	3068

代码 2-12　使用 concat 函数和 append 函数实现数据堆叠

```
In[1]:    import pandas as pd
          Sheet_stack1 = pd.read_excel('../data/Sheet_stack1.xlsx', index_col=0)
          Sheet_stack2 = pd.read_excel('../data/Sheet_stack2.xlsx', index_col=0)
          # 横向堆叠
          Sheet_in  =  pd.concat([Sheet_stack1,  Sheet_stack2],  axis=1,
          join='inner')
          Sheet_out  =  pd.concat([Sheet_stack1,  Sheet_stack2],  axis=1,
          join='outer')
          print('外连接横向堆叠后的数据框为: \n', Sheet_out)
          print('内连接横向堆叠后的数据框为: \n', Sheet_in)
          print('外连接横向堆叠后的数据框大小为: ', Sheet_out.shape)
          print('内连接横向堆叠后的数据框大小为: ', Sheet_in.shape)

Out[1]:   外连接横向堆叠后的数据框为:
                A       B       C       D       B       D       F
          1  4816.0  5135.0  3519.0  1826.0    NaN     NaN     NaN
          2  6762.0  2758.0  2325.0  3347.0  2758.0  3347.0  7414.0
          3  1508.0  7004.0  3964.0  3194.0    NaN     NaN     NaN
          4  8364.0  8285.0  3780.0  9553.0  8285.0  9553.0  5349.0
          6   NaN     NaN     NaN     NaN    2184.0  1945.0  3976.0
          8   NaN     NaN     NaN     NaN    1274.0  5697.0  3068.0
```

内连接横向堆叠后的数据框：
```
     A      B      C      D      B      D      F
2  6762   2758   2325   3347   2758   3347   7414
4  8364   8285   3780   9553   8285   9553   5349
```
外连接横向堆叠后的数据框大小为： (6, 7)
内连接横向堆叠后的数据框大小为： (2, 7)

In[2]:
```
# 纵向堆叠
# 利用concat函数
Sheet_in_0 = pd.concat([Sheet_stack1, Sheet_stack2], axis=0,
join='inner')
Sheet_out_0 = pd.concat([Sheet_stack1, Sheet_stack2], axis=0,
join='outer')
print('外连接纵向堆叠后的数据框为： \n', Sheet_out_0)
print('内连接纵向堆叠后的数据框为： \n', Sheet_in_0)
print('外连接纵向堆叠后的数据框大小为： ', Sheet_out_0.shape)
print('内连接纵向堆叠后的数据框大小为： ', Sheet_in_0.shape)
```

Out[2]:
外连接纵向堆叠后的数据框为：
```
        A       B       C      D       F
1   4816.0   5135   3519.0   1826    NaN
2   6762.0   2758   2325.0   3347    NaN
3   1508.0   7004   3964.0   3194    NaN
4   8364.0   8285   3780.0   9553    NaN
2    NaN     2758    NaN     3347   7414.0
4    NaN     8285    NaN     9553   5349.0
6    NaN     2184    NaN     1945   3976.0
8    NaN     1274    NaN     5697   3068.0
```
内连接纵向堆叠后的数据框为：
```
      B      D
1   5135   1826
2   2758   3347
3   7004   3194
4   8285   9553
2   2758   3347
4   8285   9553
6   2184   1945
8   1274   5697
```
外连接纵向堆叠后的数据框大小为： (8, 5)
内连接纵向堆叠后的数据框大小为： (8, 2)

In[3]:
```
# 利用append方法
Sheet_append = Sheet_stack1.append(Sheet_stack2)
print('append方法合并数据后数据框为： \n', Sheet_append)
print('append方法合并数据后数据框大小为： ', Sheet_append.shape)
```

Out[3]:
append方法合并数据后数据框为：
```
        A       B       C      D       F
1   4816.0   5135   3519.0   1826    NaN
2   6762.0   2758   2325.0   3347    NaN
3   1508.0   7004   3964.0   3194    NaN
4   8364.0   8285   3780.0   9553    NaN
2    NaN     2758    NaN     3347   7414.0
4    NaN     8285    NaN     9553   5349.0
6    NaN     2184    NaN     1945   3976.0
8    NaN     1274    NaN     5697   3068.0
```
append方法合并数据后数据框大小为： (8, 5)

2.4.2 主键合并

主键合并即一个或多个键将两个数据集的行连接起来，如果两张包含不同字段的表含有同一个主键，那么可以根据相同的主键将两张表拼接起来。结果集列数为两张表的列数和减去连接键的数量，如图 2-3 所示。

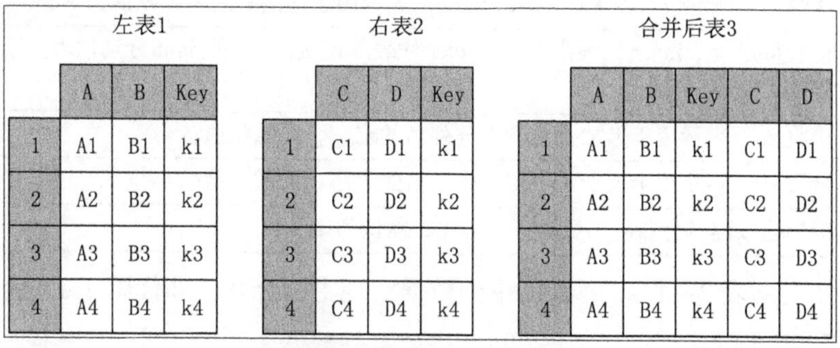

图 2-3　主键合并示例

Python 中 pandas 库的 merge 函数和 join 方法均可以实现主键合并，merge 函数的基本语法格式如下。

```
pandas.merge(left, right, how='inner', on=None, left_on=None, right_on=None,
left_index=False, right_index=False, sort=False, suffixes=('_x', '_y'),
copy=True,
indicator=False)
```

merge 函数常用的参数及其说明如表 2-29 所示。

表 2-29　merge 函数常用的参数及其说明

参数名称	说明
left	接收 DataFrame 或 Series，表示要添加的新数据，无默认值
right	接收 DataFrame 或 Series，表示要添加的新数据，无默认值
how	接收 inner、outer、left、right，表示数据的连接方式，默认为 inner
on	接收 str 或 sequence，表示两个数据合并的主键（必须一致），默认为 None
left_on	接收 str 或 sequence，表示 left 参数接收数据用于合并的主键，默认为 None
right_on	接收 str 或 sequence，表示 right 参数接收数据用于合并的主键，默认为 None
left_index	接收 bool，表示是否将 left 参数接收数据的 index 作为连接主键，默认为 False
right_index	接收 bool，表示是否将 right 参数接收数据的 index 作为连接主键，默认为 False
sort	接收 bool，表示是否根据连接键对合并后的数据进行排序，默认为 False
suffixes	接收 tuple，表示用于追加到 left 和 right 参数接收数据重叠列名的尾缀，默认为('_x', '_y')

join 方法实现主键合并的方式不同于 merge 函数，join 方法实现主键合并时要求不同表中的主键名称必须相同，其基本语法格式如下。

```
pandas.DataFrame.join(self, other, on=None, how='left', lsuffix='', rsuffix='',
sort=False)
```

join 方法常用的参数及其说明如表 2-30 所示。

表 2-30　join 方法常用的参数及其说明

参数名称	说明
other	接收 DataFrame、Series 或者包含了多个 DataFrame 的 list，表示参与连接的其他 DataFrame，无默认值
on	接收列名或者包含列名的 list 或 tuple，表示用于连接的列名，默认为 None
how	接收特定 str，inner 代表内连接，outer 代表外连接，left 和 right 分别代表左连接和右连接，默认为 inner
lsuffix	接收 str，表示用于追加到左侧重叠列名的末尾，无默认值
rsuffix	接收 str，表示用于追加到右侧重叠列名的末尾，无默认值
sort	根据连接键对合并后的数据进行排序，默认为 True

例 2-11　利用表 2-31 和表 2-32 中的数据实现主键合并，如代码 2-13 所示。

表 2-31　主键合并数据 1

	A	B	key
1	9968	822	3970
2	3692	7914	6931
3	6439	3812	6038
4	6221	2685	2364

表 2-32　主键合并数据 2

	C	D	key
1	6535	3723	3970
2	7157	7350	6931
3	1043	1028	6038
4	732	3966	2364

代码 2-13　主键合并

```
In[1]:
# 主键合并
import pandas as pd
Sheet_key1 = pd.read_excel('../data/Sheet_key1.xlsx', index_col=0)
Sheet_key2 = pd.read_excel('../data/Sheet_key2.xlsx', index_col=0)
print('主键合并前 Sheet_key1 的大小为: ', Sheet_key1.shape, '\n',
      '主键合并前 Sheet_key2 的大小为: ', Sheet_key2.shape)
```

```
Out[1]:
主键合并前 Sheet_key1 的大小为: (4, 3)
主键合并前 Sheet_key2 的大小为: (4, 3)
```

```
In[2]:
Sheet_key = pd.merge(Sheet_key1, Sheet_key2, left_on='key',
right_on = 'key')
print('主键合并后数据框为: \n', Sheet_key, '\n',
      '主键合并后数据框大小为: ', Sheet_key.shape)
```

```
Out[2]:
主键合并后数据框为:
      A     B   key     C     D
0  9968   822  3970  6535  3723
1  3692  7914  6931  7157  7350
2  6439  3812  6038  1043  1028
3  6221  2685  2364   732  3966
主键合并后数据框大小为:  (4, 5)
```

小结

本章介绍了机器学习中的数据质量校验、数据分布与趋势探查、数据清洗和数据合并四部分内容。数据质量校验主要介绍了对缺失值、异常值等数据的探索,异常值可以利用 3σ 原则和箱形图识别。数据分布与趋势探查主要介绍了对定性数据和定量数据的分析方法,如饼图、散点图、均值等方式。数据预处理部分主要介绍了数据清洗和数据合并,数据清洗部分介绍了缺失值和异常值的处理办法,如删除、数据插补等;数据合并部分则主要介绍了数据合并的几种方法。

课后习题

1. 选择题

(1)在实际测量中,异常值产生的原因可能是(　　　)。

    A. 人为读错、记错　　　　　　B. 仪器示值突然跳动

    C. 传输过程中发生错误　　　　D. 以上均正确

(2)以下关于数据准备的过程描述正确的是(　　　)。

    A. 数据质量校验、数据分布与趋势探查、数据清洗和数据合并必须严格按照先后顺序进行

    B. 数据合并按照合并轴的方向可以分为左连接、右连接、内连接和外连接

    C. 不论数据情况如何,缺失值均可以采取删除操作

    D. 在某些情况下,异常值是可以不进行处理的

(3)下列关于 concat 函数、append 方法、merge 函数和 join 方法的说法正确的是(　　　)。

    A. append 方法可以用来做横向堆叠和纵向堆叠

    B. merge 是最常用的主键合并函数,能够实现左连接、右连接、内连接和外连接

    C. join 是常用的主键合并方法之一,但不能实现左连接和右连接

    D. concat 是最常用的主键合并函数,能够实现内连接和外连接

(4)以下关于描述性统计分析的说法错误的是(　　　)。

    A. 描述性统计分析常包括集中趋势和离散程度两方面

    B. 描述性统计分析分析的是不同样本之间的关系

    C. 集中趋势度量常用均值、中位数

    D. 离散程度度量常用标准差、方差、四分位差

(5)关于缺失值的检测和处理的说法正确的是(　　　)。

    A. isnull 函数只能识别数据框中是否存在缺失值

    B. count 函数可以识别是否存在缺失值

    C. isnull 函数和 notnull 函数可以对缺失值进行处理

    D. 缺失值可以用拉格朗日插值法进行补全

(6)数据质量分析包括(　　　)。

    A. 时间校验、字段信息校验　　B. 缺失值校验

    C. 异常值分析　　　　　　　　D. 以上都是

（7）当需要合并的表主键完全一样时，下面关于 concat 函数的 join 参数取值的说法正确的是（　　　）。

  A. 取值 inner 时为内连接

  B. 取值 outer 时为外连接

  C. 取值 inner 或 outer，表格均按照 x 轴拼接

  D. 以上说法均错误

（8）下列说法正确的是（　　　）。

  A. 数据的分布分析包括定量数据分析和定性数据分析

  B. 频率分布直方图可以分析定性数据

  C. 处理缺失值只有删除和插值补全两种方法

  D. 横向堆叠和纵向堆叠拼接表的方式一样

（9）下列关于异常值的描述正确的是（　　　）。

  A. Python 中的 percentile 函数可以直接识别异常值

  B. 异常值可以视为缺失值进行处理

  C. 异常值必须进行处理

  D. 不能直接在异常值的数据集上进行挖掘建模

（10）下列关于数据合并的说法错误的是（　　　）。

  A. 数据堆叠或主键合并均可实现数据合并

  B. Python 中的 concat 函数可以实现横向堆叠和纵向堆叠

  C. Python 中的 merge 函数和 join 方法实现主键合并的方式相同

  D. 数据横向堆叠时，在 concat 函数的参数中，当 axis=1 时，不同表中数据做行对齐，将不同列名称的两张或多张表合并

2．填空题

（1）定量数据的分布分析步骤为：求极差、决定组距与组数、＿＿＿＿＿、＿＿＿＿＿、＿＿＿＿＿。

（2）数据堆叠可以利用 Python 中的＿＿＿＿＿＿、＿＿＿＿＿＿、＿＿＿＿＿＿。

（3）可以利用＿＿＿＿＿＿、＿＿＿＿＿＿、＿＿＿＿＿＿、＿＿＿＿＿＿等方法进行相关性分析。

（4）数据的描述性分析主要包括＿＿＿＿＿＿和＿＿＿＿＿＿。

（5）数据准备过程主要包括：数据质量校验、＿＿＿＿＿＿、＿＿＿＿＿＿和＿＿＿＿＿＿。

3．操作题

（1）在表 2-33 中，特征 y 所在的列存在缺失值，其余特征无缺失值。利用表 2-33 中的数据识别缺失值，并使用回归插补法处理缺失值。

表 2-33　data1

y	x_1	x_2	x_3	y	x_1	x_2	x_3
1.2596	1.4332	−0.4027	1.8623	1.9324	1.9084	2.6514	0.5482
0.2010	1.1281	−0.6043	2.6514	1.6310	−0.8470	2.3076	0.0342
0.1964	2.6514	0.4845	0.3813		1.2884	0.0316	0.1421
−0.3153	1.8623	1.0784	−0.3003	0.5506	0.5382	2.3567	0.2326
1.5572	0.8397	0.4912	−0.3003	−0.1707	−0.6912	1.8352	1.2596

续表

y	x_1	x_2	x_3	y	x_1	x_2	x_3
	1.9084	0.3404	1.0784	0.5506	−0.6283	0.6644	1.7271
−0.7705	−0.9450	−0.8115	−0.6214	−0.1353	0.2927	2.6514	4.4375
0.4952	1.2596	0.3588	0.1421	1.2596	−0.6912	1.2499	0.9677
0.5029	0.0320	−0.3157	0.0320		−0.6296	2.3635	2.8394
1.3485	1.2596	2.6514	1.2596	1.2596	0.3404	1.2596	0.0872

（2）在操作题（1）中，已经完成了表 2-33 中数据缺失值的识别和处理。现有一组无缺失值数据，如表 2-34 所示。表 2-33 和表 2-34 有相同的主键 x_1，选择合适的方法将表 2-33 和表 2-34 中的数据进行合并。

表 2-34　data2

z_1	x_1	z_2	z_3	z_1	x_1	z_2	z_3
0.8912	1.4332	2.4647	0.5174	0.0531	1.9084	0.6644	0.0782
−0.0380	1.1281	1.6352	1.0784	0.0784	−0.8470	2.6514	−2.7681
0.5530	2.6514	−0.6214	0.4952	1.4647	1.2884	−0.7705	−1.5628
0.6260	1.8623	0.0782	1.6175	2.4647	0.5382	1.1107	−1.2580
0.9677	0.8397	0.3238	0.8230	0.7936	−0.6912	−1.9127	0.4912
−0.2633	1.9084	−0.3958	0.9768	−0.3157	−0.6283	1.2596	0.2539
1.2596	−0.9450	0.3744	0.4845	0.4845	0.2927	−0.6590	−0.8568
0.5560	1.2596	1.0784	0.5174	2.5522	−0.6912	0.0102	−0.7561
0.3250	0.0320	1.2596	1.0784	−0.8115	−0.6296	1.2700	0.0649
−0.9469	1.2596	2.6514	1.3037	1.0322	0.3404	1.2596	−1.3080

第 3 章　特征工程

机器学习所使用的数据和特征决定了机器学习算法构建的模型的上限，更好的特征使得模型能够训练出更好的结果。为了使构建的模型能够尽可能地逼近最优，需要在建模前对特征进行处理。特征工程是使用专业背景知识和技巧处理数据，使得特征能在机器学习算法上发挥更好的作用的过程，其包含特征变换和特征选择等步骤。本章主要介绍特征工程中特征变换和特征选择常用方法的原理和实现过程。

学习目标

（1）了解常用的特征缩放方法。

（2）熟悉独热编码的原理和实现过程。

（3）掌握常用的离散化方法。

（4）了解过滤式选择、包裹式选择和嵌入式选择的原理。

（5）了解字典学习的概念和原理。

3.1　特征变换

在通常情况下，使用原始数据直接建模的效果往往不好，为了使建立的模型简单精确，需要对原始数据进行特征变换，把原始的特征转化为更为有效的特征。常用的特征变换方法有特征缩放、独热编码和特征离散化等。

3.1.1　特征缩放

不同特征之间往往具有不同的量纲，由此造成的数值间分布差异可能会很大。在涉及空间距离计算或梯度下降法等情况时，不对量纲差异进行处理会影响数据分析结果的准确性。为了消除特征之间量纲和取值范围造成的影响，需要对数据进行标准化处理。常用的数据标准化方法有离差标准化、标准差标准化、小数定标标准化和函数转换等。

1. 离差标准化

离差标准化是对原始数据的一种线性变换，结果是将原始数据的数值映射到[0,1]区间内，转换如式（3-1）所示。

$$X^* = \frac{x - \min(x)}{\max(x) - \min(x)} \tag{3-1}$$

在式（3-1）中，$\max(x)$ 为样本数据的最大值，$\min(x)$ 为样本数据的最小值，$\max(x) - \min(x)$ 为极差。离差标准化保留了原始数据值之间的联系，是消除量纲和数据取值范围影响最简单的方法，但其受离群点影响较大，适用于分布较为均匀的数据。

2. 标准差标准化

标准差标准化也叫零均值标准化或 z 分数标准化，是当前使用最广泛的数据标准化方法。经过该方法处理的数据均值为 0，标准差为 1，转化如式（3-2）所示。

$$X^* = \frac{x - \overline{x}}{\delta} \tag{3-2}$$

在式（3-2）中，$\overline{x}$ 为原始数据的均值，δ 为原始数据的标准差。标准差标准化适用于数据的最大值和最小值未知的情况，或数据中包含超出取值范围的离群点的情况。

3. 小数定标标准化

通过移动数据的小数位数，将数据映射到[-1,1]区间，移动的小数位数取决于数据绝对值的最大值，转化如式（3-3）所示。在式（3-3）中，k 表示数据整数位个数。

$$X^* = \frac{x}{10^k} \tag{3-3}$$

例 3-1 利用 Python 对 iris 数据集进行标准化，如代码 3-1 所示。

代码 3-1 数据集标准化

In[1]:
```python
from sklearn.datasets import load_iris
import pandas as pd
import numpy as np

iris = load_iris()
data = pd.DataFrame(iris.data)
data.columns = iris.feature_names
# 离差标准化
def MaxMinScale(data):
    m_scale = (data-data.min())/(data.max()-data.min())
    return m_scale
data_m_scale = MaxMinScale(data)
print('离差标准化之前的前 5 行数据为: \n', data.iloc[0:5, :], '\n',
    '离差标准化之后的前 5 行数据为: \n', data_m_scale.iloc[0:5, :])
```

Out[1]:
```
离差标准化之前的前 5 行数据为:
      sepal length (cm)  sepal width (cm)  petal length (cm)
petal width (cm)
0               5.1              3.5              1.4              0.2
1               4.9              3.0              1.4              0.2
2               4.7              3.2              1.3              0.2
3               4.6              3.1              1.5              0.2
4               5.0              3.6              1.4              0.2
离差标准化之后的前 5 行数据为:
      sepal length (cm)  sepal width (cm)  petal length (cm)
petal width (cm)
0       0.222222         0.625000         0.067797         0.041667
1       0.166667         0.416667         0.067797         0.041667
2       0.111111         0.500000         0.050847         0.041667
3       0.083333         0.458333         0.084746         0.041667
4       0.194444         0.666667         0.067797         0.041667
```

In[2]:
```python
# 标准差标准化
def StandarScale(data):
    s_scale = (data-data.mean())/(data.std())
```

```
        return s_scale
data_s_scale = StandarScale(data)
print('标准差标准化之前的前 5 行数据为: \n', data.iloc[0:5, :], '\n',
       '标准差标准化之后的前 5 行数据为: \n', data_s_scale.iloc[0:5, :])
```

标准差标准化之前的前 5 行数据为:
```
     sepal length (cm)  sepal width (cm)  petal length (cm)  petal
width (cm)
0              5.1              3.5              1.4              0.2
1              4.9              3.0              1.4              0.2
2              4.7              3.2              1.3              0.2
3              4.6              3.1              1.5              0.2
4              5.0              3.6              1.4              0.2
```

Out[2]:

标准差标准化之后的前 5 行数据为:
```
     sepal length (cm)  sepal width (cm)  petal length (cm)  petal
width (cm)
0         -0.897674         1.015602         -1.335752         -1.311052
1         -1.139200        -0.131539         -1.335752         -1.311052
2         -1.380727         0.327318         -1.392399         -1.311052
3         -1.501490         0.097889         -1.279104         -1.311052
4         -1.018437         1.245030         -1.335752         -1.311052
```

In[3]:

```
# 小数定标标准化
def DecimalScale(data):
    k = np.ceil(np.log10(data.abs().max()))
    d_scale = data/(10**k)
    return d_scale
data_d_scale = DecimalScale(data)
print('小数定标标准化之前的前 5 行数据为:\n', data.iloc[0:5, :], '\n',
       '小数定标标准化之后的前 5 行数据为: \n', data_d_scale.iloc[0:5, :])
```

小数定标标准化之前的前 5 行数据为:
```
     sepal length (cm)    sepal width (cm)      petal length (cm)
petal width (cm)
0              5.1              3.5              1.4              0.2
1              4.9              3.0              1.4              0.2
2              4.7              3.2              1.3              0.2
3              4.6              3.1              1.5              0.2
4              5.0              3.6              1.4              0.2
```

Out[3]:

小数定标标准化之后的前 5 行数据为:
```
     sepal length (cm)    sepal width (cm)      petal length (cm)
petal width (cm)
0              0.51             0.35             0.14             0.02
1              0.49             0.30             0.14             0.02
2              0.47             0.32             0.13             0.02
3              0.46             0.31             0.15             0.02
4              0.50             0.36             0.14             0.02
```

　　根据代码 3-1 的结果可以看出，数据在 3 种数据标准化前后，整体分布情况并未发生变化，取值较大的数据在标准化之后的值仍然较大。经过离差标准化后的数据集中于[0,1]区间，标准差标准化之后的数据取值不局限于[0,1]区间，且存在负值。

　　对比 3 种方法可以发现，离差标准化方法最为简单，便于理解，数据标准化以后取值在[0,1]区间；标准差标准化方法受数据分布影响较小；小数定标标准化方法适用范围较广，且受数据分布影响较小，相较于前两种方法，该方法适用程度适中。

4. 函数转换

函数转换是使用数学函数对原始数据进行转换，改变原始数据的特征，使特征变得更适合建模，常用的转换包括平方、开方、取对数、差分运算等，分别如式（3-4）~式（3-7）所示。

$$X^* = x^2 \tag{3-4}$$

$$X^* = \sqrt{x} \tag{3-5}$$

$$X^* = \log(x) \tag{3-6}$$

$$\nabla f(x_k) = f(x_{k+1}) - f(x_k) \tag{3-7}$$

函数转换常用来将不具有正态分布特征的数据变换成具有正态分布特征的数据。在时间序列分析中，简单的对数变换或者差分运算常常就可以将非平稳序列转换成平稳序列。还可以使用对数函数转换和反正切函数转换等函数转换方法对数据进行标准化。对数函数转换是指利用以 10 为底的对数函数对数据进行转换，即 $X^* = \log_{10}(x)$；反正切函数转换即 $X^* = \dfrac{2 \times \arctan(x)}{\pi}$。如果要求反正切函数转换的结果全部落入[0,1]区间，那么要求原始数据全部大于等于 0，否则，小于 0 的数据会被映射到[−1,0]区间。

例 3-2　利用 Python，对 iris 数据集使用函数转换标准化数据，如代码 3-2 所示。

代码 3-2　使用函数转换标准化数据

```
In[4]:     # 对数函数转换
           def LogNorm(data):
               l_norm = np.log10(data)
               return l_norm
           data_l_norm = LogNorm(data)
           print('对数函数转换前的前 5 行数据为: \n', data.iloc[0:5, :], '\n',
                 '对数函数转换后的前 5 行数据为: \n', data_l_norm.iloc[0:5, :])
```

```
Out[4]:    对数函数转换前的前 5 行数据为:
              sepal length (cm)  sepal width (cm)  petal length (cm)  petal
           width (cm)
           0            5.1               3.5               1.4            0.2
           1            4.9               3.0               1.4            0.2
           2            4.7               3.2               1.3            0.2
           3            4.6               3.1               1.5            0.2
           4            5.0               3.6               1.4            0.2
           对数函数转换后的前 5 行数据为:
              sepal length (cm)  sepal width (cm)  petal length (cm)  petal
           width (cm)
           0       0.707570          0.544068          0.146128       -0.69897
           1       0.690196          0.477121          0.146128       -0.69897
           2       0.672098          0.505150          0.113943       -0.69897
           3       0.662758          0.491362          0.176091       -0.69897
           4       0.698970          0.556303          0.146128       -0.69897
```

```
In[5]:     # 反正切函数转换
           import math
           def TanNorm(data):
               t_norm = pd.DataFrame(np.zeros([len(data), len(data.columns)]))
               for i in range(len(data)):
```

```
            for j in range(len(data.columns)):
                t_norm.iloc[i, j] = math.atan(data.iloc[i, j])*2/np.pi
            return t_norm
data_t_norm = TanNorm(data)
print('反正切函数转换前的前5行数据为：\n', data.iloc[0:5, :], '\n',
        '反正切函数转换后的前5行数据为:\n', data_t_norm.iloc[0:5, :])
```

Out[5]: 反正切函数转换前的前5行数据为：
```
     sepal length (cm)  sepal width (cm)  petal length (cm)  petal
width (cm)
0                  5.1               3.5                1.4         0.2
1                  4.9               3.0                1.4         0.2
2                  4.7               3.2                1.3         0.2
3                  4.6               3.1                1.5         0.2
4                  5.0               3.6                1.4         0.2
```
反正切函数转换后的前5行数据为：
```
          0         1         2         3
0  0.876736  0.822829  0.605137  0.125666
1  0.871838  0.795167  0.605137  0.125666
2  0.866539  0.807178  0.582571  0.125666
3  0.863725  0.801348  0.625666  0.125666
4  0.874334  0.827510  0.605137  0.125666
```

根据代码 3-2 的结果可以看出，数据经对数函数转换后落到[-1,1]区间，由于原始数据均大于等于 0，所以数据经过反正切函数转换后取值范围落到[0,1]区间，且两种方法均未改变数据整体分布情况。

3.1.2 独热编码

在机器学习中，经常会遇到类型数据，如性别分为男、女，手机运营商分为移动、联通和电信。在这种情况下，通常会选择将这些类型数据转化为数值代入模型，如 0、1 和-1、0、1，这个时候往往默认它们为连续型数值进行处理，然而这样会影响模型的效果。

独热编码即 One-Hot 编码，又称一位有效编码，是处理类型数据较好的方法，主要是使用 N 位状态寄存器来对 N 个状态进行编码，每个状态都有它独立的寄存器位，并且在任意时候都只有一个编码位有效。对于每一个特征，如果它有 m 个可能值，那么经过独热编码后，就变成了 m 个二元特征，并且这些特征之间是互斥的，每一次都只有一个被激活，这时原来的数据经过独热编码后会变成稀疏矩阵。对于性别男和女，独热编码后可以表示为 10 和 01，如图 3-1 所示。

图 3-1　使用独热编码处理性别特征

独热编码有以下优点。

（1）其将离散型特征的取值扩展到欧氏空间，离散型特征的某个取值就对应欧氏空间的某个点。

（2）对离散型特征使用独热编码，可以让特征之间的距离计算更为合理。

例3-3 利用 Python 进行独热编码，如代码 3-3 所示。

代码 3-3 独热编码

```
In[6]:    from sklearn import preprocessing
          enc = preprocessing.OneHotEncoder()
          enc.fit([[0, 0, 3], [1, 2, 0], [0, 1, 1], [1, 0, 2]])
          print('[0,0,0]独热编码结果为：\n', enc.transform([[0, 0, 0]]).
          toarray(), '\n',
                  '[0,1,2]独热编码结果为：\n', enc.transform([[0, 1, 2]]).
          toarray(), '\n',
                  '[1,2,3]独热编码结果为：\n', enc.transform([[1, 2, 3]]).
          toarray())

Out[6]:   [0,0,0]独热编码结果为：
          [[1. 0. 1. 0. 0. 1. 0. 0. 0.]]
          [0,1,2]独热编码结果为：
          [[1. 0. 0. 1. 0. 0. 0. 1. 0.]]
          [1,2,3]独热编码结果为：
          [[0. 1. 0. 0. 1. 0. 0. 0. 1.]]
```

在代码 3-3 中，OneHotEncoder 类使用的训练数据集为[[0,0,3],[1,2,0],[0,1,1],[1,0,2]]，每一列代表一个属性，编码时对每一个属性单独编码，如第一列中只有 0 和 1 两个数值，此时 0 编码为 10，1 编码为 01，而且不论数值排列顺序如何，编码时均按照从小到大的顺序排列。在代码 3-3 的结果中，[1,2,3]编码后的前两位(0,1)表示 1 的编码，(0,0,1)表示 2 的编码，(0,0,0,1)表示 3 的编码，如图 3-2 所示。

序号	x	y	z
1	0	0	0
2	0	1	2
3	1	2	3

独热编码后

序号	0	1	0	1	2	0	1	2	3
1	1	0	1	0	0	1	0	0	0
2	1	0	0	1	0	0	0	1	0
3	0	1	0	0	1	0	0	0	1

图 3-2 独热编码结果

3.1.3 离散化

离散化是指将连续型特征（数值型）变换成离散型特征（类别型）的过程，需要在数据的取值范围内设定若干个离散的划分点，将取值范围划分为一系列区间，最后用不同的符号或标签代表落在每个子区间。例如，将年龄离散化为年龄段，如图 3-3 所示。

部分只能接收离散型数据的算法，需要将数据离散化后才能正常运行，如 ID3、Apriori 算法等。而使用离散化搭配独热编码的方法，还能够降低数据的复杂度，将其变得稀疏，提高算法运行速度。常用的离散化方法主要有 3 种：等宽法、等频法、通过聚类分析离散化（一维）。

序号	年龄
1	18
2	23
3	35
4	54
5	42
6	21
7	60
8	63
9	41
10	38

离散化⇨

序号	年龄段
1	(17,27]
2	(17,27]
3	(27,36]
4	(45,54]
5	(36,45]
6	(17,27]
7	(54,63]
8	(54,63]
9	(36,45]
10	(36,45]

图 3-3　将年龄离散化为年龄段

1. 等宽法

等宽法是将数据的值域分成具有相同宽度的区间的离散化方法，区间的个数由数据本身的特点决定或者由用户指定，与制作频率分布表类似。pandas 提供了 cut 函数，可以进行连续型数据的等宽离散化，其基础语法格式如下。

```
pandas.cut(x, bins, right=True, labels=None, retbins=False, precision=3,
include_lowest=False)
```

cut 函数常用参数及其说明如表 3-1 所示。

表 3-1　cut 函数常用参数及其说明

参数名称	说明
x	接收数组或 Series，表示需要进行离散化处理的数据，无默认值
bins	接收 int、list、array、tuple。若为 int，代表离散化后的类别数目；若为序列类型的数据，则表示进行切分的区间，每两个数间隔为一个区间，无默认值
right	接收 boolean，表示右侧是否为闭区间，默认为 True
labels	接收 list、array，表示离散化后各个类别的名称，默认为空
retbins	接收 boolean，表示是否返回区间标签，默认为 False
precision	接收 int，表示显示的标签的精度，默认为 3

例 3-4　对 iris 数据集中的花萼宽度（sepal）属性使用 cut 函数进行等宽法离散化，如代码 3-4 所示。

代码 3-4　等宽法离散化

```
In[7]:   sepal = pd.cut(data.iloc[:, 1], 3)
         print('花萼宽度离散化后的 3 条记录分布为: \n', sepal.value_counts())

Out[7]:  花萼宽度离散化后的 3 条记录分布为:
          (2.8, 3.6]      88
         (1.998, 2.8]    47
         (3.6, 4.4]      15
         Name: sepal width (cm), dtype: int64
```

根据代码 3-4 的结果可以看出，等宽法离散化对数据分布非常敏感，尤其是含有离群点的数据。等宽法会倾向于将数据不均匀地分布到各个区间中，导致可能出现一部分区间内的数据极多，而另一部分区间内的数据极少的情况，这会严重影响离散化处理后所建立的模型。

2. 等频法

等频法是将相同数量的记录放在每个区间的离散化方法，能够保证每个区间的记录数量基本一致。cut 函数虽然不能直接实现等频法离散化，但是可以通过定义将相同数量的记录放进每个区间。

例 3-5　对 iris 数据集中的花萼宽度属性使用等频法进行离散化，如代码 3-5 所示。

代码 3-5　等频法离散化

```
In[8]:    def SameRateCut(data, k):
              w = data.quantile(np.arange(0, 1+1.0/k, 1.0/k))
              data = pd.cut(data, w)
              return data
          result = SameRateCut(data.iloc[:, 1], 3).value_counts()
          print('花萼宽度等频法离散化后各个类别数目分布状况为：', '\n', result)

Out[8]:   花萼宽度等频法离散化后各个类别数目分布状况为：
           (2.0, 2.9]    56
           (2.9, 3.2]    50
           (3.2, 4.4]    43
          Name: sepal width (cm), dtype: int64
```

根据代码 3-5 的结果可以看出，相较于等宽法离散化而言，等频法离散化避免了类分布不均匀的问题，但同时却也有可能将数值非常接近的两个值分到不同的区间，以满足每个区间中都有相同的固定数据个数。

3. 基于聚类分析的方法

基于聚类分析的离散化方法是将连续型数据用聚类算法（如 K-Means 算法等）进行聚类，然后利用聚类得到的簇对数据进行离散化的方法，其将合并到一个簇的连续型数据作为一个区间。基于聚类分析的离散化方法需要用户指定簇的个数，以决定产生的区间数。

例 3-6　对 iris 数据集中的花萼宽度属性进行离散化，如代码 3-6 所示。

代码 3-6　基于聚类分析的数据离散化

```
In[9]:    def KmeanCut(data, k):
              from sklearn.cluster import KMeans  # 引入 K-Means
              kmodel = KMeans(n_clusters=k, n_jobs=3)  # 建立模型, n_jobs 是
          并行数
              kmodel.fit(data.reshape((len(data), 1)))  # 训练模型
              c = pd.DataFrame(kmodel.cluster_centers_).sort_values(0)  #
          输出聚类中心并排序
              w = c.rolling(2).mean()  # 相邻两项求中点, 作为边界点
              w = pd.DataFrame([0]+list(w[0])+[data.max()])  # 加上首末边界点
              w.fillna(value=c.min(), inplace=True)
```

```
    w = list(w.iloc[:, 0])
    # w=[0]+list(w[0])+[data.max()]   # 加上首末边界点
    data = pd.cut(data, w)
    return data
result = KmeanCut(np.array(data.iloc[:, 1]), 3).value_counts()
print('花萼宽度聚类离散化后各个类别数目分布状况为: ', '\n', result)
```

Out[9]: 花萼宽度聚类离散化后各个类别数目分布状况为:
  (0.0, 2.494]   11
  (2.494, 2.758]   22
  (2.758, 3.33]   80
  (3.33, 4.4]   37
  dtype: int64

由代码 3-6 的结果可以看出，K-Means 聚类分析的离散化方法可以很好地根据现有特征的数据分布状况进行聚类。基于聚类分析的离散化不会出现一部分区间的记录极多或极少的情况，也不会将记录平均分配到各个区间，能够保留数据原本的分布情况，但是使用该方法进行离散化时，依旧需要指定离散化后类别的数目。

3.2　特征选择

特征选择是特征工程中的一个重要的组成部分，其目标是寻找到最优的特征子集。特征选择能够将不相关或者冗余的特征从原本的特征集合中剔除出去，从而有效地缩小特征集合的规模，进一步减少模型的运行时间，同时也能提高模型的精确度和增强有效性。特征选择作为提高机器学习算法性能的一种重要手段，在一定程度上也能规避机器学习经常面临的过拟合问题。过拟合问题表现为模型参数过于贴合训练数据，导致泛化能力不佳，而通过特征选择削减特征的数量能在一定程度上解决过拟合问题。

特征选择的过程主要由 4 个环节组成，包括生成子集、评估子集、停止准则和验证结果，如图 3-4 所示。

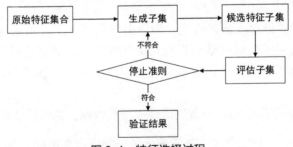

图 3-4　特征选择过程

在生成子集的步骤中，算法会通过一定的搜索策略从原始特征集合中生成候选的特征子集。评估子集的步骤中包括针对每个候选子集依据评价准则进行评价，如果新生成的子集的评价比之前的子集要高，则新的子集会成为当前的最优候选子集。当满足停止准则时，输出当前的最优候选子集作为最优子集进行结果验证，验证选取的最优特征子集的有效性；不满足停止准则时，则继续生成新的候选子集进行评估。

在特征选择过程中，每一个生成的候选特征子集都需要按照一定的评价准则进行评估。根据评价准则是否独立于学习算法，特征选择方法大致分为 3 大类，包括过滤式选择、包裹式选择和嵌入式选择。

3.2.1 过滤式选择

过滤式特征选择方法中的评价准则与学习算法没有关联，可以快速排除不相关的特征，计算效率较高。过滤式特征选择的基本思想为：针对每个特征，分别计算该特征对应不同类别标签的信息量，得到一组结果；将这组结果按由大到小的顺序进行排列，输出排在前面的指定数量的结果所对应的特征。过滤式选择的运作流程如图 3-5 所示。

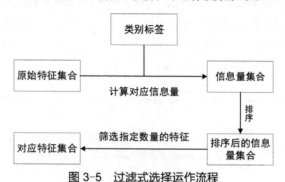

图 3-5　过滤式选择运作流程

过滤式选择中常用度量信息量的方法有相关系数、卡方检验、互信息等，如表 3-2 所示。

表 3-2　常用度量信息量的方法

方法名	说明
相关系数	皮尔逊相关系数（Pearson Correlation）衡量的是变量之间的线性相关性，结果的取值区间为[-1,1]，-1 表示完全负相关，1 表示完全正相关，0 表示没有线性相关。该方法速度快、易于计算，缺点是只对线性关系敏感。如果关系是非线性的，即便两个变量具有一一对应的关系，计算得到的皮尔逊相关系数仍可能会接近 0
卡方检验	卡方检验法检验类别型因变量与类别型自变量之间的相关性，相关性越强，则卡方检验的取值越大
互信息	互信息法评价的是类别型变量与类别型变量之间的独立性。若两个变量完全独立，则互信息值为 0；两个变量间越不互相独立，即相关性越强，则互信息值越大

还存在一种方差选择法，该方法不需要度量信息量，仅通过计算各个特征的方差进行特征选择，方差大于设定阈值的特征将会被保留。

例 3-7　利用 Python 对 iris 数据集进行过滤式选择，如代码 3-7 所示。

代码 3-7　过滤式选择

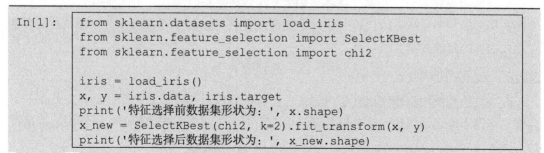

```
In[1]:   from sklearn.datasets import load_iris
         from sklearn.feature_selection import SelectKBest
         from sklearn.feature_selection import chi2

         iris = load_iris()
         x, y = iris.data, iris.target
         print('特征选择前数据集形状为: ', x.shape)
         x_new = SelectKBest(chi2, k=2).fit_transform(x, y)
         print('特征选择后数据集形状为: ', x_new.shape)
```

```
Out[1]:    特征选择前数据集形状为:  (150, 4)
           特征选择后数据集形状为:  (150, 2)
```

由代码 3-7 的结果可以看出,过滤式选择会保留预先设定的特征数。

3.2.2　包裹式选择

与过滤式选择方法不同,包裹式选择选择一个目标函数来一步步地筛选特征。最常用的包裹式特征选择方法为递归特征消除法(Recursive Feature Elimination,RFE)。递归特征消除法使用一个机器学习模型来进行多轮训练,每轮训练后,消除若干权值系数的对应特征,再基于新的特征集进行下一轮训练,直到特征个数达到预设的值,则停止训练,输出当前的特征子集。RFE 算法运作流程如图 3-6 所示。

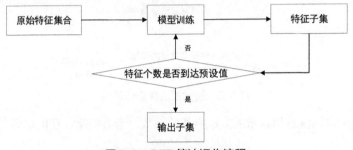

图 3-6　RFE 算法运作流程

例 3-8　利用 Python 对 iris 数据集进行包裹式选择,如代码 3-8 所示。

代码 3-8　包裹式选择

```
In[2]:    from sklearn.feature_selection import RFE
          from sklearn.linear_model import LinearRegression

          names = iris.feature_names
          lr = LinearRegression()
          rfe = RFE(lr, n_features_to_select=1)   # 选择剔除 1 个
          rfe.fit(x, y)
          print('剔除排名为: \n', sorted(zip(map(lambda x: round(x, 5),
          rfe.ranking_), names)))

Out[2]:   剔除排名为:
           [(1, 'petal width (cm)'), (2, 'petal length (cm)'), (3, 'sepal
          length (cm)'), (4, 'sepal width (cm)')]
```

与过滤式选择不同,包裹式选择(RFE)在特征选择时需要人为选择删除特征个数,本次选择删除一个特征。由代码 3-8 的结果可以看出,删除特征 petal width (cm)被认为是包裹式选择的最佳方案。

3.2.3　嵌入式选择

嵌入式选择方法也使用机器学习方法进行特征选择,与包裹式选择的不同之处在于,包裹式选择不停地筛选掉一部分特征来进行迭代训练,而嵌入式选择训练时使用的都是特征全集。

嵌入式选择通常使用 L1 正则化和 L2 正则化进行特征筛选，正则化惩罚项越大，对应模型的系数就会越小。当正则化惩罚项大到一定程度时，部分特征系数会变成 0；当正则化惩罚项继续增大到一定程度时，所有的特征系数都会趋于 0。但是一部分特征系数在整体趋于 0 的过程中会先变成 0，这部分系数就是可以筛掉的，因此，最终特征系数较大的特征会被保留下来。嵌入式选择的运作流程如图 3-7 所示。

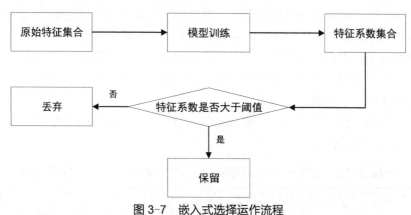

图 3-7　嵌入式选择运作流程

例 3-9　利用 Python 对 iris 数据集进行嵌入式特征选择，如代码 3-9 所示。

代码 3-9　嵌入式特征选择

```
In[3]:     from sklearn.svm import LinearSVC
           from sklearn.feature_selection import SelectFromModel

           print('L1 正则化前数据集形状为: ', x.shape)
           lsvc = LinearSVC(C=0.01, penalty='l1', dual=False).fit(x, y)
           model = SelectFromModel(lsvc, prefit=True)
           x_new = model.transform(x)
           print('L1 正则化后数据集形状为: ', x_new.shape)

Out[3]:    L1 正则化前数据集形状为:  (150, 4)
           L1 正则化后数据集形状为:  (150, 3)
```

与过滤式特征选择和包裹式特征选择不同，嵌入式特征选择只需要指定使用的正则化方法。根据代码 3-9 的运行结果可以看出，嵌入式特征选择保留了 3 个特征。由此可以发现，不同的方法特征选择的结果是不同的。

3.2.4　字典学习

除了过滤式、包裹式和嵌入式特征选择，还有一种特征选择方法考虑的是特征的"稀疏性"，这种特征选择方法的核心是稀疏编码（Sparse Coding）。稀疏编码将一个信号表示为一组基的线性组合，而且要求只需要较少的几个基就可以将信号表示出来。稀疏编码算法是一种无监督学习方法，通常用来寻找一组"超完备"基向量来更高效地表示样本数据。稀疏编码算法中的字典学习（Dictionary Learning）是一个矩阵因式分解问题，旨在从原始数据中找到一组特殊的稀疏信号。在机器视觉中称为视觉单词（visual words），这一组稀疏信号能够线性表示所有的原始信号。字典学习的运作流程如图 3-8 所示。

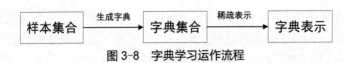

图 3-8　字典学习运作流程

在字典学习的过程中，首先需要从样本集合中生成字典。生成字典的过程实际上是提取事物最本质的特征，类似于从一篇文章中提取其中的字词，从而生成一本专门用于表达该文章的字典。生成字典获得了样本集合所对应的字典集合后，通过稀疏表示的过程可以得到样本集合的字典表示，类似于使用字典中的字词对文章进行表达。

字典学习对于噪声的健壮性强，对大量数据处理速度问题有很大的改进和突破。但字典会带有很多原始数据中的噪声等污染，且字典冗余，当训练数据的位数增加时，计算速度和事件都将遇到瓶颈问题。

字典学习常用于处理图片数据。对 face 图片使用字典学习提取字典，并绘制提取的字典图形，如代码 3-10 所示。

代码 3-10　使用字典学习提取 face 图片的字典并绘制字典图形

```
In[4]:    import matplotlib.pyplot as plt
          import numpy as np
          from scipy import misc
          from sklearn.decomposition import MiniBatchDictionaryLearning
          from sklearn.feature_extraction.image import extract_patches_2d

          # 导入数据
          face = misc.face(gray=True)
          # 对数据进行映射和采样
          face = face / 255.0
          face = face[::2, ::2] + face[1::2, ::2] + face[::2, 1::2] +
          face[1::2, 1::2]
          face = face / 4.0
          height, width = face.shape
          print('数据行数: ',height)
          print('数据特征数: ',width)

Out[4]:   数据行数: 384
          数据特征数: 512

In[5]:    # 对照片的右半部分加上噪声
          distorted = face.copy()
          distorted[:, width // 2:] += 0.075 * np.random.randn(height, width
          // 2)
          # 对图片的左半部分提取 patch
          patch_size = (7, 7)  # patch 大小
          data = extract_patches_2d(distorted[:, :width // 2], patch_size)
          data = data.reshape(data.shape[0], -1)
          # zscore 标准化
          data -= np.mean(data, axis=0)
          data /= np.std(data, axis=0)
          # 创建 MiniBatchDictionaryLearning 模型
          dico = MiniBatchDictionaryLearning(n_components=100, alpha=1,
          n_iter=500).fit(data)
          print('字典学习: \n',dico)
```

```
Out[5]:  字典学习：
         MiniBatchDictionaryLearning(alpha=1, batch_size=3, dict_init=None,
                     fit_algorithm='lars', n_components=100, n_iter=500,
         n_jobs=1,
                     random_state=None, shuffle=True, split_sign=False,
                     transform_algorithm='omp', transform_alpha=None,
                     transform_n_nonzero_coefs=None, verbose=False)
```

```
In[6]:   # 调用 components_ 属性返回获取的字典
         V = dico.components_
         # 画出 V 中的字典
         plt.figure(figsize=(4.2, 4))        # 定义图片大小，4.2英寸宽，4英寸高
         # 循环画出 V 中的 100 个字典
         for i, comp in enumerate(V[:100]):
             plt.subplot(10, 10, i + 1)
             plt.imshow(comp.reshape(patch_size), cmap=plt.cm.gray_r,
                     interpolation='nearest')
             plt.xticks(())
             plt.yticks(())
         plt.subtitle('Dictionary learned from face patches',fontsize=16)
         plt.subplots_adjust(0.08, 0.02, 0.92, 0.85, 0.08, 0.23) #left,
         right, bottom, top, wspace, hspace.
         plt.show()
```

Out[6]:

Dictionary learned from face patches

　　通过不同参数设置对右半部分的含有噪声的图像进行字典表示，并绘制图形比较效果，如代码 3-11 所示。

代码 3-11　对噪声图像进行字典表示并绘制图形

```
In[7]:   from sklearn.feature_extraction.image import reconstruct_from_
         patches_2d
         # 定义函数用于对比字典学习前后的效果
         def show_with_diff(image, reference, title):
             plt.figure(figsize=(5, 3.3))
             plt.subplot(1, 2, 1)
             plt.title('Image')
             plt.imshow(image, vmin=0, vmax=1, cmap=plt.cm.gray,
                     interpolation='nearest')
             plt.xticks(())
             plt.yticks(())
             plt.subplot(1, 2, 2)
```

```
    difference = image - reference
    plt.title('Difference (norm: %.2f)' % np.sqrt(np.sum(difference
** 2)))
    plt.imshow(difference, vmin=-0.5, vmax=0.5, cmap=plt.cm.PuOr,
            interpolation='nearest')
    plt.xticks(())
    plt.yticks(())
    plt.subtitle(title, size=16)
    plt.subplots_adjust(0.02, 0.02, 0.98, 0.79, 0.02, 0.2)

# 画出图像及噪声
show_with_diff(distorted, face, 'Distorted image')
plt.show()
```

Out[7]:

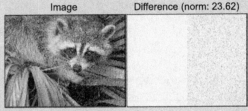

In[8]:

```
# 提取图像含有噪声的右半部进行字典学习
data = extract_patches_2d(distorted[:, width // 2:], patch_size)
data = data.reshape(data.shape[0], -1)
intercept = np.mean(data, axis=0)
data -= intercept
# 四种不同的字典表示策略
transform_algorithms = [
    ('Orthogonal Matching Pursuit\n1 atom', 'omp',
     {'transform_n_nonzero_coefs': 1}),
    ('Orthogonal Matching Pursuit\n2 atoms', 'omp',
     {'transform_n_nonzero_coefs': 2}),
    ('Least-angle regression\n5 atoms', 'lars',
     {'transform_n_nonzero_coefs': 5}),
    ('Thresholding\n alpha=0.1', 'threshold', {'transform_
alpha':.1})]

# 循环绘出 4 种字典表示策略的结果
reconstructions = {}
for title, transform_algorithm, kwargs in transform_algorithms:
    print(title + '...')
    reconstructions[title] = face.copy()
    # 通过 set_params 方法对参数进行设置
    dico.set_params(transform_algorithm=transform_algorithm,
**kwargs)
    # 通过 transform 方法对数据进行字典表示
    code = dico.transform(data)
    # code 矩阵乘 V 得到复原后的矩阵 patches
    patches = np.dot(code, V)
    patches += intercept
    patches = patches.reshape(len(data), *patch_size)
    if transform_algorithm == 'threshold':
```

```
        patches -= patches.min()
        patches /= patches.max()
    # 通过 reconstruct_from_patches_2d 函数将 patches 重新拼接回图片
    reconstructions[title][:, width // 2:] = reconstruct_from_
patches_2d(
        patches, (height, width // 2))
    show_with_diff(reconstructions[title], face,title )
    plt.show()
```

Out[8]: Orthogonal Matching Pursuit
         1 atom...

Orthogonal Matching Pursuit
1 atom

Image   Difference (norm: 15.78)

Orthogonal Matching Pursuit
2 atoms...

Orthogonal Matching Pursuit
2 atoms

Image   Difference (norm: 14.56)

Least-angle regression
5 atoms...

Least-angle regression
5 atoms

Image   Difference (norm: 23.87)

Thresholding
 alpha=0.1...

通过对代码 3-11 中的结果进行对比可以发现，使用 2 atoms 方法时，字典学习对于右半含噪声部分的图片数据学习效果最好。

小结

本章主要介绍了特征工程中特征变换和特征选择的作用和主要方法。特征变换的主要方法有特征缩放、独热编码和离散化。其中，特征缩放可以消除数据的量纲影响，但是变换后的数据取值范围不同；进行独热编码时，若特征取值为数值型，则会按照数值从小到大的顺序进行编码；离散化可以分为等宽法、等频法和聚类方法。特征选择的主要方法包括过滤式选择、包裹式选择、嵌入式选择与 L1 正则化以及稀疏表示与字典学习。在进行特征选择时，可以根据任务需求、原始数据特点等选择合适的方法，而且同一数据集选择不同的特征选择方法得到的结果是不同的。

课后习题

1. 选择题

（1）下列说法正确的是（   ）。

A. 特征变换和特征选择都可以达到降维的目的

B. 独热编码也属于特征缩放

C. Python 中 cut 函数可以对连续数据进行等宽和等频离散化

D. 方差选择法也是基于信息量计算的方法之一

（2）下列关于标准化的说法正确的是（   ）。

A. 离差标准化和标准差标准化之后数据取值范围相同

B. 标准差标准化后数据取值全为正值

C. 离差标准化前后数据整体分布情况未发生变化

D. 小数定标标准化适用范围较窄

（3）特征选择时使用信息量进行特征筛选的是（   ）。

A. 过滤式选择 　　　　　　　　　　　　B. 包裹式选择

C. 嵌入式选择 　　　　　　　　　　　　D. 字典学习

（4）关于嵌入式选择的描述错误的是（   ）。

A. 嵌入式选择与学习器的训练过程无关

  B.　L1、L2 正则化后的特征系数可能会变为 0

  C.　正则化后的部分特征系数可能会先变为 0

  D.　嵌入式选择每次训练使用的是全部特征集

（5）特征选择可以利用下列哪个方法？（　　　）

  A.　标准化　　　　　　　　　　B.　独热编码

  C.　字典学习　　　　　　　　　D.　函数转换

（6）关于离散化的说法正确的是（　　　）。

  A.　等宽法和等频法离散化可以用同一个函数实现

  B.　基于聚类的方法只能用 K-Means 聚类实现

  C.　基于聚类的方法针对一维数据

  D.　Python 中 cut 函数可以实现等频法离散化

（7）下列关于类型数据的说法正确的是（　　　）。

  A.　将类型数据默认为连续数据进行建模不会影响模型效果

  B.　独热编码是唯一有效的处理类型数据的方法

  C.　独热编码不能处理非连续型数值特征

  D.　独热编码后的数据变成稀疏矩阵

（8）下列关于特征选择的说法错误的是（　　　）。

  A.　特征选择的目的是寻找最优特征子集

  B.　特征选择能够缩小特征集的规模

  C.　特征选择不能规避过拟合问题

  D.　特征选择能提高机器学习算法性能

（9）特征工程一定不会用到哪一个方法？（　　　）

  A.　标准化　　　　　　　　　　B.　独热编码

  C.　过滤式选择　　　　　　　　D.　缺失值处理

（10）下列说法不正确的是（　　　）。

  A.　类型数据不经过处理会影响模型效果

  B.　常用的特征变换方法有特征缩放、函数变换和特征离散化等

  C.　特征选择能够剔除不相关或者冗余的特征

  D.　包裹式选择在选择特征的时候使用的是全部特征集

2．填空题

（1）特征工程的主要任务是_____和特征选择。

（2）特征变换可以用到_____、_____、独热编码和_____。

（3）嵌入式选择中降低过拟合风险可以利用_____、_____。

（4）特征选择可以利用_____、_____、_____或_____方法。

（5）消除数据量纲影响可以利用_____、_____和_____。

3．操作题

（1）选择合适的方法，利用 Python 对鸢尾花数据集进行特征变换。鸢尾花数据集部分

数据如表 3-3 所示。

表 3-3　部分鸢尾花数据

sepal length (cm)	sepal width (cm)	petal length (cm)	petal width (cm)	target
5.1	3.5	1.4	0.2	0
4.9	3	1.4	0.2	0
4.7	3.2	1.3	0.2	0
4.6	3.1	1.5	0.2	0
5	3.6	1.4	0.2	0
5.4	3.9	1.7	0.4	0
4.6	3.4	1.4	0.3	0
5	3.4	1.5	0.2	0
4.4	2.9	1.4	0.2	0
4.9	3.1	1.5	0.1	0

（2）选择合适的方法，利用 Python 对 boston 数据集进行特征选择。boston 数据集部分数据如表 3-4 所示。

表 3-4　部分 boston 数据

CRIM	ZN	INDUS	CHAS	NOX	RM	AGE	DIS	RAD	TAX	PTRATIO	B	LSTAT	target
0.00632	18	2.31	0	0.538	6.575	65.2	4.09	1	296	15.3	396.9	4.98	24
0.02731	0	7.07	0	0.469	6.421	78.9	4.9671	2	242	17.8	396.9	9.14	21.6
0.02729	0	7.07	0	0.469	7.185	61.1	4.9671	2	242	17.8	392.83	4.03	34.7
0.03237	0	2.18	0	0.458	6.998	45.8	6.0622	3	222	18.7	394.63	2.94	33.4
0.06905	0	2.18	0	0.458	7.147	54.2	6.0622	3	222	18.7	396.9	5.33	36.2
0.02985	0	2.18	0	0.458	6.43	58.7	6.0622	3	222	18.7	394.12	5.21	28.7
0.08829	12.5	7.87	0	0.524	6.012	66.6	5.5605	5	311	15.2	395.6	12.43	22.9
0.14455	12.5	7.87	0	0.524	6.172	96.1	5.9505	5	311	15.2	396.9	19.15	27.1
0.21124	12.5	7.87	0	0.524	5.631	100	6.0821	5	311	15.2	386.63	29.93	16.5
0.17004	12.5	7.87	0	0.524	6.004	85.9	6.5921	5	311	15.2	386.71	17.1	18.9

第 4 章 有监督学习

有监督学习是机器学习中的一类学习算法，这类算法从已经标记好的训练集中学习或建立一个模式，并通过该模式预测新的数据集所对应的结果。训练集由一系列的历史样例构成，每个样例都包含输入对象（x）和输出对象（y）。输入对象通常是向量，输出对象包含两种类型：一种是离散的值，即分类的标签；另一种是连续的数值。输出类型为分类标签的算法被称为分类算法，输出类型为数值的算法被称为回归算法。本章主要介绍有监督学习中的线性模型、k 近邻分类、决策树、支持向量机、朴素贝叶斯、神经网络和集成学习，以及对应的性能度量方法。

学习目标

（1）掌握常用分类和回归算法的性能度量方法。

（2）熟悉线性回归与逻辑回归的运作原理和实现方法。

（3）熟悉 k 近邻分类的运作原理和实现方法。

（4）熟悉不同决策树算法的运作原理和实现方法。

（5）熟悉线性与非线性支持向量机的运作原理和实现方法。

（6）熟悉朴素贝叶斯的运作过程和实现方法。

（7）熟悉神经网络的运作原理和实现方法。

（8）了解集成学习中 Bagging、Boosting 和 Stacking 方法的运作过程与常用算法。

4.1 有监督学习简介

有监督学习算法多种多样，每种算法都拥有各自的优势和缺点，但是并没有一种有监督学习算法可以解决所有的有监督学习问题。有监督学习算法所构建的模型的效果受数据本身和算法参数的影响较大。数据集在输入时会被转换为一个个特征向量，包含了许多描述该输入对象的特征。这些特征的数量如果不够多，则会导致模型的精度不佳，而过多的特征又会造成训练过程过于漫长以及过拟合等问题。一些有监督学习算法需要人工调整参数才能使模型效果达到一个令人满意的程度，这些参数可以通过测试集或交叉验证来进行调整和优化。目前被广泛使用的有监督学习算法有线性回归、逻辑回归、k 近邻分类、决策树、支持向量机、朴素贝叶斯和人工神经网络等。

有监督学习算法的应用领域也很广泛，包括生物信息学、化学信息学、数据库营销、手写识别、信息检索、信息提取、计算机视觉、光学字符识别、垃圾邮件检测、模式识别、语音识别等。

4.2 性能度量

在有监督学习任务建立模型中，经常会把数据集拆分为训练集和测试集。训练集用来训练模型，调整模型参数；测试集用来验证模型的准确性，所以模型的性能是在测试集上度量的。

4.2.1 分类任务性能度量

分类任务的常用性能度量指标包括正确率（accuracy）、错误率（error）、精确率（precision）、召回率（recall）、F1 度量和 ROC 曲线等。

1. 正确率和错误率

正确率和错误率是分类任务中最常用的两种性能度量，正确率是指分类正确的样本占总样本的比例，错误率是指分类错误的样本占总样本的比例。对于样本集 $D\{(x_1,y_1),(x_2,y_2),\cdots,(x_i,y_i),\cdots,(x_m,y_m)\}$，其中 y_i 是 x_i 的真实标签。f 是学习到的分类器，正确率定义为式（4-1）。

$$\text{acc}(f;D) = \frac{1}{m}\sum_{i=1}^{m}\text{I}[f(x_i)=y_i] \tag{4-1}$$

在式（4-1）中，$\text{I}[f(x_i)=y_i] = \begin{cases} 1, f(x_i)=y_i \\ 0, f(x_i)\neq y_i \end{cases}$。

错误率定义为式（4-2）。

$$E(f;D) = \frac{1}{m}\sum_{i=1}^{m}\text{I}[f(x_i)\neq y_i] \tag{4-2}$$

以二分类任务为例，可将样本根据真实类别与学习期分类结果的组合划分为真正、假正、真反、假反 4 种情形，令 TP、FP、TN、FN 分别表示其对应的样本数，则有 TP + FP + TN + FN = 总样本数。分类结果的"混淆矩阵"如表 4-1 所示。

表 4-1　混淆矩阵

真实结果	预测结果	
	正例	反例
正例	TP	FN
反例	FP	TN

此时，正确率和错误率分别表示为式（4-3）、式（4-4）。

$$\text{acc} = \frac{TP + TN}{TP + TN + FP + FN} \tag{4-3}$$

$$E = \frac{FP + FN}{TP + TN + FP + FN} \tag{4-4}$$

2. 精确率、召回率和 F1 度量

正确率和错误率虽然常用，但不能满足所有任务需求。实际问题中往往关心的是正例样本的分类情况。精确率和召回率是更适合这类需求的性能度量，其定义分别为式（4-5）和式（4-6）。

$$P = \frac{TP}{TP + FP} \tag{4-5}$$

$$R = \frac{TP}{TP + FN} \tag{4-6}$$

精确率的含义是"预测结果为正的样本有多少实际也为正"，召回率的含义是"实际为正的样本中有多少样本的分类结果也为正"。精确率和召回率是一对矛盾的度量，一般来说，精确率高时，召回率往往偏低；而召回率高时，精确率往往偏低。采用 F1 度量把两个度量综合起来，如式（4-7）所示。

$$F1 = \frac{2 \times P \times R}{P + R} \tag{4-7}$$

在不同情景下，精确率和召回率受到的重视程度不同。例如，在推荐系统中，由于推荐页面的限制，希望在少样本推荐的情况下保证推荐结果是用户感兴趣的，此时精确率更重要；而在车辆故障判别的过程中，更希望尽可能少地漏掉故障车辆，此时召回率更重要。F1 度量的一般形式为 F 值（F-score），其能体现对精确率和召回率的不同重视程度，定义为式（4-8）。

$$\text{F-score} = \frac{(1 + \beta^2) \times P \times R}{(\beta^2 \times P) + R} \tag{4-8}$$

其中 $\beta > 0$，度量了精确率和召回率的相对重要性。$\beta = 1$ 时，式（4-8）为 F1 度量，此时精确率和召回率拥有相同的重要性；$\beta < 1$ 时，精确率重要性更高；$\beta > 1$ 时，召回率重要性更高。

3. ROC 曲线

很多分类器都会对测试样本返回一个分类概率值，然后将这个概率值与设定好的概率阈值做比较，若大于阈值则判断结果为正类，否则为反类。

ROC 曲线也是一种常用的分类器性能度量。ROC 曲线是基于真正率（TPR）、假正率（FPR）这两个值计算的。真正率、假正率的定义如式（4-9）和式（4-10）所示。

$$TPR = \frac{TP}{TP + FN} \tag{4-9}$$

$$FPR = \frac{FP}{TN + FP} \tag{4-10}$$

由式（4-9）可知，真正率的计算方法与召回率的计算方法是一样的。

根据概率预测结果，将测试样本进行排序，把概率值大的样本排在前面，概率值小的样本排在后面。然后逐个把样本的概率值作为概率阈值，划分正类和反类，每次都计算得到真正率和假正率的值。这样得到一系列的真正率和假正率，以真正率为纵坐标，假正率为横坐标，描点连线，得到的曲线就是 ROC 曲线，如图 4-1 所示。

左上角的点 (0,1) 对应于所有正例的概率值都比反例的概率值要高的"理想模型"，曲线越靠近左上角，说明模型性能越好。可以把 ROC 曲线量化成一个值进行精确比较——AUC 值（Area Under Curve），表示 ROC 曲线下的面积。一般 AUC 值的范围为 0.5～1，越接近 1 则说明模型性能越好。

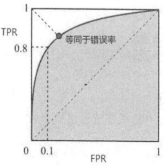

图 4-1 ROC 曲线

4.2.2 回归任务性能度量

对于样本集 $D\{(x_1, y_1), (x_2, y_2), \cdots, (x_i, y_i), \cdots, (x_m, y_m)\}$，$y_i$ 是 x_i 的真实标签，预测模型为 f。预测任务最常用的性能度量有 "均方误差" "均方根误差"，如式（4-11）和式（4-12）所示。

$$\text{MSE} = \frac{1}{m} \sum_{i=1}^{m} [f(x_i) - y_i]^2 \qquad (4-11)$$

$$\text{RMSE} = \sqrt{\frac{1}{m} \sum_{i=1}^{m} [f(x_i) - y_i]^2} \qquad (4-12)$$

4.3 线性模型

大部分事物的值都只是围绕着均值而波动的，理论上线性模型可以模拟物理世界中的绝大多数现象。线性模型是对特定变量之间的关系进行建模、分析的最常用手段之一。

4.3.1 线性模型简介

对于由 d 个属性组成的样本集 $\boldsymbol{x} = (x_1; x_2; \cdots; x_d)$，其中 x_i 是 $\boldsymbol{x}$ 在第 i 个属性上的取值。线性模型即通过学习得到一个属性的线性组合，来预测样本标签的函数，如式（4-13）所示。

$$f(\boldsymbol{x}) = \omega_1 x_1 + \omega_2 x_2 + \cdots + \omega_d x_d + b \qquad (4-13)$$

式（4-13）一般可以表示成式（4-14）。

$$f(\boldsymbol{x}) = \boldsymbol{\omega}^{\text{T}} \boldsymbol{x} + b \qquad (4-14)$$

在式（4-14）中，$\boldsymbol{\omega} = (\omega_1; \omega_2; \cdots; \omega_d)$。所谓线性，是指自变量 x_i 的指数为 1。

线性模型形式简单、易于建模，但其函数形式以及求解过程蕴含了机器学习中的一些重要思想，许多高级的机器学习算法都是在线性模型的基础上引入层级结构而得到的。此外，回归系数 ω_i 表示属性 x_i 在预测目标变量时的重要性，因此线性模型有着良好的解释性。

4.3.2 线性回归

给定数据集 $D = \{(\boldsymbol{x}_1, y_1), (\boldsymbol{x}_2, y_2), \cdots, (\boldsymbol{x}_n, y_n)\}$，其中 $\boldsymbol{x}_i = (x_{i1}; x_{i2}; \cdots; x_{id})$，线性回归的目的就是学得形如式（4-14）的线性模型以预测实际值。

先从最简单的情况开始考虑：只有一个输入变量和输出变量。此时，数据集 $D = \{x_i, y_i\}_{i=1}^{n}$。线性回归的目标为确定待定项 $\boldsymbol{\omega}$，使线性回归模型 $f(x_i) = \boldsymbol{\omega}^{\text{T}} x_i + b$ 满足 $f(x_i) \simeq y_i$。

问题的求解可采用最小二乘法。首先，定义损失函数如式（4-15）所示。

$$L(x) = \sum_{i=1}^{n} [f(x_i) - y_i]^2 \qquad (4-15)$$

问题就变成了最优化问题，即求得 $(\boldsymbol{\omega}^*, b^*)$，使得 $L(x)$ 最小，如式（4-16）所示。

$$(\boldsymbol{\omega}^*, b^*) = \underset{(\boldsymbol{\omega}, b)}{\text{argmin}}(L(x)) = \underset{(\boldsymbol{\omega}, b)}{\text{argmin}} \sum_{i=1}^{n} (y_i - \boldsymbol{\omega} x_i - b)^2 \qquad (4-16)$$

式（4-15）中的 $[f(x_i) - y_i]^2$ 有着实际的几何意义，它类似于常用的欧氏距离。基于最小化二次误差项来进行模型求解的方法称为 "最小二乘法"。在线性回归中，最小二乘法的物理意义就是找到一条直线，使得所有样本到直线上的欧式距离之和最小。

求解式（4-16）的过程称为线性回归的最小二乘估计。具体的求解方法为：将式（4-15）分别对 $\boldsymbol{\omega}$ 和 b 求导，得到式（4-17）和式（4-18）。

$$\frac{\partial L}{\partial \boldsymbol{\omega}} = 2\left[\boldsymbol{\omega}\sum_{i=1}^{n} x_i^2 - \sum_{i=1}^{n}(y_i - b)x_i\right] \tag{4-17}$$

$$\frac{\partial L}{\partial b} = 2\left[nb - \sum_{i=1}^{n}(y_i - \boldsymbol{\omega} x_i)\right] \tag{4-18}$$

令式（4-17）和式（4-18）为零，可得 $\boldsymbol{\omega}$ 和 b 的解，分别如式（4-19）和式（4-20）所示。

$$\omega = \frac{\overline{xy} - \overline{x}\,\overline{y}}{\overline{x^2} - \overline{x}^2} \tag{4-19}$$

$$b = \overline{y} - \boldsymbol{\omega}\overline{x} \tag{4-20}$$

在式（4-19）和式（4-20）中，$\overline{x} = \frac{1}{n}\sum_{i=1}^{n} x_i$，为 x 的均值。

上面讨论了单变量的线性回归，更普遍的情况如数据集 $D = \{(\boldsymbol{x}_1, y_1), (\boldsymbol{x}_2, y_2), \cdots,$ $(\boldsymbol{x}_n, y_n)\}$，其中 $\boldsymbol{x}_i = (x_{i1}; x_{i2}; \cdots; x_{id})$，包含 d 个属性。此时线性模型如式（4-21）所示。

$$f(\boldsymbol{x}) = \boldsymbol{\omega}^{\mathrm{T}}\boldsymbol{x} + b \tag{4-21}$$

同样可采用最小二乘法对 $\boldsymbol{\omega}$ 和 b 进行估计。为了方便讨论，把 $\boldsymbol{\omega}$ 和 b 组合成向量，并重新定义成 $\hat{\boldsymbol{\omega}} = (\boldsymbol{\omega}; b)$，相应地将数据集定义成 $n(d+1)$ 的矩阵。前 d 列对应 d 个属性值，最后一列恒为 1，具体如式（4-22）所示。

$$\boldsymbol{X} = \begin{pmatrix} x_{11} & x_{12} & \cdots & x_{1d} & 1 \\ x_{21} & x_{22} & \cdots & x_{2d} & 1 \\ \vdots & \vdots & \ddots & \vdots & \vdots \\ x_{n1} & x_{n2} & \cdots & x_{nd} & 1 \end{pmatrix} = \begin{pmatrix} \boldsymbol{x}_1^{\mathrm{T}} & 1 \\ \boldsymbol{x}_2^{\mathrm{T}} & 1 \\ \vdots & \vdots \\ \boldsymbol{x}_n^{\mathrm{T}} & 1 \end{pmatrix} \tag{4-22}$$

令 $\boldsymbol{y} = (y_1; y_2; \cdots; y_n)$，类似于式（4-16），对二次误差项求最小值，得到式（4-23）。

$$\hat{\boldsymbol{\omega}}^* = \underset{\hat{\boldsymbol{\omega}}}{\arg\min}(\boldsymbol{y} - \boldsymbol{X}\hat{\boldsymbol{\omega}})^{\mathrm{T}}(\boldsymbol{y} - \boldsymbol{X}\hat{\boldsymbol{\omega}}) \tag{4-23}$$

令 $L(\hat{\boldsymbol{\omega}}) = (\boldsymbol{y} - \boldsymbol{X}\hat{\boldsymbol{\omega}})^{\mathrm{T}}(\boldsymbol{y} - \boldsymbol{X}\hat{\boldsymbol{\omega}})$，对 $\hat{\boldsymbol{\omega}}$ 求导，得到式（4-24）。

$$\frac{\partial L}{\partial \hat{\boldsymbol{\omega}}} = 2\boldsymbol{X}^{\mathrm{T}}(\boldsymbol{X}\hat{\boldsymbol{\omega}} - \boldsymbol{y}) \tag{4-24}$$

令式（4-24）为零，可得 $\hat{\boldsymbol{\omega}}$ 的最优解。

当 $\boldsymbol{X}^{\mathrm{T}}\boldsymbol{X}$ 为满秩矩阵或正定矩阵时，令式（4-24）为零，可得式（4-25）。

$$\hat{\boldsymbol{\omega}}^* = (\boldsymbol{X}^{\mathrm{T}}\boldsymbol{X})^{-1}\boldsymbol{X}^{\mathrm{T}}\boldsymbol{y} \tag{4-25}$$

在式（4-25）中，$(\boldsymbol{X}^{\mathrm{T}}\boldsymbol{X})^{-1}$ 是矩阵 $(\boldsymbol{X}^{\mathrm{T}}\boldsymbol{X})$ 的逆矩阵，令 $\hat{\boldsymbol{x}}_i = (\boldsymbol{x}_i; 1)$，则最终学得的线性模型如式（4-26）所示。

$$f(\hat{\boldsymbol{x}}_i) = \hat{\boldsymbol{x}}_i^{\mathrm{T}}(\boldsymbol{X}^{\mathrm{T}}\boldsymbol{X})^{-1}\boldsymbol{X}^{\mathrm{T}}\boldsymbol{y} \tag{4-26}$$

在现实任务中，数据集的记录数一般都会大于特征数，所以一般能保证 $\boldsymbol{X}^{\mathrm{T}}\boldsymbol{X}$ 为满秩矩阵。若遇到 $\boldsymbol{X}^{\mathrm{T}}\boldsymbol{X}$ 不满秩的情况，可求出多个 $\hat{\boldsymbol{\omega}}^*$，而选择哪一个作为最终解，将由学习算法的归纳偏好来决定，常见的做法是引入正则化项。

使用 scikit-learn 库中 linear_model 模块的 LinearRegression 类可以建立线性回归模型，其语法格式如下。

```
sklearn.linear_model.LinearRegression(fit_intercept=True,normalize=False,
copy_X=True,n_jobs=1)
```

LinearRegression 类常用的参数及其说明如表 4-2 所示。

表 4-2　LinearRegression 类常用的参数及其说明

参数名称	说明
fit_intercept	接收 bool。表示是否有截距，若没有则直线过原点，默认值为 True
normalize	接收 bool。表示是否将数据归一化，默认值为 False
copy_X	接收 bool。表示是否复制数据表进行运算，默认值为 True
n_jobs	接收 int。表示计算时使用的核数，默认值为 1

例 4-1　对于 scikit-learn 中自带的 boston 数据，使用 LinearRegression 类构建线性回归模型，如代码 4-1 所示。

代码 4-1　构建线性回归模型

```
In[1]:  # 加载所需函数
        from sklearn.linear_model import LinearRegression
        from sklearn.datasets import load_boston
        from sklearn.model_selection import train_test_split
        # 加载 boston 数据
        boston = load_boston()
        x = boston['data']
        y = boston['target']
        names = boston['feature_names']
        # 将数据划分为训练集和测试集
        x_train, x_test, y_train, y_test = train_test_split(x, y,
        test_size=0.2, random_state=125)
        # 建立线性回归模型
        clf = LinearRegression().fit(x_train, y_train)
        print('建立的 LinearRegression 模型为: ', '\n', clf)
```

```
Out[1]:  建立的 LinearRegression 模型为:
         LinearRegression(copy_X=True, fit_intercept=True, n_jobs=1,
         normalize=False)
```

```
In[2]:  # 预测测试集结果
        y_pred = clf.predict(x_test)
        print('预测前 20 个结果为: ', '\n', y_pred[:20])
```

```
Out[2]:  预测前 20 个结果为:
         [21.16289134 19.67630366 22.02458756 24.61877465 14.44016461
        23.32107187
         16.64386997 14.97085403 33.58043891 17.49079058 25.50429987
        36.60653092
         25.95062329 28.49744469 19.35133847 20.17145783 25.97572083
        18.26842082
         16.52840639 17.08939063]
```

```
In[3]:    from sklearn.metrics import explained_variance_score, mean_
          absolute_error,\
          mean_squared_error,median_absolute_error,r2_score
          print('Boston 数据线性回归模型的平均绝对误差为: ',
                  mean_absolute_error(y_test, y_pred))
          print('Boston 数据线性回归模型的均方误差为: ',
                  mean_squared_error(y_test, y_pred))
          print('Boston 数据线性回归模型的中值绝对误差为: ',
                  median_absolute_error(y_test, y_pred))
          print('Boston 数据线性回归模型的可解释方差值为: ',
                  explained_variance_score(y_test, y_pred))
          print('Boston 数据线性回归模型的 R 方值为: ',
                  r2_score(y_test, y_pred))
```

```
Out[3]:   Boston 数据线性回归模型的平均绝对误差为:  3.3775517360082032
          Boston 数据线性回归模型的均方误差为:  31.15051739031563
          Boston 数据线性回归模型的中值绝对误差为:  1.7788996425420773
          Boston 数据线性回归模型的可解释方差值为:  0.710547565009666
          Boston 数据线性回归模型的 R 方值为:  0.7068961686076838
```

平均绝对误差、均方误差和中值绝对误差越接近 0，则模型预测效果越好，而可解释方差、R 方值越接近 1，则模型预测效果越好。从代码 4-1 的结果可以看出，建立的线性回归模型效果一般，后续还需要改进。

4.3.3　逻辑回归

式（4-14）介绍了线性回归的一般形式，给出了自变量 x 与因变量 y 成线性关系时所建立的函数关系。但是，现实场景中更多的情况是，x 不是与 y 成线性关系，而是与 y 的某个函数成线性关系，此时需要引入广义线性回归模型，如式（4-27）和式（4-28）所示。

$$h(y) = \boldsymbol{\omega}^{\mathrm{T}}\boldsymbol{x} + b \qquad (4\text{-}27)$$

$$y = h^{-1}(\boldsymbol{\omega}^{\mathrm{T}}\boldsymbol{x} + b) \qquad (4\text{-}28)$$

在式（4-27）和式（4-28）中，h 是单调可微函数，被称为联系函数。

考虑二分类问题，设目标变量 $y \in (0,1)$，线性回归模型 $z = \boldsymbol{\omega}^{\mathrm{T}}\boldsymbol{x} + b$ 产生的预测值范围是 $(-\infty, +\infty)$，所以需要引入联系函数把 $(-\infty, +\infty)$ 映射到 $(0,1)$。此处引入对数几率函数作为联系函数，如式（4-29）所示。

$$h(y) = \ln\frac{y}{1-y} = \boldsymbol{\omega}^{\mathrm{T}}\boldsymbol{x} + b \qquad (4\text{-}29)$$

式（4-29）经过变形，转为标准逻辑回归形式，如式（4-30）所示。

$$y = \frac{1}{1 + \mathrm{e}^{-(\boldsymbol{\omega}^{\mathrm{T}}\boldsymbol{x}+b)}} \qquad (4\text{-}30)$$

对数几率函数把 $(-\infty, +\infty)$ 的值映射为 $(0,1)$，并且在 $z = 0$ 附近函数值变化很快，如图 4-2 所示。

把 y 看作样本 x 为正例的可能性，则 $1-y$ 是 x 为反例的可能性，两者的比值 $\dfrac{y}{1-y}$ 称为几率，表示 x 为正例的相对可能性。对几率取对数，则得到对数几率 $\ln\dfrac{y}{1-y}$。

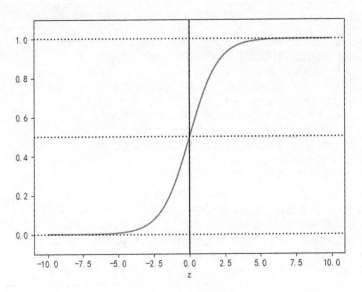

图 4-2 对数几率函数曲线

逻辑回归实际上是用线性回归模型的预测结果去逼近样本标记的对数几率。需要注意的是，逻辑回归虽然称作"回归"，但实际上是一种分类算法。具体的分类方法为：设定一个分类阈值，把预测结果 y 大于分类阈值的样本归为正类，反之归为反类。

求解参数 $\boldsymbol{\omega}$ 和 b 的步骤如下。

（1）把式（4-29）中的 y 视为正类的概率估计 $p(y=1|\boldsymbol{x})$，如式（4-31）所示。

$$\ln\frac{p(y=1|\boldsymbol{x})}{p(y=0|\boldsymbol{x})}=\boldsymbol{\omega}^{\mathrm{T}}\boldsymbol{x}+b \tag{4-31}$$

（2）求解式（4-31），得到式（4-32）和式（4-33）。

$$p(y=1|\boldsymbol{x})=\frac{e^{\boldsymbol{\omega}^{\mathrm{T}}\boldsymbol{x}+b}}{1+e^{\boldsymbol{\omega}^{\mathrm{T}}\boldsymbol{x}+b}} \tag{4-32}$$

$$p(y=0|\boldsymbol{x})=\frac{1}{1+e^{\boldsymbol{\omega}^{\mathrm{T}}\boldsymbol{x}+b}} \tag{4-33}$$

（3）可以通过极大似然法估计 $\boldsymbol{\omega}$ 和 b。构造对数似然函数，如式（4-34）所示。

$$l(\boldsymbol{\omega},b)=\sum_{i=1}^{n}\ln p(y_i|\boldsymbol{x}_i;\boldsymbol{\omega},b) \tag{4-34}$$

（4）最大化对数似然函数。为了方便讨论，令 $\boldsymbol{\beta}=(\boldsymbol{\omega};b)$，$\hat{\boldsymbol{x}}=(\boldsymbol{x};1)$，则 $\boldsymbol{\omega}^{\mathrm{T}}\boldsymbol{x}+b$ 可写成 $\boldsymbol{\beta}^{\mathrm{T}}\hat{\boldsymbol{x}}$。再令 $p_1(\hat{\boldsymbol{x}};\boldsymbol{\beta})=p(y=1|\hat{\boldsymbol{x}};\boldsymbol{\beta})$，$p_0(\hat{\boldsymbol{x}};\boldsymbol{\beta})=p(y=0|\hat{\boldsymbol{x}};\boldsymbol{\beta})=1-p_1(\hat{\boldsymbol{x}};\boldsymbol{\beta})$。则式（4-34）中的似然项可改写成式（4-35）。

$$p(y_i|\boldsymbol{x}_i;\boldsymbol{\omega},b)=y_ip_1(\hat{\boldsymbol{x}}_i;\boldsymbol{\beta})+(1-y_i)p_0(\hat{\boldsymbol{x}}_i;\boldsymbol{\beta}) \tag{4-35}$$

将式（4-35）代入式（4-34），最大化式（4-34），等价于最小化式（4-36）。

$$l(\boldsymbol{\beta})=\sum_{i=1}^{n}\left[-y_i\boldsymbol{\beta}^{\mathrm{T}}\hat{\boldsymbol{x}}_i+\ln\left(1+e^{\boldsymbol{\beta}^{\mathrm{T}}\hat{\boldsymbol{x}}_i}\right)\right] \tag{4-36}$$

式（4-36）是关于 $\boldsymbol{\beta}$ 的高阶连续凸函数，根据凸优化理论，可用数值优化方法（如梯度下降法、牛顿法等）求解。

使用 scikit-learn 库中 linear_model 模块的 LogisticRegression 类可以建立逻辑回归模型，其语法格式如下。

```
sklearn.linear_model.LogisticRegression(penalty='l2',dual=False,tol=0.0001,
C=1.0,fit_intercept=True,intercept_scaling=1,class_weight=None,random_state=
None,solver='liblinear',max_iter=100,multi_class='ovr',verbose=0,warm_start=
False,n_jobs=1)
```

LogisticRegression 类常用的参数及其说明如表 4-3 所示。

表 4-3　LogisticRegression 类常用的参数及其说明

参数名称	说明
penalty	接收 str。表示正则化选择参数，可选 l1 或 l2。默认值为 l2
solver	接收 str。表示优化算法选择参数，可选参数为 newton-cg、lbfg、liblinear、sag。当 penalty='l2' 时，4 种都可选；当 penalty='l1'时，只能选 liblinear。默认值为 blinear
multi_class	接收 str。表示分类方式选择参数，可选 ovr 和 multinomial。默认值为 ovr
class_weight	接收 balanced 以及字典。表示类型权重参数，如对于 0,1 的二元模型，可以定义 class_weight={0:0.9, 1:0.1}，这样类型 0 的权重为 90%，而类型 1 的权重为 10%。默认值为 None
copy_X	接收 bool。表示是否复制数据表进行运算。默认值为 True
n_jobs	接收 int。表示计算时使用的核数。默认值为 1

例 4-2　对于 scikit-learn 中自带的 breast_cancer 数据，使用 LogisticRegression 类构建逻辑回归模型，如代码 4-2 所示。

代码 4-2　构建逻辑回归模型

```
In[4]:    # 加载所需的函数
          from sklearn.datasets import load_breast_cancer
          from sklearn.linear_model import LogisticRegression
          from sklearn.model_selection import train_test_split
          # 加载 breast_cancer 数据
          cancer = load_breast_cancer()
          cancer_data = cancer.data
          cancer_target = cancer.target
          # 划分训练集和测试集
          cancer_data_train,    cancer_data_test,    cancer_target_train,
          cancer_target_test = \
              train_test_split(cancer_data, cancer_target, test_size=0.2,
          random_state=123)
          # 建立逻辑回归模型
          lr = LogisticRegression()
          lr.fit(cancer_data_train, cancer_target_train)
          print("建立的逻辑回归模型为: \n", lr)
```

```
Out[4]:   建立的逻辑回归模型为:
           LogisticRegression(C=1.0, class_weight=None, dual=False, fit_
          intercept=True,
                            intercept_scaling=1, l1_ratio=None, max_iter=100,
                            multi_class='warn', n_jobs=None, penalty='l2',
                            random_state=None, solver='warn', tol=0.0001,
          verbose=0,
                            warm_start=False)
```

```
In[5]:     # 预测测试集结果
           cancer_target_test_pred = lr.predict(cancer_data_test)
           print('预测前 20 个结果为: \n', cancer_target_test_pred[:20])
```

```
Out[5]:    预测前 20 个结果为:
           [1 1 0 1 0 1 1 1 1 1 1 0 0 1 0 1 1 1 1 1]
```

```
In[6]:     # 求出预测取值和真实取值一致的数目
           import numpy as np
           num_accu = np.sum(cancer_target_test == cancer_target_test_pred)
           print('预测对的结果数目为: ', num_accu)
           print('预测错的结果数目为: ', cancer_target_test.shape[0]-num_accu)
           print('预测结果准确率为: ', num_accu/cancer_target_test.shape[0])
```

```
Out[6]:    预测对的结果数目为:  112
           预测错的结果数目为:  2
           预测结果准确率为:  0.9824561403508771
```

代码 4-2 的结果显示，逻辑回归模型预测结果的准确率约为 98.2%，说明模型分类效果比较理想。

4.4　k 近邻分类

k 近邻（k-Nearest Neighbor，KNN）学习是一种常用的监督学习方法。其原理非常简单：对于给定测试样本，基于指定的距离度量找出训练集中与其最近的 k 个样本，然后基于这 k 个"邻居"的信息来进行预测。通常，分类任务中用的是"投票法"，即选择 k 个"邻居"中出现最多的类别标记作为预测结果；回归任务中使用"平均法"，即取 k 个"邻居"的实值，输出标记的平均值作为预测结果；还可根据距离远近进行加权投票或加权平均，距离越近的样本权重越大。

距离度量一般采用欧式距离，对于 n 维欧式空间的两点 $x_1(x_{11}, x_{12}, \cdots, x_{1n})$、$x_2(x_{21}, x_{22}, \cdots, x_{2n})$，两点间的欧式距离计算如式（4-37）所示。

$$\text{dist}(x_1, x_2) = \sqrt{\sum_{i=1}^{n}(x_{1i} - x_{2i})^2} \qquad (4-37)$$

与其他学习算法相比，k 近邻分类有一个明显的不同之处：接收训练集之后没有显式的训练过程。实际上，它是"懒惰学习"（lazy learning）的著名代表，此类学习算法在训练阶段只是把样本保存起来，训练时间为零，待接收到测试样本后再进行处理。

图 4-3 给出了 k 近邻分类器的示意图，其中虚线表示等距线，当 $k=1$ 或 $k=5$ 时测试样本被判别为正例，$k=3$ 时被判别为反例。显然，k 是一个重要参数，当 k 取不同值时，分类结果会显著不同。在实际的学习环境中，要取不同的 k 值进行多次测试，从其中选择误差最小的 k 值。

使用 scikit-learn 库中 neighbors 模块的 KNeighborsClassifier 类可以建立 k 近邻分类模型，其语法格式如下。

```
sklearn.neighbors.KNeighborsClassifier(n_neighbors=5,weights='uniform',
algorithm='auto',leaf_size=30,p=2,metric='minkowski',metric_params=None,
n_jobs=1)
```

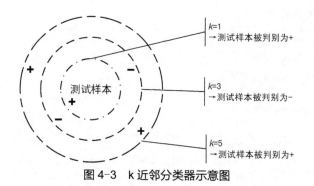

图 4-3　k 近邻分类器示意图

KNeighborsClassifier 类常用的参数及其说明如表 4-4 所示。

表 4-4　KNeighborsClassifier 类常用的参数及其说明

参数名称	说明
n_neighbors	接收 int。表示"邻居"数。默认值为 5
weights	接收 str。表示分类判断时最近邻的权重，可选参数为 uniform 和 distance，uniform 表示权重相等，distance 表示按距离的倒数赋予权重。默认值为 uniform
algorithm	接收 str。表示分类时采取的算法，可选参数为 auto、ball_tree、kd_tree 和 brute，一般选择 auto 自动选择最优的算法。默认值为 auto
metric	接收 str。表示距离度量。默认值为 minkowski
p	接收 int。表示距离度量公式，$p=1$ 表示曼哈顿距离，$p=2$ 表示欧式距离。默认值为 2
n_jobs	接收 int。表示计算时使用的核数。默认值为 1

例 4-3　对于 scikit-learn 中自带的 iris 数据，使用 KNeighborsClassifier 类构建 k 近邻分类模型，如代码 4-3 所示。

代码 4-3　构建 k 近邻分类模型

```
In[1]:    # 加载需要的函数
          from sklearn.neighbors import KNeighborsClassifier
          from sklearn.datasets import load_iris
          from sklearn.model_selection import train_test_split
          iris = load_iris()  # 加载数据
          data = iris.data  # 属性列
          target = iris.target  # 标签列
          # 划分训练集、测试集
          traindata, testdata, traintarget, testtarget = \
              train_test_split(data, target, test_size=0.2,
          random_state=123)
          model_knn = KNeighborsClassifier(n_neighbors=5)  # 确定算法参数
          model_knn.fit(traindata, traintarget)  # 拟合数据
          print("建立的 KNN 模型为: \n", model_knn)

Out[1]:   建立的 KNN 模型为:
           KNeighborsClassifier(algorithm='auto', leaf_size=30, metric=
          'minkowski',
                      metric_params=None, n_jobs=None, n_neighbors=5, p=2,
                      weights='uniform')
```

```
In[2]:    # 预测测试集结果
          testtarget_pre = model_knn.predict(testdata)
          print('前20条记录的预测值为: \n', testtarget_pre[:20])
          print('前20条记录的实际值为: \n', testtarget[:20])

Out[2]:   前20条记录的预测值为:
           [2 2 2 1 0 2 1 0 0 1 2 0 1 2 2 2 0 0 1 0]
          前20条记录的实际值为:
           [2 2 2 1 0 2 1 0 0 1 2 0 1 2 2 2 0 0 1 0][122 102 100 120 122 200 10]

In[3]:    # 求出预测准确率和混淆矩阵
          from sklearn.metrics import accuracy_score, confusion_matrix
          print("预测结果准确率为: ", accuracy_score(testtarget, testtarget_
          pre))
          print("预测结果混淆矩阵为:\n", confusion_matrix(testtarget, testtarget_
          pre))

Out[3]:   预测结果准确率为: 0.9666666666666667
          预测结果混淆矩阵为:
           [[13  0  0]
           [ 0  5  1]
           [ 0  0 11]]
```

代码 4-3 展示了 k 近邻分类模型建立的过程，并且给出了在 iris 数据上的测试结果，准确率为 96.7%，说明模型分类效果较好。

4.5　决策树

决策树是一个预测模型，代表的是对象属性与对象值之间的一种映射关系。决策树可分为分类树和回归树，分类树的输出是样本的类标，回归树的输出是一个预测值。

4.5.1　决策树简介

决策树是一种基于树结构来进行决策的分类算法。一般来说，一棵决策树包含一个根节点、若干个中间节点和若干个叶节点。根节点和中间节点对应于一个属性测试，叶节点对应于决策结果。一般决策树的结构示意图如图 4-4 所示。

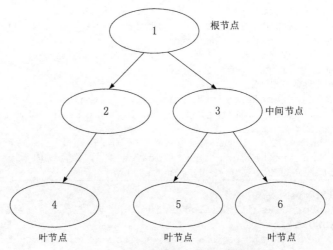

图 4-4　一般决策树的结构示意图

决策树的生成参考以下步骤。

（1）从根节点开始，对记录的某一属性进行测试，根据测试结果将记录分配到其子节点（也就是选择适当的分支）。

（2）沿着该分支可能到达叶节点或者到达另一个中间节点时，就使用新的测试条件递归执行下去，直到抵达一个叶节点。当到达叶节点时，树的分支就停止生成。

递归过程如下。

（1）如果节点中的所有记录都属于同一个类，则该节点是叶节点。

（2）如果节点中包含属于多个类的记录，则选择一个属性测试条件，将记录划分成较小的子集。对于测试条件的每个输出，创建一个子节点，并根据测试结果将父节点中的记录分布到子节点中。然后，对于每个子节点，返回第（1）步进行判断。

从上述流程可以看出，决策树生成的关键在于如何选择中间节点，即如何选择最优的划分属性。一般而言，随着划分过程不断进行，决策树的分支节点所包含的样本应尽可能属于同一类，即节点的"纯度"越来越高。

样本的预测结果取决于其叶节点中包含的样本情况。对于分类任务，分类结果为叶节点中目标变量的众数；对于回归任务，回归结果为叶节点中目标变量的均值。

4.5.2　ID3 算法

ID3 算法采用信息熵（information entropy）作为度量样本集合纯度的指标。假设当前样本集合 D 中第 k 类样本所占比例为 $p_k(k=1,2,\cdots,n)$，则 D 的信息熵定义如式（4-38）所示。

$$\text{Ent}(D) = -\sum_{k=1}^{n} p_k \log_2 p_k \tag{4-38}$$

$\text{Ent}(D)$ 的值越小，说明 D 的纯度越高。

假定离散属性 a 有 V 个可能的取值 $\{a^1,a^2,\cdots,a^V\}$，若使用 a 作为样本集的划分属性，则会产生 V 个分支节点，其中第 v 个分支节点包含了 D 中所有在属性 a 上取值为 a^v 的样本，记为 D^v。根据式（4-38）计算出 D^v 的信息熵，考虑到不同的分支节点所包含的样本数不同，给分支节点赋予权重 $|D^v|/|D|$，即样本数越多的分支节点影响越大，由此可得属性 a 的信息增益（information gain），如式（4-39）所示。

$$\text{Gain}(D,a) = \text{Ent}(D) - \sum_{v=1}^{V} \frac{|D^v|}{|D|} \text{Ent}(D^v) \tag{4-39}$$

一般而言，信息增益越大，则意味着使用属性 a 来进行划分所获得的"纯度提升"越大。因此，可用信息增益来进行决策树的划分属性选择。

以表 4-5 的天气预告数据集为例，该数据集包含 14 条记录，其中，目标变量是 play，用来学习一棵预测打不打高尔夫球的决策树。

表 4-5　天气预告数据集

NO.	outlook	temperature	humidity	windy	play
1	sunny	hot	high	false	no
2	sunny	hot	high	true	no
3	overcast	hot	high	false	yes

续表

NO.	outlook	temperature	humidity	windy	play
4	rainy	mild	high	false	yes
5	rainy	cool	normal	false	yes
6	rainy	cool	normal	true	no
7	overcast	cool	normal	true	yes
8	sunny	mild	high	false	no
9	sunny	cool	normal	false	yes
10	rainy	mild	normal	false	yes
11	sunny	mild	normal	true	yes
12	overcast	mild	high	true	yes
13	overcast	hot	normal	false	yes
14	rainy	mild	high	true	no

显然，$n=2$。在决策树开始学习时，根节点包含 D 中所有记录，其中 yes 占 $p_1=\dfrac{9}{14}$，no 占 $p_2=\dfrac{5}{14}$，根节点的信息熵如式（4-40）所示。

$$\mathrm{Ent}(D)=-\sum_{k=1}^{2}p_k\log_2 p_k=-(\frac{9}{14}\times\log_2\frac{9}{14}+\frac{5}{14}\times\log_2\frac{5}{14})=0.940 \qquad （4-40）$$

然后，计算出当前属性集合{outlook, temperature, humidity, windy}中每个属性的信息增益。以 outlook 属性为例，它有 3 个可能的取值：{sunny, overcast, rainy}。若使用属性 outlook 对数据集 D 进行划分，则划分结果如图 4-5 所示。

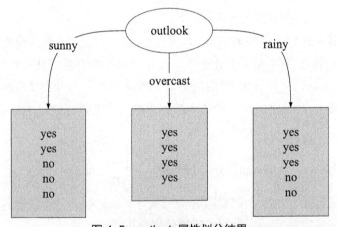

图 4-5　outlook 属性划分结果

现得到 3 个子集，记为 D^1(outlook = sunny)，D^2(outlook = overcast)，D^3(outlook = rainy)。子集 D^1 中包含 5 条记录，其中 yes 占 $p_1=\dfrac{2}{5}$，no 占 $p_2=\dfrac{3}{5}$；子集 D^2 包含 4 条记录，其中 yes 占 $p_1=1$，no 占 $p_2=0$；子集 D^3 包含 5 条记录，其中 yes 占 $p_1=\dfrac{3}{5}$，no 占 $p_2=\dfrac{2}{5}$。根据式（4-38）可计算出用属性 outlook 划分之后所获得的 3 个分支节点的信息熵，如式（4-41）、式（4-42）和式（4-43）所示。

$$\text{Ent}(D^1) = -(\frac{2}{5} \times \log_2 \frac{2}{5} + \frac{3}{5} \times \log_2 \frac{3}{5}) = 0.971 \qquad (4\text{-}41)$$

$$\text{Ent}(D^2) = -(1 \times \log_2 1 + 0 \times \log_2 0) = 0 \qquad (4\text{-}42)$$

$$\text{Ent}(D^3) = -(\frac{3}{5} \times \log_2 \frac{3}{5} + \frac{2}{5} \times \log_2 \frac{2}{5}) = 0.971 \qquad (4\text{-}43)$$

于是，可根据式（4-39）计算出属性 outlook 的信息增益，如式（4-44）所示。

$$\begin{aligned}
\text{Gain}(D, \text{outlook}) &= \text{Ent}(D) - \sum_{v=1}^{3} \frac{|D^v|}{|D|} \text{Ent}(D^v)\\
&= 0.940 - (\frac{5}{14} \times 0.971 + \frac{4}{14} \times 0 + \frac{5}{14} \times 0.971)\\
&= 0.247
\end{aligned} \qquad (4\text{-}44)$$

与此类似，可以计算出其他属性的信息增益，$\text{Gain}(D, \text{temperature}) = 0.029$，$\text{Gain}(D, \text{humidity}) = 0.152$，$\text{Gain}(D, \text{windy}) = 0.048$。

显然，属性 outlook 的信息增益最大，于是它被选为根节点的划分属性，具体划分结果如图 4-5 所示。

然后，决策树算法将对每个分支节点再做一次划分。以第一个分支节点(outlook = sunny)为例，该节点的样例集合 D^1 包含了编号为{1,2,8,9,11}的 5 个样例，可用属性集合为{temperature, humidity, windy}，基于 D^1 计算出各属性的信息增益 $\text{Gain}(D^1, \text{temperature}) = 0.571$，$\text{Gain}(D^1, \text{humidity}) = 0.971$，$\text{Gain}(D^1, \text{windy}) = 0.020$。

属性 humidity 的信息增益最高，所以选其作为划分属性。与此类似，对每个分支节点进行上述操作，最终得到的决策树如图 4-6 所示。

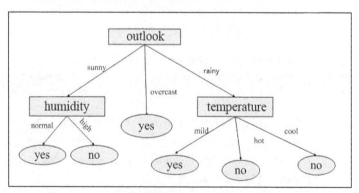

图 4-6　天气预告数据集基于 ID3 算法生成的决策树

4.5.3　C4.5 算法

在 ID3 算法的计算过程中，有意地忽略了属性 NO，如果把该属性也作为一个候选的划分属性，则根据式（4-39）可计算它的信息增益为 0.940，远大于其他候选属性。因为属性 NO 会产生 14 个分支，每个分支节点仅包含一个样本，因此这些分支节点的纯度都是最高的。然而，这样的决策树显然不具有泛化能力，无法对新样本进行有效分类。

实际上，信息增益会对取值数目较多的属性有所偏好。为了降低这种偏好带来的影响，C4.5 算法使用信息增益率（gain ratio）作为划分属性的度量，其定义如式（4-45）所示。

$$\text{Gain\_ratio}(D,a) = \frac{\text{Gain}(D,a)}{\text{IV}(a)} \qquad (4-45)$$

在式（4-45）中，$\text{IV}(a) = -\sum_{v=1}^{V} \frac{|D^v|}{|D|} \log_2 \frac{|D^v|}{|D|}$。属性 a 的取值越多，$\text{IV}(a)$ 的值通常会越大。

ID3 算法只能对离散属性进行运算，而计算连续属性时，需要先对连续属性进行离散化。C4.5 算法采用了一种遍历连续值产生分裂点的方法，具体如下。

（1）对于连续属性 a，将 a 的取值按从小到大排序。

（2）a 中相邻两个值的均值被看作可能的分裂点，把原数据划分为两部分；对于给定 a 的 v 个值，有 $v-1$ 个可能的分裂点。

（3）对于每个可能的分裂点，计算对应的信息增益率；选择其中信息增益率最大的分裂点作为连续属性 a 的分裂点。

需要注意的是，信息增益率对取值数目较少的属性有所偏好，因此，C4.5 算法并不是直接选择信息增益率最大的候选属性，而是使用了一种启发式的方法：先从候选属性中找出信息增益率高于平均水平的属性，再从中选择信息增益率最高的。

scikit-learn 的 tree 模块提供了 DecisionTreeClassifier 类，用于构建决策树分类模型。DecisionTreeClassifier 类的基本语法格式如下。

```
class sklearn.tree.DecisionTreeClassifier(criterion='gini', splitter='best',
max_depth=None, min_samples_split=2, min_samples_leaf=1, min_weight_fraction_
leaf=0.0, max_features=None, random_state=None, max_leaf_nodes=None, min_impurity_
decrease=0.0, min_impurity_split=None, class_weight=None, presort=False)
```

DecisionTreeClassifier 类常用的参数及其说明如表 4-6 所示。

表 4-6　DecisionTreeClassifier 类常用的参数及其说明

参数名称	说明
criterion	接收 str。表示节点（特征）选择的准则，使用信息增益 entropy 的是 C4.5 算法，使用基尼系数 gini 的是 CART 算法。默认值为 gini
splitter	接收 str，可选参数为 best 或 random。表示特征划分点选择标准，best 在特征的所有划分点中找出最优的划分点；random 在随机的部分划分点中找出局部最优划分点。默认值为 best
max_depth	接收 int。表示决策树的最大深度。默认值为 None
min_samples_split	接收 int 或 float。表示子数据集再切分需要的最小样本量。默认值为 2
min_samples_leaf	接收 int 或 float。表示叶节点所需的最小样本数，若低于设定值，则该叶节点和其兄弟节点都会被剪枝。默认值为 1
min_weight_fraction_leaf	接收 int、float、str 或 None。表示在叶节点处所有输入样本权重总和的最小加权分数。默认值为 None
max_features	接收 float。表示特征切分时考虑的最大特征数量，默认是对所有特征进行切分。传入 int 类型的值，表示具体的特征个数；浮点数表示特征个数的百分比；sqrt 表示总特征数的平方根；log2 表示总特征数求 log2 后的个数的特征。默认值为 None

续表

参数名称	说明
random_state	接收 int、RandomState 实例或 None。表示随机种子的数量，若设置了随机种子，则最后的准确率都是一样的。若接收 int，则指定随机数生成器的种子；若接收 RandomState，则指定随机数生成器；若为 None，则指定使用默认的随机数生成器。默认值为 None
max_leaf_nodes	接收 int 或 None。表示最大叶节点数。默认值为 None，即无限制
min_impurity_decrease	接收 float。表示切分点不纯度最小减少的程度，若某节点的不纯度减少小于或等于这个值，则切分点就会被移除。默认值为 0.0
min_impurity_split	接收 float。表示切分点最小不纯度，它用来限制数据集的继续切分（决策树的生成）。若某个节点的不纯度（分类错误率）小于这个阈值，则该点的数据将不再进行切分。无默认值，但该参数将被移除，可使用 min_impurity_decrease 参数代替
class_weight	接收 dict、dict 列表、balanced 或 None。表示分类模型中各种类别的权重，在出现样本不平衡时，可以考虑调整 class_weight 系数，防止算法向训练样本多的类别偏倚。默认值为 None
presort	接收 bool。表示是否提前对特征进行排序。默认值为 False

例 4-4　样本数据使用 load_breast_cancer 数据集，决策树无须标准化，直接使用划分后的数据 x_train 和 x_test 作为模型输入，使用 DecisionTreeClassifier 类构建决策树分类模型并训练，其中参数 criterion 使用信息增益 entropy，如代码 4-4 所示。

代码 4-4　构建决策树模型

```
In[1]:    from sklearn.datasets import load_breast_cancer
          from sklearn.model_selection import train_test_split
          from sklearn.tree import DecisionTreeClassifier
          # 导入 load_breast_cancer 数据
          cancer = load_breast_cancer()
          x = cancer['data']
          y = cancer['target']
          # 将数据划分为训练集和测试集
          x_train, x_test, y_train, y_test = train_test_split(x, y,
          test_size=0.2, random_state=22)
          # 训练决策树模型
          dt_model = DecisionTreeClassifier(criterion='entropy')
          dt_model.fit(x_train, y_train)
          print('建立的决策树模型为: \n', dt_model)

Out[1]:   建立的决策树模型为:
           DecisionTreeClassifier(class_weight=None, criterion='entropy',
          max_depth=None,
                    max_features=None, max_leaf_nodes=None,
                    min_impurity_decrease=0.0, min_impurity_split=None,
                    min_samples_leaf=1, min_samples_split=2,
                    min_weight_fraction_leaf=0.0, presort=False,
          random_state=None,
                    splitter='best')
```

```
In[2]:      # 预测测试集结果
            test_pre = dt_model.predict(x_test)
            print('前 10 条记录的预测值为: \n', test_pre[:10])
            print('前 10 条记录的实际值为: \n', y_test[:10])

Out[2]:     前 10 条记录的预测值为:
            [1 0 0 0 1 1 1 1 1 1]
            前 10 条记录的实际值为:
            [1 0 0 0 1 1 1 1 1 1]

In[3]:      # 求出预测准确率和混淆矩阵
            from sklearn.metrics import accuracy_score,confusion_matrix
            print("预测结果准确率为: ", accuracy_score(y_test, test_pre))
            print("预测结果混淆矩阵为: \n", confusion_matrix(y_test, test_pre))

Out[3]:     预测结果准确率为: 0.9385964912280702
            预测结果混淆矩阵为:
            [[38  5]
             [ 2 69]]
```

由代码 4-4 可以看出，使用信息增益建立的决策树预测结果的准确率较高，高达 93.86%。由预测结果的混淆矩阵也可以看出，该决策树仅有 2 个未患病的正常样本被划分为患病，5 个患病样本被划分为正常样本，说明该决策树模型的分类效果较好。

4.5.4 CART 算法

分类回归树（Classification and Regression Tree，CART）是一种著名的决策树算法，可以用于分类及预测任务。

1. 分类树

CART 分类树采用基尼指数（Gini index）作为纯度度量，采用与式（4-38）相同的符号，数据集 D 的纯度如式（4-46）所示。

$$\text{Gini}(D) = \sum_{k=1}^{n} \sum_{k' \neq k} p_k p_{k'} = 1 - \sum_{k=1}^{n} p_k^2 \qquad (4\text{-}46)$$

直观来说，$\text{Gini}(D)$ 反映了从数据集 D 中随机抽取两个样本，其类别标记不一致的概率。因此，$\text{Gini}(D)$ 越小，则数据集 D 的纯度越高。

CART 分类树构建的是一棵二叉树，基尼指数考察每个属性的二元划分。具体划分规则如下。

当 a 是离散属性时，数据集按照属性 a 的某个分裂点被划分为两部分。例如，表 4-5 中天气预告数据集的属性 outlook 具有 3 个取值{sunny, overcast, rainy}，所以 outlook 具有 3 个可能的二元划分：v_1:{sunny, overcast},{rainy}、v_2:{sunny, rainy},{overcast}、v_3:{overcast, rainy},{sunny}。按照二元划分的结果将数据集划分为两部分，再计算每个二元划分下属性 a 的基尼指数，采用与式（4-39）相同的符号，如式（4-47）所示。

$$\text{Gini\_index}(D,a) = \sum_{v=1}^{2} \frac{|D^v|}{|D|} \text{Gini}(D^v) \qquad (4\text{-}47)$$

选择其中基尼指数最小的二元划分作为属性 a 的分裂点。

当 a 是连续属性时，参考 C4.5 算法处理连续属性的方法，将排序后的每对相邻值的中点作为可能的分裂点，根据式（4-47）计算基尼指数，取其中基尼指数最小的分裂点作为属性 a 的分裂点。

于是，在候选属性集合 A 中，选择使得划分后基尼指数最小的属性作为最优划分属性，如式（4-48）所示。

$$a_* = \underset{a \in A}{\arg\min}\, \text{Gini\_index}(D, a) \tag{4-48}$$

2. 回归树

与分类树不同，回归树的待预测结果为连续型数据。同时，区别于分类树选取 Gini_index 作为评价分裂属性的指标，回归树选取 Gini_σ 作为评价分裂属性的指标。选择具有最小 Gini_σ 的属性及其属性值，作为最优分裂属性以及最优分裂属性值。Gini_σ 值越小，则说明二元划分之后子样本的差异性越小，说明选择该属性作为分裂属性的效果越好。

针对含有连续型预测结果的样本集 D，总方差计算如式（4-49）所示。

$$\sigma(D) = \sqrt{\sum (y_k - \mu)^2} \tag{4-49}$$

在式（4-49）中，μ 表示样本集 D 中预测结果的均值，y_k 表示第 k 个样本预测结果。

对于含有 n 个样本的样本集 D，根据属性 a 的二元划分，将数据集 D 划分成两部分。划分成两部分之后，Gini_σ 的计算如式（4-50）所示。

$$\text{Gini\_}\sigma(D, a) = \sigma(D^1) + \sigma(D^2) \tag{4-50}$$

对于属性 a，计算所有二元划分的 Gini_σ，选取其中的最小值 $\underset{a}{\min}[\text{Gini\_}\sigma(D,a)]$ 作为属性 a 的最优二元划分方案。

对于样本集 D，计算所有属性的最优二元划分方案，选取其中的最小值 $\underset{a \in A}{\min}\,\underset{a}{\min}[\text{Gini\_}\sigma(D,a)]$ 作为样本集 D 的最优二元划分方案。

例 4-5 对于 scikit-learn 中自带的 iris 数据，使用 DecisionTreeClassifier 类构建 CART 决策树模型，如代码 4-5 所示。

代码 4-5　构建 CART 决策树模型

```
In[4]:   # 加载需要的函数
         from sklearn.tree import DecisionTreeClassifier
         from sklearn.datasets import load_iris
         from sklearn.model_selection import train_test_split
         iris = load_iris()  # 加载数据
         data = iris.data  # 属性列
         target = iris.target  # 标签列
         # 划分训练集、测试集
         traindata, testdata, traintarget, testtarget = \
             train_test_split(data, target, test_size=0.2, random_state=123)
         model_dtc = DecisionTreeClassifier()  # 确定决策树参数
         model_dtc.fit(traindata, traintarget)  # 拟合数据
         print("建立的决策树模型为: \n", model_dtc)

Out[4]:  DecisionTreeClassifier(class_weight=None, criterion='gini',
         max_depth=None,
                     max_features=None, max_leaf_nodes=None,
```

```
                          min_impurity_decrease=0.0, min_impurity_split=None,
                          min_samples_leaf=1, min_samples_split=2,
                          min_weight_fraction_leaf=0.0, presort=False, random_
                   state=None,
                          splitter='best')
```

In[5]:
```
# 预测测试集结果
testtarget_pre = model_dtc.predict(testdata)
print('前20条记录的预测值为: \n', testtarget_pre[:20])
print('前20条记录的实际值为: \n', testtarget[:20])
```

Out[5]: 前20条记录的预测值为:
[1 2 2 1 0 2 1 0 0 1 2 0 1 2 2 2 0 0 1 0]
前20条记录的实际值为:
[1 2 2 1 0 2 1 0 0 1 2 0 1 2 2 2 0 0 1 0]

In[6]:
```
# 求出预测准确率和混淆矩阵
from sklearn.metrics import accuracy_score, confusion_matrix
print("预测结果准确率为: ", accuracy_score(testtarget, testtarget_
pre))
print("预测结果混淆矩阵为:\n", confusion_matrix(testtarget, testtarget_
pre))
```

Out[6]: 预测结果准确率为: 0.9666666666666667
预测结果混淆矩阵为:
[[13 0 0]
 [0 6 0]
 [0 1 10]]

代码 4-5 中展示了一个决策树算法的实现过程，并且分类结果的准确率为 96.7%，其中把两个类别为 2 的样本划分到类别 1，说明分类结果较好。

4.6　支持向量机

支持向量机（Support Vector Machines，SVM）是一种二元划分类的有监督学习算法。除了进行线性分类之外，支持向量机还可以使用核函数有效地进行非线性分类，将输入的隐式映射到高维特征空间中。

4.6.1　支持向量机简介

给定数据集 $D = \{(x_1, y_1), (x_2, y_2), \cdots, (x_n, y_n)\}$，$y_i \in \{-1, +1\}$，支持向量机的思想是在样本空间中找到一个划分超平面，将不同类别的样本分开。但能将数据集分开的划分超平面可能有很多，如图 4-7 所示。直观上看，应该选择位于两类样本"正中间"的划分超平面，即图 4-7 中加粗的划分超平面，因为该超平面对训练样本的健壮性是最强的。例如，训练集外的样本可能落在两类样本的分隔界附近，这会使很多划分超平面出现错误，而加粗的超平面是受影响最小的。支持向量机的目的就是找到这个最优的划分超平面。

在样本空间中，划分超平面可通过线性方程来描述，如式（4-51）所示。

$$\omega^{\mathrm{T}} x + b = 0 \tag{4-51}$$

在式（4-51）中，$\omega = (\omega_1; \omega_2; \cdots; \omega_m)$ 为法向量，决定了超平面的方向；b 为位移项，决定了超平面与原点之间的距离。

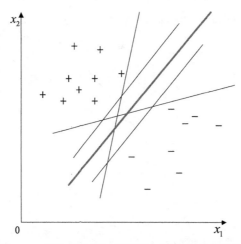

图 4-7　存在多个划分超平面可将两类样本分开

4.6.2　线性支持向量机

首先讨论数据线性可分的情况。如图 4-7 所示，存在一条直线将两类样本完全分开，则称为线性可分。线性支持向量机的基本步骤如下。

（1）将原问题转化为凸优化问题。

（2）通过构建拉格朗日函数，将原问题对偶化。

（3）利用 KKT 条件（Karush-Kuhn-Tucker 条件）对对偶化后的问题进行求解。

1. 数学建模

样本空间中任意点 $\boldsymbol{x}$ 到超平面的距离可写成式（4-52）。

$$r = \frac{\left|\boldsymbol{\omega}^{\mathrm{T}}\boldsymbol{x}+b\right|}{\|\boldsymbol{\omega}\|} \tag{4-52}$$

在式（4-52）中，$\|\boldsymbol{\omega}\| = \sqrt{\omega_1^2 + \omega_2^2 + \cdots + \omega_m^2}$，称为 $\boldsymbol{\omega}$ 的二范数。

把超平面记为 $(\boldsymbol{\omega},b)$，假设超平面 $(\boldsymbol{\omega},b)$ 能将训练样本正确分类，即对于 $(\boldsymbol{x}_i,y_i) \in D$，若 $y_i = +1$，则有 $\boldsymbol{\omega}^{\mathrm{T}}\boldsymbol{x}_i + b > 0$；若 $y_i = -1$，则有 $\boldsymbol{\omega}^{\mathrm{T}}\boldsymbol{x}_i + b < 0$。结合式（4-52），可得式（4-53）。

$$\begin{cases} \boldsymbol{\omega}^{\mathrm{T}}\boldsymbol{x}_i + b \geqslant +1, y_i = +1 \\ \boldsymbol{\omega}^{\mathrm{T}}\boldsymbol{x}_i + b \leqslant -1, y_i = -1 \end{cases} \tag{4-53}$$

如图 4-8 所示，距离超平面最近的几个样本使得式（4-53）的等号成立，它们被称为"支持向量"。两个异类支持向量到超平面的距离之和称为"间隔"，如式（4-54）所示。

$$\gamma = \frac{2}{\|\boldsymbol{\omega}\|} \tag{4-54}$$

找到最优的划分超平面，即找到具有"最大间隔"的超平面，也就是要找到能满足式（4-53）中约束的参数 $\boldsymbol{\omega}$ 和 b，使得 γ 最大，数学表示如式（4-55）所示。

$$\begin{cases} \max\limits_{\boldsymbol{\omega},b} \dfrac{2}{\|\boldsymbol{\omega}\|} \\ \mathrm{s.t.} \quad y_i(\boldsymbol{\omega}^{\mathrm{T}}\boldsymbol{x}_i + b) \geqslant 1, \quad i=1,2,\cdots,n \end{cases} \tag{4-55}$$

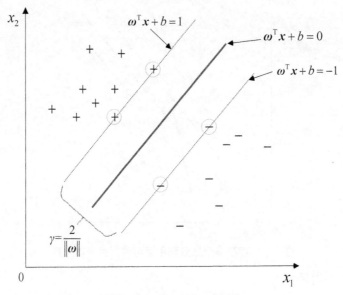

图 4-8　支持向量与间隔

显然，为了最大化间隔，仅需最大化 $\|\boldsymbol{\omega}\|^{-1}$，这等价于最小化 $\|\boldsymbol{\omega}\|^2$，式（4-55）可改写成式（4-56）。

$$\begin{cases} \min\limits_{\boldsymbol{\omega},b} \dfrac{1}{2}\|\boldsymbol{\omega}\|^2 \\ \text{s.t.}\quad y_i(\boldsymbol{\omega}^{\mathrm{T}}\boldsymbol{x}_i + b) \geqslant 1,\quad i=1,2,\cdots,n \end{cases} \tag{4-56}$$

式（4-56）即支持向量机的数学模型，它是一个有不等式约束的最小化问题，求解时通过构建拉格朗日函数求解。

2. 拉格朗日函数

拉格朗日函数的思想是：将约束条件放到目标函数中，从而将有约束优化问题转换为无约束优化问题。具体的做法是：针对有不等式约束的最小化问题，构造一个函数，使得该函数在可行解区域（约束区域）内与目标函数完全一致，而在可行解区域外取值非常大，甚至是无穷大，那么这个没有约束条件的优化问题就与原来有约束条件的优化问题是等价的。

根据式（4-56）构建的拉格朗日函数如式（4-57）所示。

$$L(\boldsymbol{\omega},b,\boldsymbol{\alpha}) = \frac{1}{2}\|\boldsymbol{\omega}\|^2 - \sum_{i=1}^{n}\alpha_i[y_i(\boldsymbol{\omega}^{\mathrm{T}}\boldsymbol{x}_i + b) - 1] \tag{4-57}$$

在式（4-57）中，$\boldsymbol{\alpha}=(\alpha_1,\alpha_2,\cdots,\alpha_n)$，$\alpha_i \geqslant 0$，$\alpha_i$ 称为拉格朗日乘子。

在式（4-57）基础上构建新的目标函数，如式（4-58）所示。

$$\theta(\boldsymbol{\omega}) = \max_{\alpha_i \geqslant 0} L(\boldsymbol{\omega},b,\boldsymbol{\alpha}) \tag{4-58}$$

当样本点不满足约束条件时，即在可行解区域外，有 $y_i(\boldsymbol{\omega}^{\mathrm{T}}\boldsymbol{x}_i + b) < 1$。此时，将 α_i 设为正无穷，$\theta(\boldsymbol{\omega})$ 也是正无穷。

当样本点满足约束条件时，即在可行解区域内，有 $y_i(\boldsymbol{\omega}^{\mathrm{T}}\boldsymbol{x}_i + b) \geqslant 1$。此时，$\theta(\boldsymbol{\omega}) = \dfrac{1}{2}\|\boldsymbol{\omega}\|^2$，

即 $\theta(\boldsymbol{\omega})$ 为原目标函数。

最终，新的目标函数 $\theta(\boldsymbol{\omega})$ 如式（4-59）所示。

$$\theta(\boldsymbol{\omega})=\begin{cases}\dfrac{1}{2}\|\boldsymbol{\omega}\|^2 , x\in 可行解区域\\ +\infty , x\notin 可行解区域\end{cases} \tag{4-59}$$

最小化新的目标函数 $\theta(\boldsymbol{\omega})$ 相当于把原来有约束的最优化问题转换为无约束的最优化问题。

现在，问题变成了新目标函数的最小化问题，如式（4-60）所示。

$$\min_{\boldsymbol{\omega},b}\theta(\boldsymbol{\omega})=\min_{\boldsymbol{\omega},b}\max_{\alpha_i\geqslant 0}L(\boldsymbol{\omega},b,\boldsymbol{\alpha})=p^* \tag{4-60}$$

用 p^* 表示问题的最优解，式（4-60）与式（4-56）是等价的。

观察式（4-60），先求最大值，再求最小值。首先就要面对带有需要求解的参数 $\boldsymbol{\omega}$ 和 b 的方程，而 α_i 又是不等式约束，这个求解过程非常复杂。这里需要借助拉格朗日函数对偶性，将最小和最大的位置交换，如式（4-61）所示。

$$\max_{\alpha_i\geqslant 0}\min_{\boldsymbol{\omega},b}L(\boldsymbol{\omega},b,\boldsymbol{\alpha})=d^* \tag{4-61}$$

交换之后，需要解决的问题成为原问题的对偶问题。新问题的最优解用 d^* 表示，并且 $d^*\leqslant p^*$。在以下两个条件下有 $d^*=p^*$：第一，优化问题是凸优化问题；第二，满足 KKT 条件。

凸优化问题的定义是：求最小值的目标函数是凸函数的一类优化问题。从式（4-56）中可以看出，目标函数是凸函数，又是求最小值的优化问题，所以第一个条件是满足的。接下来再判断是否满足 KKT 条件。

3. KKT 条件

现在，已经使用拉格朗日函数生成了一个新的目标函数，如式（4-57）所示。通过一些条件，可以求出最优值的必要条件，这个必要条件就被称为 KKT 条件。一个最优化模型能够表示成标准形式，如式（4-62）所示。

$$\begin{cases}\min f(\boldsymbol{x})\\ \text{s.t.}\quad h_j(\boldsymbol{x})=0 ,\quad j=1,2,\cdots,p\\ \qquad g_k(\boldsymbol{x})\leqslant 0 ,\quad k=1,2,\cdots,q\\ \qquad \boldsymbol{x}\in\mathbb{R}^n\end{cases} \tag{4-62}$$

在式（4-62）中，$f(\boldsymbol{x})$ 为目标函数，$h_j(\boldsymbol{x})=0$ 和 $g_k(\boldsymbol{x})\leqslant 0$ 为约束条件。对于 $f(\boldsymbol{x})$，期望找到 $\boldsymbol{x}\in\mathbb{R}^n$ 能够满足约束条件。KKT 条件是指最优值条件，即必须满足如下条件。

（1）通过拉格朗日函数构建的新的目标函数对 x 的求导为零，如式（4-63）所示。

$$\frac{\partial f}{\partial x_i}+\sum_{k=1}^{q}\alpha_k\frac{\partial g_k}{\partial x_i}+\sum_{j=1}^{p}\lambda_j\frac{\partial h_j}{\partial x_i}=0 ,\quad (i=1,2,\dots n) \tag{4-63}$$

（2）$h_j(\boldsymbol{x})=0$。

（3）$\alpha_k g_k(\boldsymbol{x})=0$。

对式（4-56）考察 KKT 条件，由费马引理可知，函数的极值只能在导数为零的位置取到，所以条件（1）满足。显然条件（2）也满足，现在考察条件（3）。

由式（4-56）可知，$g_i(x)=1-y_i(\boldsymbol{\omega}^{\mathrm{T}}\boldsymbol{x}_i+b)$，条件（3）指的是，对于任意样本$(x_i,y_i)$，有$\alpha_i=0$或$y_i(\boldsymbol{\omega}^{\mathrm{T}}x+b)=1$。若$\alpha_i=0$，则该样本不会在式（4-57）中出现，也就是不会对目标函数有任何影响；若$\alpha_i>0$，则必有$y_i(\boldsymbol{\omega}^{\mathrm{T}}x+b)=1$，所对应的样本点位于最大间隔边界上，是一个支持向量。这里显示了支持向量机的一个重要性质：训练完成后，大部分样本不需要保留，最终模型结果仅与支持向量有关。

现在 KKT 条件也满足了，式（4-60）可以转换为对偶问题。

4．对偶问题求解

现在问题转换为对偶问题，如式（4-64）所示。

$$\begin{cases} \max\limits_{\alpha_i\geq0}\min\limits_{\boldsymbol{\omega},b}L(\boldsymbol{\omega},b,\boldsymbol{\alpha})=d^* \\ L(\boldsymbol{\omega},b,\boldsymbol{\alpha})=\dfrac{1}{2}\|\boldsymbol{\omega}\|^2-\sum\limits_{i=1}^{n}\alpha_i[y_i(\boldsymbol{\omega}^{\mathrm{T}}\boldsymbol{x}_i+b)-1] \end{cases} \quad (4\text{-}64)$$

求解式（4-64）的过程如下。

（1）首先固定α_i，求$L(\boldsymbol{\omega},b,\boldsymbol{\alpha})$关于$\boldsymbol{\omega}$和$b$的最小化。分别对$\boldsymbol{\omega}$和$b$求偏导，令偏导为零，得到的结果分别如式（4-65）和式（4-66）所示。

$$\frac{\partial L}{\partial \boldsymbol{\omega}}=0 \Rightarrow \boldsymbol{\omega}=\sum_{i=1}^{n}\alpha_i y_i \boldsymbol{x}_i \quad (4\text{-}65)$$

$$\frac{\partial L}{\partial b}=0 \Rightarrow \sum_{i=1}^{n}\alpha_i y_i=0 \quad (4\text{-}66)$$

（2）将式（4-65）和式（4-66）代入式（4-64），如式（4-67）所示。

$$\begin{aligned} \min_{\boldsymbol{\omega},b}L(\boldsymbol{\omega},b,\boldsymbol{\alpha})&=\frac{1}{2}\|\boldsymbol{\omega}\|^2-\sum_{i=1}^{n}\alpha_i[y_i(\boldsymbol{\omega}^{\mathrm{T}}\boldsymbol{x}_i+b)-1] \\ &=\frac{1}{2}\boldsymbol{\omega}^{\mathrm{T}}\boldsymbol{\omega}-\boldsymbol{\omega}^{\mathrm{T}}\sum_{i=1}^{n}\alpha_i y_i \boldsymbol{x}_i-b\sum_{i=1}^{n}\alpha_i y_i+\sum_{i=1}^{n}\alpha_i \\ &=\frac{1}{2}\boldsymbol{\omega}^{\mathrm{T}}\sum_{i=1}^{n}\alpha_i y_i \boldsymbol{x}_i-\boldsymbol{\omega}^{\mathrm{T}}\sum_{i=1}^{n}\alpha_i y_i \boldsymbol{x}_i-b\times0+\sum_{i=1}^{n}\alpha_i \\ &=\sum_{i=1}^{n}\alpha_i-\frac{1}{2}\boldsymbol{\omega}^{\mathrm{T}}\sum_{i=1}^{n}\alpha_i y_i \boldsymbol{x}_i \\ &=\sum_{i=1}^{n}\alpha_i-\frac{1}{2}\sum_{i,j=1}^{n}\alpha_i\alpha_j y_i y_j \boldsymbol{x}_i^{\mathrm{T}}\boldsymbol{x}_j \end{aligned} \quad (4\text{-}67)$$

（3）将式（4-67）代入式（4-64），结合式（4-66），得到新的最优化问题，如式（4-68）所示。

$$\begin{cases} \max\limits_{\boldsymbol{\alpha}}\sum\limits_{i=1}^{n}\alpha_i-\dfrac{1}{2}\sum\limits_{i,j=1}^{n}\alpha_i\alpha_j y_i y_j \boldsymbol{x}_i^{\mathrm{T}}\boldsymbol{x}_j \\ \text{s.t.} \quad \alpha_i\geq0, \quad i=1,2,\cdots,n \\ \qquad \sum\limits_{i=1}^{n}\alpha_i y_i=0 \end{cases} \quad (4\text{-}68)$$

式（4-68）是对偶问题式（4-64）更明确的表现形式，它是一个二次规划问题，可使用通用的二次规划算法来求解。然而，当训练样本增多时，该问题的规模也会增大，这会在实际任务中造成很大的计算开销。为了避免这个问题，可采用一种高效的算法——SMO（Sequential Minimal Optimization）算法求解。

5. SMO 算法求解

SMO 算法的思路是先固定 α_i 之外的所有参数，然后求 α_i 的极值。由于存在约束条件 $\sum_{i=1}^{n}\alpha_i y_i = 0$，只更新一个 α_i 会不满足约束条件，于是，SMO 每次选择两个变量 α_i 和 α_j，固定其他参数。这样，在参数初始化后，SMO 算法不断地执行以下两个步骤。

（1）选择一对需要更新的变量 α_i 和 α_j。

（2）固定 α_i 和 α_j 以外的参数，求解式（4-68）获得更新后的 α_i 和 α_j。

SMO 算法之所以高效，是由于固定其他参数后，仅优化两个参数的过程非常高效。具体的求解过程如下。

（1）仅考虑 α_i 和 α_j，式（4-68）的约束条件可写成式（4-69）。

$$\alpha_i y_i + \alpha_j y_j = c \qquad (4\text{-}69)$$

在式（4-69）中，$\alpha_i \geqslant 0$，$\alpha_j \geqslant 0$，$c = -\sum_{k \neq i,j}\alpha_k y_k$ 是一个常数。

将式（4-69）代入式（4-68），消除变量 α_j，得到一个关于 α_i 的单变量二次规划问题，仅有的约束是 $\alpha_i \geqslant 0$。可以发现，这样的二次规划问题具有闭式解，结合式（4-69）可解出 α_i 和 α_j。循环执行这个步骤，直到求出所有的 α。

（2）通过 $\boldsymbol{\omega} = \sum_{i=1}^{n}\alpha_i y_i \boldsymbol{x}_i$ 可解出 $\boldsymbol{\omega}$。

（3）对任意的支持向量 $(\boldsymbol{x}_i, y_i)$，都有 $y_i(\boldsymbol{\omega}^{\mathrm{T}}\boldsymbol{x}_i + b) = 1$。假设有 S 个支持向量，可求出对应 S 个 b^*。理论上这些 b^* 都可作为最终的结果，但现实任务中常采用一种更健壮的做法，就是求出所有支持向量对应的 b^*，取平均值作为最终的结果。

支持向量的确定可参考 KKT 条件的第（3）个条件，即 $\alpha_i[y_i(\boldsymbol{\omega}^{\mathrm{T}}\boldsymbol{x}_i + b) - 1] = 0$。若 $\alpha_i > 0$，则有 $y_i(\boldsymbol{\omega}^{\mathrm{T}}\boldsymbol{x}_i + b) = 1$，即该样本点是一个支持向量。

至此，最优超平面的未知参数已求解，表示为 $\boldsymbol{\omega}^{\mathrm{T}}\boldsymbol{x} + b = 0$。最终的分类决策函数如式（4-70）所示。

$$f(\boldsymbol{x}) = \mathrm{sign}(\boldsymbol{\omega}^{\mathrm{T}}\boldsymbol{x} + b) \qquad (4\text{-}70)$$

4.6.3 非线性支持向量机

在 4.6.2 节的讨论中，做了一个样本线性可分的假设，即存在一个超平面能将样本正确分类。然而在现实场景中，样本空间很可能不存在一个能正确划分样本的超平面。对于这类问题，可以很自然地想到一种解决方法：将样本从原始空间映射到一个更高维的特征空间，使得样本在这个特征空间内线性可分。这里存在一个数学定理：如果原始空间是有限维的，那么一定存在一个高维空间使样本线性可分。对于非线性支持向量机，其流程比线性支持向量机多了一个映射的步骤。

令 $\phi(\boldsymbol{x})$ 表示将 $\boldsymbol{x}$ 映射后的特征向量，于是，在特征空间中划分超平面所对应的模型可表示为式（4-71）。

$$f(\boldsymbol{x}) = \boldsymbol{\omega}^{\mathrm{T}}\phi(\boldsymbol{x}) + b \qquad (4\text{-}71)$$

类似于式（4-68），得到式（4-72）。

$$\begin{cases} \max\limits_{\boldsymbol{\alpha}} \sum\limits_{i=1}^{n} \alpha_i - \dfrac{1}{2}\sum\limits_{i,j=1}^{n} \alpha_i\alpha_j y_i y_j \boldsymbol{\phi}(\boldsymbol{x}_i)^{\mathrm{T}}\boldsymbol{\phi}(\boldsymbol{x}_j) \\ \mathrm{s.t.} \quad \alpha_i \geqslant 0, \quad i=1,2,\cdots,n \\ \qquad \sum\limits_{i=1}^{n} \alpha_i y_i = 0 \end{cases} \tag{4-72}$$

求解式（4-72）涉及计算 $\boldsymbol{\phi}(\boldsymbol{x}_i)^{\mathrm{T}}\boldsymbol{\phi}(\boldsymbol{x}_j)$，这是样本 $\boldsymbol{x}_i$ 和 $\boldsymbol{x}_j$ 映射到特征空间后的内积。由于映射后的特征空间维数可能很高，所以直接计算 $\boldsymbol{\phi}(\boldsymbol{x}_i)^{\mathrm{T}}\boldsymbol{\phi}(\boldsymbol{x}_j)$ 通常是困难的。为了避开这个障碍，可设计一个函数，如式（4-73）所示。

$$\kappa(\boldsymbol{x}_i,\boldsymbol{x}_j) = \langle\boldsymbol{\phi}(\boldsymbol{x}_i),\boldsymbol{\phi}(\boldsymbol{x}_j)\rangle = \boldsymbol{\phi}(\boldsymbol{x}_i)^{\mathrm{T}}\boldsymbol{\phi}(\boldsymbol{x}_j) \tag{4-73}$$

即 $\boldsymbol{x}_i$ 和 $\boldsymbol{x}_j$ 在特征空间的内积可以通过式（4-73）在原始样本空间中计算。式（4-73）中的 κ 称为核函数。于是，式（4-72）可改写成式（4-74）。

$$\begin{cases} \max\limits_{\boldsymbol{\alpha}} \sum\limits_{i=1}^{n} \alpha_i - \dfrac{1}{2}\sum\limits_{i,j=1}^{n} \alpha_i\alpha_j y_i y_j \kappa(\boldsymbol{x}_i,\boldsymbol{x}_j) \\ \mathrm{s.t.} \quad \alpha_i \geqslant 0, \quad i=1,2,\cdots,n \\ \qquad \sum\limits_{i=1}^{n} \alpha_i y_i = 0 \end{cases} \tag{4-74}$$

求解后得到式（4-75）。

$$\begin{aligned} f(\boldsymbol{x}) &= \boldsymbol{\omega}^{\mathrm{T}}\boldsymbol{\phi}(\boldsymbol{x}) + b \\ &= \sum_{i=1}^{n} \alpha_i y_i \boldsymbol{\phi}(\boldsymbol{x}_i)^{\mathrm{T}}\boldsymbol{\phi}(\boldsymbol{x}) + b \\ &= \sum_{i=1}^{n} \alpha_i y_i \kappa(\boldsymbol{x},\boldsymbol{x}_i) + b \end{aligned} \tag{4-75}$$

显然，若已知映射 ϕ 的具体形式，就可以写出核函数 κ。但是现实任务中通常不知道 ϕ 的形式，构造出 κ 的形式很困难，所以一般从一些已知的核函数中选择一个来使用。几种常用的核函数如表 4-7 所示。

表 4-7 常用核函数

核函数名称	表达式	说明
线性核	$\kappa(\boldsymbol{x}_i,\boldsymbol{x}_j) = \boldsymbol{x}_i^{\mathrm{T}}\boldsymbol{x}_j$	—
多项式核	$\kappa(\boldsymbol{x}_i,\boldsymbol{x}_j) = (\boldsymbol{x}_i^{\mathrm{T}}\boldsymbol{x}_j)^d$	$d \geqslant 1$，为多项式次数
高斯核	$\kappa(\boldsymbol{x}_i,\boldsymbol{x}_j) = \exp\left(-\dfrac{\|\boldsymbol{x}_i-\boldsymbol{x}_j\|^2}{2\sigma^2}\right)$	$\sigma > 0$，为高斯核的带宽
拉普拉斯核	$\kappa(\boldsymbol{x}_i,\boldsymbol{x}_j) = \exp\left(-\dfrac{\|\boldsymbol{x}_i-\boldsymbol{x}_j\|}{\sigma}\right)$	$\sigma > 0$
Sigmoid 核	$\kappa(\boldsymbol{x}_i,\boldsymbol{x}_j) = \tanh(\beta\boldsymbol{x}_i^{\mathrm{T}}\boldsymbol{x}_j + \theta)$	$\tanh$ 为双曲正切函数，$\beta > 0$，$\theta < 0$

其中，高斯核函数是最常用的一种核函数，属于径向基核函数的一种。对于样本非线性可分的情况，可通过特定的核函数将样本映射到线性可分的特征空间进行处理。

使用 scikit-learn 库中 SVM 模块的 SVC 类可以建立支持向量机模型,其语法格式如下。

```
sklearn.svm.SVC(C=1.0,kernel='rbf',degree=3,gamma='auto',coef0=0.0,shrinking=
True,probability=False,tol=0.001,cache_size=200,class_weight=None,verbose=
False,max_iter=-1,decision_function_shape='ovr',random_state=None)
```

SVC 类常用的参数及其说明如表 4-8 所示。

表 4-8　SVC 类常用的参数及其说明

参数名称	说明
C	接收 int 或 float。表示对误分类的惩罚参数。默认值为 1.0
kernel	接收 str。表示核函数,可选参数为 linear、poly、rbf、sigmoid、precomputed。默认为值 rbf
degree	接收 int。表示多项式核函数 poly 的维度。默认值为 3
gamma	接收 str。表示 rbf、poly、Sigmoid 核函数的参数,若是 auto,则自动设置参数。默认值为 auto
coef0	接收 int 或 float。表示核函数的常数项,对 poly 和 Sigmoid 有效。默认值为 0.0
tol	接收 float。表示停止训练的误差大小。默认值为 0.001
max_iter	接收 int。表示最大迭代次数,−1 表示无限制。默认值为−1

例 4-6　对于 scikit-learn 中自带的 iris 数据,使用 SVC 类构建支持向量机模型,如代码 4-6 所示。

代码 4-6　构建支持向量机模型

```
In[1]:    # 加载需要的函数
          from sklearn.svm import SVC
          from sklearn.datasets import load_iris
          from sklearn.model_selection import train_test_split
          iris = load_iris()  # 加载数据
          data = iris.data  # 属性列
          target = iris.target  # 标签列
          # 划分训练集、测试集
          traindata, testdata, traintarget, testtarget = \
          train_test_split(data, target, test_size=0.2, random_state=1234)
          model_svc = SVC()  # 确定决策树参数
          model_svc.fit(traindata, traintarget)  # 拟合数据
          print("建立的支持向量机模型为: \n", model_svc)

Out[1]:   建立的支持向量机模型为:
           SVC(C=1.0, cache_size=200, class_weight=None, coef0=0.0,
            decision_function_shape='ovr', degree=3, gamma='auto_
          deprecated',
            kernel='rbf', max_iter=-1, probability=False, random_state=
          None,
            shrinking=True, tol=0.001, verbose=False)

In[2]:    # 预测测试集结果
          testtarget_pre = model_svc.predict(testdata)
          print('前 20 条记录的预测值为: \n', testtarget_pre[:20])
          print('前 20 条记录的实际值为: \n', testtarget[:20])

Out[2]:   前 20 条记录的预测值为:
           [1 1 2 0 1 0 0 0 1 2 1 0 2 1 0 1 2 0 2 1]
```

```
           前 20 条记录的实际值为:
           [1 1 2 0 1 0 0 0 1 2 1 0 2 1 0 1 2 0 2 1]

In[3]:     # 求出预测准确率和混淆矩阵
           from sklearn.metrics import accuracy_score, confusion_matrix
           print("预测结果准确率为: ", accuracy_score(testtarget, testtarget_
           pre))
           print("预测结果混淆矩阵为:\n", confusion_matrix(testtarget, testtarget_
           pre))

Out[3]:    预测结果准确率为: 1.0
           预测结果混淆矩阵为:
           [[ 9  0  0]
           [ 0 13  0]
           [ 0  0  8]]
```

代码 4-6 显示，支持向量机模型的预测准确率为 100%，说明预测效果很好，但是有过拟合的风险，需要在更多的样本上进行测试。

4.7　朴素贝叶斯

贝叶斯分类是一类分类算法的总称，这类算法均以贝叶斯定理为基础，所以统称为贝叶斯分类。朴素贝叶斯是一种贝叶斯分类算法，在许多场合可以与决策树和神经网络分类算法相媲美。

1. 贝叶斯定理

对于事件 A 和事件 B，称在事件 B 发生的条件下事件 A 发生的概率 $P(A|B) = \dfrac{P(AB)}{P(B)}$ 为条件概率。

全概率公式如式（4-76）所示，其中 $\sum_k P(B_k) = 1$。

$$P(A) = \sum_k P(A|B_k)P(B_k) \tag{4-76}$$

在实际应用中，经常会出现 $P(A|B)$ 容易计算，而 $P(B|A)$ 很难计算的情况，根据条件概率的计算公式可以得到 $P(AB) = P(A|B)P(B) = P(B|A)P(A)$，根据条件概率计算公式和全概率公式可以得到贝叶斯公式，如式（4-77）所示。

$$P(B_k|A) = \frac{P(A|B_k)P(B_k)}{\sum_k P(A|B_k)P(B_k)} \tag{4-77}$$

2. 朴素贝叶斯模型

为了从有限的训练样本中尽可能准确地估计出目标，可大致分为两种策略：一种是直接通过建模来估计 $P(B|A)$，这属于判别式模型，如决策树、支持向量机、神经网络等；另一种通过对联合概率 $P(AB)$ 进行建模，计算出 $P(B|A)$，这属于生成式模型，朴素贝叶斯模型就是一种典型的生成式模型。朴素贝叶斯分类的思想是，对于给出的待分类项 B，求解在待分类项已知的条件 A 下每个类别出现的概率 $P(B_k|A)$，待分类项属于出现概率最大的类别。

假设模型样本是 $\left(x_1^{(1)},\cdots,x_n^{(1)},y_1\right),\cdots,\left(x_1^{(m)},\cdots,x_n^{(m)},y_m\right)$，即有 m 个样本，每个样本有 n 个特征，第 j 个样本的特征可以表示为 $\left(x_i^{(j)},i=1,2,\cdots,n\right)$，$y_j$ 表示第 j 个样本的标签，假设特征输出有 k 个类别，定义为 $(C_1,C_2,\cdots,C_k)$。对于给定的待分类项，根据朴素贝叶斯的思想，希望得到 $P\left(Y=C_k\mid X=\left(x_1^{(j)},\cdots,x_n^{(j)}\right)\right)$ 模型，即在给定特征 X 的条件下求标签 $Y=C_k$ 的最大概率。

根据贝叶斯定理，可以得到类别条件概率，如式（4-78）所示。

$$P\left(Y=C_k\mid X=\left(x_1^{(j)},\cdots,x_n^{(j)}\right)\right)=\frac{P\left(X=\left(x_1^{(j)},\cdots,x_n^{(j)}\right)\mid Y=C_k\right)P(Y=C_k)}{\sum_k P\left(X=\left(x_1^{(j)},\cdots,x_n^{(j)}\right)\mid Y=C_k\right)P(Y=C_k)}\quad（4\text{-}78）$$

在式（4-78）中，$P\left(X=\left(x_1^{(j)},\cdots,x_n^{(j)}\right)\mid Y=C_k\right)$ 比较难计算。为了解决这一难题，朴素贝叶斯模型除了满足贝叶斯定理之外，还假设特征条件独立，因此 $P\left(X=\left(x_1^{(j)},\cdots,x_n^{(j)}\right)\mid Y=C_k\right)$ 可以表示为 $\prod_{i=1}^{n}P\left(x_i^{(j)}\mid Y=C_k\right)$。

类别条件概率可以改写为式（4-79）。

$$P\left(Y=C_k\mid X=\left(x_1^{(j)},\cdots,x_n^{(j)}\right)\right)=\frac{P(Y=C_k)\prod_{i=1}^{n}P\left(x_i^{(j)}\mid Y=C_k\right)}{\sum_k P(Y=C_k)\prod_{i=1}^{n}P\left(x_i^{(j)}\mid Y=C_k\right)}\quad（4\text{-}79）$$

因为计算每一个类别的概率时分母是相同的，所以只需比较式（4-79）中的分子大小即可判断给出的待分类项所属类别。

要判断给出的待分类项所属类别，需要求在待分类项已知的条件下每个类别出现的概率，并找到出现概率最大的类别，这就是待分类项所属类别。要得到这样的结果，需要求出 $P\left(Y=C_k\mid X=\left(x_1^{(j)},\cdots,x_n^{(j)}\right)\right)$，根据分析只需要求出 $P(Y=C_k)\prod_{i=1}^{n}P\left(x_i^{(j)}\mid Y=C_k\right)$，并找到最大值即可。下面将介绍如何求解 $P(Y=C_k)\prod_{i=1}^{n}P\left(x_i^{(j)}\mid Y=C_k\right)$。

采用极大似然估计计算 $P(Y=C_k)$，如式（4-80）所示。

$$P(Y=C_k)=\frac{m_k}{m}\quad（4\text{-}80）$$

在式（4-80）中，m_k 表示类别 C_k 出现的频数，m 表示样本总数。

仍然采用极大似然估计，对 $P\left(x_i^{(j)}\mid Y=C_k\right)$ 进行计算，计算方法取决于 $x_i^{(j)}$ 的变量类型。

（1）当 $x_i^{(j)}$ 为离散值时，概率计算方法如式（4-81）所示。

$$P\left(x_i^{(j)}\mid Y=C_k\right)=\frac{m_{ki}}{m_k}\quad（4\text{-}81）$$

在式（4-81）中，m_{ki} 表示类别为 C_k 的样本中第 i 维特征出现的频数，m_k 表示类别 C_k 出现的频数。

有时，某些类别在样本中可能没有出现，这样会导致 $P\left(x_i^{(j)} \mid Y = C_k\right) = 0$。为解决这个问题，引入了拉普拉斯平滑，则概率计算如式（4-82）所示。

$$P\left(x_i^{(j)} \mid Y = C_k\right) = \frac{m_{ki} + \lambda}{m_k + O_i\lambda} \tag{4-82}$$

在式（4-82）中，λ 为一个大于 0 的常数，通常取值为 1，O_i 表示第 i 个特征出现的频数。

（2）当 $x_i^{(j)}$ 为非常稀疏的离散值时，每一个特征出现的概率都很低，可以假设 x 符合伯努利分布，特征出现记为 1，不出现记为 0，则概率计算如式（4-83）所示。

$$P\left(x_i^{(j)} \mid Y = C_k\right) = P\left(x_i^{(j)} \mid Y = C_k\right) x_i^{(j)} + \left[1 - P\left(x_i^{(j)} \mid Y = C_k\right)\right]\left(1 - x_i^{(j)}\right) \tag{4-83}$$

在式（4-83）中，$x_i^{(j)}$ 取值为 0 或者 1。

（3）当 $x_i^{(j)}$ 为连续值时，通常假设 $x_i^{(j)}$ 的先验概率服从正态分布，所以概率计算方法如式（4-84）所示。

$$P\left(x_i^{(j)} \mid Y = C_k\right) = \frac{1}{\sqrt{2\pi\sigma_k^2}} \exp\left[-\frac{\left(x_i^{(j)} - \mu_k\right)^2}{2\sigma_k^2}\right] \tag{4-84}$$

在式（4-84）中，μ_k 和 σ_k^2 分别为正态分布的数学期望和方差，可以通过极大似然估计求得。μ_k 为样本类别 C_k 中所有 $x_i^{(j)}$ 的平均值，σ_k^2 为样本类别 C_k 中所有 $x_i^{(j)}$ 的方差。

朴素贝叶斯算法的流程如下。

（1）计算先验概率 $P(Y = C_k) = \frac{m_k}{m}$。如果已经给出先验概率，那么可以直接利用给出的先验概率。

（2）分别计算第 k 个类别第 i 维特征的第 j 个取值的条件概率 $P\left(x_i^{(j)} \mid Y = C_k\right)$。

（3）对于给定的待分类项，计算 $P(Y = C_k)\prod\limits_{i=1}^{n} P\left(x_i^{(j)} \mid Y = C_k\right)$。

（4）确定待分类项所属的类别，如式（4-85）所示，即 C_{result}。

$$C_{\text{result}} = \underset{C_k}{\arg\max}\, P(Y = C_k)\prod_{i=1}^{n} P\left(x_i^{(j)} \mid Y = C_k\right) \tag{4-85}$$

根据分析，朴素贝叶斯分类流程如图 4-9 所示。

图 4-9　朴素贝叶斯分类流程

在 Python 中，朴素贝叶斯分类可以利用高斯朴素贝叶斯和多项式朴素贝叶斯算法实现。

高斯朴素贝叶斯主要处理连续型变量的数据，它的模型假设是每一个维度都符合高斯分布。使用 scikit-learn 库中 naive_bayes 模块的 GaussianNB 类可以构建高斯朴素贝叶斯分类模型，其语法格式如下。

```
sklearn.naive_bayes.GaussianNB(priors=None)
```

GaussianNB 类常用的参数及其说明如表 4-9 所示。

表 4-9　GaussianNB 类常用的参数及其说明

参数名称	说明
priors	接收 array。表示先验概率大小，若没有给定，则模型根据样本数据计算（利用极大似然法）。默认值为 None

多项式朴素贝叶斯主要用于离散特征分类。使用 scikit-learn 库中 naive_bayes 模块的 MultinomialNB 类可以实现多项式朴素贝叶斯分类，其语法格式如下。

```
sklearn.naive_bayes.MultinomialNB(alpha=1.0,fit_prior=True,class_prior=None)
```

MultinomialNB 类常用的参数及其说明如表 4-10 所示。

表 4-10　MultinomialNB 类常用的参数及其说明

参数名称	说明
alpha	接收 float。可选项，默认值为 1.0，添加拉普拉斯平滑参数
fit_prior	接收 bool。可选项，默认值为 True，表示是否学习先验概率
class_prior	默认值为 None，类先验概率

例 4-7　对于 scikit-learn 中自带的 iris 数据集，利用高斯朴素贝叶斯进行分类，如代码 4-7 所示。

代码 4-7　对 iris 数据集使用高斯朴素贝叶斯分类

```
In[1]:     from sklearn.datasets import load_iris
           import pandas as pd
           from sklearn.model_selection import train_test_split
           from sklearn.naive_bayes import GaussianNB  # 导入高斯朴素贝叶斯算法

           iris = load_iris()  # 加载 iris 数据集
           data = pd.DataFrame(iris.data, columns=iris.feature_names)  # 提
           取数据并存入数据框 s
           target = pd.DataFrame(iris.target, columns=['Species'])  # 提取
           标签并存入数据框 q
           # 划分训练集和测试集（训练集：测试集 = 8:2）
           x_train, x_test, y_train, y_test = \
           train_test_split(data, target, random_state=1234, test_size=0.2)
           model = GaussianNB()  # 实例化
           # 建立模型并进行训练
           model.fit(x_train, y_train)
           pre = list(model.predict(x_test))  # 利用测试集 k 进行预测
           print('预测结果: ', pre)

Out[1]:    预测结果: [1, 1, 2, 0, 1, 0, 0, 0, 1, 2, 1, 0, 2, 1, 0, 1, 2, 0, 2,
           1, 1, 1, 1, 1, 2, 0, 2, 1, 2, 0]

In[2]:     # 计算模型的准确率
           from sklearn.metrics import accuracy_score
           print('准确率', accuracy_score(y_test, pre))

Out[2]:    准确率 1.0
```

代码 4-7 显示支持朴素贝叶斯模型的预测准确率为 100%，说明预测效果很好，但是有过拟合的风险，需要在更多的样本上进行测试。

4.8 神经网络

神经网络（Neural Networks）能在外界信息的基础上改变内部结构，是一个具备学习功能的自适应系统。和其他机器学习方法一样，神经网络已经被用来解决各种各样的问题，如机器视觉和语音识别。

4.8.1 神经网络介绍

神经网络是由具有适应性的简单单元组成的广泛并行互连网络，它的组织能够模拟生物神经系统对真实世界物体所做出的交互反应。

这里定义的"简单单元"，是指一个神经元（neuron）模型，它是神经网络中最基本的成分。在生物神经网络中，每个神经元与其他神经元相连，当它"兴奋"时，就会向相连的神经元发送化学物质，从而改变这些神经元内的电位；如果神经元电位超过了某个"阈值"（threshold），那么它就会被激活，即"兴奋"起来，向其他神经元发送化学物质。

将神经元模型表示成一个数学模型，如图 4-10 所示。在这个模型中，神经元接收 n 个其他神经元传递过来的输入信号，输入信号用 $x_1, x_2, \cdots, x_n$ 表示；这些输入信号通过带权重的连接进行传递，权重用 $\omega_1, \omega_2, \cdots, \omega_n$ 表示；神经元接收的总输入值 $\sum_{i=1}^{n} \omega_i x_i$ 将与阈值 θ 进行比较，然后通过"激活函数"（activation function）处理输入的内容以产生神经元的输出，最终神经元的输出为 $y = f(\sum_{i=1}^{n} \omega_i x_i - \theta)$。

其中，激活函数一般采用非线性函数，如 Sigmoid 函数，如式（4-86）所示。

$$\text{sigmoid}(x) = \frac{1}{1 + e^{-x}} \tag{4-86}$$

把多个神经元按一定的层次结构连接起来，就得到神经网络。

常见的神经网络是图 4-11 所示的层级结构，每层神经元与下一层神经元全部互连，神经元之间不存在同层连接，也不存在跨层连接。

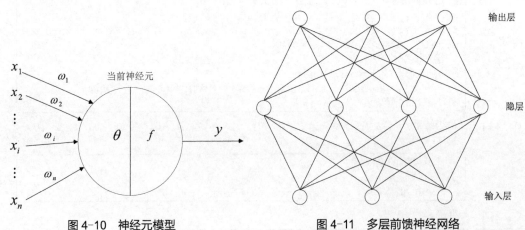

图 4-10　神经元模型　　　　　　　　图 4-11　多层前馈神经网络

图 4-11 所示的网络结构称为多层前馈神经网络（Multilayer Feed Forward Neural Networks），其中输入层神经元对信号进行接收，最终结果由输出层神经元输出。换句话说，输入层神经元只是接收输入，不进行函数处理，而隐层与输出层则包含功能神经元。神经网络的学习过程，就是根据训练数据来调整神经元之间的连接权重（connection weight）以及每个神经元的阈值，神经网络"学"到的信息，蕴含在连接权重和阈值中。值得注意的是，如果单隐层网络不能满足实际生产需求，则可在网络中设置多个隐层。

4.8.2　BP 神经网络

训练多层神经网络一般采用误差逆传播（Error Back Propagation，BP）算法，通常说的 BP 神经网络，是指用 BP 算法训练的多层前馈网络。

给定训练集 $D = \{(x_1, y_1), (x_2, y_2), \cdots, (x_n, y_n)\}, x_i \in \mathbb{R}^d, y_i \in \mathbb{R}^s$，即输入样本有 d 个属性描述，输出 s 维向量。可构建一个单隐层的神经网络，如图 4-12 所示。

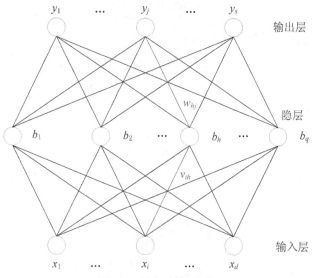

图 4-12　BP 神经网络

在图 4-12 中，神经网络中输入层有 d 个神经元，隐层有 q 个神经元，输出层有 s 个神经元，其中输入层神经元个数和输出层神经元个数由样本确定，隐层神经元层数与个数在定义网络结构时自行确定。输出层第 j 个神经元的阈值用 θ_j 表示，隐层第 h 个神经元的阈值用 γ_h 表示，输入层第 i 个神经元到隐层第 h 个神经元之间的权值用 v_{ih} 表示，隐层第 h 个神经元与输出层第 j 个神经元之间的权值用 w_{hj} 表示，激活函数统一采用 Sigmoid 函数。

根据神经网络的定义，第 h 个隐层神经元的输入为 $\alpha_h = \sum_{i=1}^{d} v_{ih} x_i$，输出为 $b_h = f(\alpha_h - \gamma_h)$；同理，第 j 个输出层神经元的输入为 $\beta_j = \sum_{h=1}^{q} w_{hj} b_h$，输出为 $\hat{y}_j = f(\beta_j - \theta_j)$。

对于训练样本 (x_k, y_k)，假定神经网络的输出为 $\hat{y}_k = (\hat{y}_1^k, \hat{y}_2^k, \cdots, \hat{y}_s^k)$，其中 $\hat{y}_j^k = f(\beta_j - \theta_j)$。网络在 (x_k, y_k) 上的误差如式（4-87）所示。

$$E_k = \frac{1}{2}\sum_{j=1}^{s}(y_j^{\ k} - \hat{y}_j^{\ k})^2 \tag{4-87}$$

BP 算法是一个迭代学习算法，在迭代的每一轮中采用广义的感知机学习规则对参数进行更新估计。任意参数 v 的更新规则如式（4-88）所示。

$$v^{\text{new}} = v^{\text{old}} + \Delta v \tag{4-88}$$

此时，网络中的未知参数有：输入层到隐层的 $d \times q$ 个权值、隐层到输出层的 $q \times s$ 个权值、隐层的 q 个阈值、输出层的 s 个阈值。神经网络的学习过程，其实就是不断更新这些未知参数，使得模型的输出逼近于样本真实结果的过程。

以 w_{hj} 为例来进行推导，详细步骤如下。

（1）BP 算法基于梯度下降（gradient descent）策略，从目标的负梯度方向对参数进行调整。对于式（4-87）的误差 E_k，给定学习率 η，得到式（4-89）。

$$\Delta w_{hj} = -\eta \frac{\partial E_k}{\partial w_{hj}} \tag{4-89}$$

（2）根据链式法则，得到式（4-90）。

$$\frac{\partial E_k}{\partial w_{hj}} = \frac{\partial E_k}{\partial \hat{y}_j^{\ k}} \cdot \frac{\partial \hat{y}_j^{\ k}}{\partial \beta_j} \cdot \frac{\partial \beta_j}{\partial w_{hj}} \tag{4-90}$$

（3）根据 β_j 的定义，得到式（4-91）。

$$\frac{\partial \beta_j}{\partial w_{hj}} = b_h \tag{4-91}$$

（4）Sigmoid 函数有一个性质：$f'(x) = f(x)(1 - f(x))$。于是可根据式（4-87）与 $\hat{y}_j^{\ k}$ 的定义，得到式（4-92）。

$$\begin{aligned} g_j &= -\frac{\partial E_k}{\partial \hat{y}_j^{\ k}} \cdot \frac{\partial \hat{y}_j^{\ k}}{\partial \beta_j} \\ &= -(\hat{y}_j^{\ k} - y_j^{\ k})f'(\beta_j - \theta_j) \\ &= \hat{y}_j^{\ k}(1 - \hat{y}_j^{\ k})(y_j^{\ k} - \hat{y}_j^{\ k}) \end{aligned} \tag{4-92}$$

结合式（4-90）、式（4-91）、式（4-92），可得到式（4-93）。

$$\Delta w_{hj} = \eta g_j b_h \tag{4-93}$$

类似可得式（4-94）、式（4-95）、式（4-96）。

$$\Delta \theta_j = -\eta g_j \tag{4-94}$$

$$\Delta v_{ih} = \eta e_h x_i \tag{4-95}$$

$$\Delta \gamma_h = -\eta e_h \tag{4-96}$$

在式（4-95）、式（4-96）中，e_h 的计算公式如式（4-97）所示。

$$\begin{aligned} e_h &= -\frac{\partial E_k}{\partial b_h} \cdot \frac{\partial b_h}{\partial \alpha_h} \\ &= -\sum_{j=1}^{s} \frac{\partial E_k}{\partial \beta_j} \cdot \frac{\partial \beta_j}{\partial b_h} f'(\alpha_h - \gamma_h) \\ &= b_h(1 - b_h)\sum_{j=1}^{s} w_{hj} g_j \end{aligned} \tag{4-97}$$

学习率 $\eta \in (0,1)$ 控制着算法每一轮的更新步长，若太大则容易不收敛，太小则导致收敛速度过慢，在设置的时候要根据实际情况不断调整。

BP 神经网络算法流程如下。

（1）在(0,1)范围内随机初始化网络中所有权值和阈值。

（2）将训练样本提供给输入层神经元，然后逐层将信号前传，直到产生输出层的结果，这一步一般称为信号向前传播。

（3）根据式（4-87）计算输出层误差，将误差逆向传播至隐层神经元，再根据隐层神经元误差来对权值和阈值进行更新，这一步一般称为误差向后传播。

（4）循环执行步骤（2）和步骤（3），直到达到某个停止条件，一般为训练误差小于某个阈值或迭代次数大于某个阈值。

使用 scikit-learn 库中 neural_network 模块的 MLPClassifier 类可以建立多层感知器模型，其语法格式如下。

```
sklearn.neural_network.MLPClassifier(hidden_layer_sizes=(100,),activation=
'relu',solver='adam',alpha=0.0001,batch_size='auto',learning_rate='constant',
learning_rate_init=0.001,power_t=0.5,max_iter=200,shuffle=True,random_state=
None,tol=0.0001,verbose=False,warm_start=False,momentum=0.9,nesterovs_momentum=
True,early_stopping=False,validation_fraction=0.1,beta_1=0.9,beta_2=0.999,
epsilon=1e-08, n_iter_no_change=10)
```

MLPClassifier 类常用的参数及其说明如表 4-11 所示。

表 4-11　MLPClassifier 类常用的参数及其说明

参数名称	说明
hidden_layer_sizes	接收 tuple。表示隐层结构，其长度表示隐层层数，元素表示每一个隐层的神经元个数。如(80,90)表示包含两个隐层，第一个隐层有 80 个神经元，第 2 个隐层有 90 个神经元。默认值为(100,)
activation	接收 str。表示激活函数，可选参数有以下 4 种： （1）identity：恒等函数，$f(x)=x$。 （2）logistic：Sigmoid 函数，$f(x)=\dfrac{1}{1+\mathrm{e}^{-x}}$。 （3）tanh：tanh 函数，$f(x)=\dfrac{\mathrm{e}^{x}-\mathrm{e}^{-x}}{\mathrm{e}^{x}+\mathrm{e}^{-x}}$。 （4）relu：relu 函数，$f(x)=\max(0,x)$。 默认值为 relu
solver	接收 str。表示优化算法的类型，可选参数有以下 3 种： （1）lbfgs：一种拟牛顿法。 （2）sgd：随机梯度下降法。 （3）adam：基于随机梯度的优化器，在大规模数据集上效果较好。 默认值为 adam
alpha	接收 float。表示正则化系数。默认值 0.0001
max_iter	接收 int。表示最大迭代次数。默认值为 200
tol	接收 float。表示优化过程的收敛性阈值。默认值 0.0001

例 4-8   对于 scikit-learn 中自带的 iris 数据集，使用 MLPClassifier 类构建神经网络模型，如代码 4-8 所示。

代码 4-8   构建神经网络模型

```
In[1]:    # 加载所需的函数
          from sklearn.datasets import load_breast_cancer
          from sklearn.neural_network import MLPClassifier
          from sklearn.model_selection import train_test_split
          # 加载 breast_cancer 数据
          cancer = load_breast_cancer()
          cancer_data = cancer.data
          cancer_target = cancer.target
          # 划分训练集和测试集
          cancer_data_train, cancer_data_test, cancer_target_train, cancer_
          target_test = \
              train_test_split(cancer_data, cancer_target, test_size=0.2,
          random_state=123)
          # 建立神经网络模型
          # 双隐层网络结构，第一层隐层有 20 个神经元，第二层隐层有 27 个神经元
          model_network = MLPClassifier(hidden_layer_sizes=(20, 27),
          random_state=123)
          model_network.fit(cancer_data_train, cancer_target_train)
          print("建立的神经网络模型为：\n", model_network)
```

```
Out[1]:   建立的神经网络模型为：
           MLPClassifier(activation='relu', alpha=0.0001, batch_size='auto',
          beta_1=0.9,
                  beta_2=0.999, early_stopping=False, epsilon=1e-08,
                  hidden_layer_sizes=(20, 27), learning_rate='constant',
                  learning_rate_init=0.001, max_iter=200, momentum=0.9,
                  n_iter_no_change=10, nesterovs_momentum=True, power_t=0.5,
                  random_state=None, shuffle=True, solver='adam',
          tol=0.0001,
                  validation_fraction=0.1, verbose=False, warm_start=False)
```

```
In[2]:    # 预测测试集结果
          cancer_target_test_pred = model_network.predict(cancer_data_test)
          print('预测前 20 个结果为：\n', cancer_target_test_pred[:20])
          print('预测前 20 个结果为：\n', cancer_target_test[:20])
          # 评价分类模型的指标
          from sklearn.metrics import accuracy_score, precision_score,
          recall_score, f1_score
          print("神经网络模型预测的准确率为：\
          ", accuracy_score(cancer_target_test, cancer_target_test_pred))
          print("神经网络模型预测的精确率为：\
          ", precision_score(cancer_target_test, cancer_target_test_pred))
          print("神经网络模型预测的召回率为：\
          ", recall_score(cancer_target_test, cancer_target_test_pred))
          print("神经网络模型预测的 F1 值为：\
          ", f1_score(cancer_target_test, cancer_target_test_pred))
```

```
Out[2]:   预测前 20 个结果为：
           [1 1 0 1 0 1 1 1 1 1 1 0 0 1 1 0 1 1 1 1]
          预测前 20 个结果为：
```

```
                [1 1 0 1 0 1 1 0 1 1 1 0 0 1 0 1 1 1 1 1]
                神经网络模型预测的准确率为：0.956140350877193
                神经网络模型预测的精确率为：0.9594594594594594
                神经网络模型预测的召回率为：0.9726027397260274
                神经网络模型预测的 F1 值：0.9659863945578231
```

In[3]:
```python
# 绘制 ROC 曲线
from sklearn.metrics import roc_curve, auc
import matplotlib.pyplot as plt
# 求出 ROC 曲线的 x 轴和 y 轴
fpr, tpr, thresholds = roc_curve(cancer_target_test, cancer_target_
test_pred)
# 求出 auc 值
print("神经网络预测结果的 auc 值为", auc(fpr, tpr))
plt.figure(figsize=(10, 6))
plt.title("ROC curve")
plt.xlabel("FPR")
plt.ylabel("TPR")
plt.plot(fpr, tpr)
```

Out[3]:　神经网络预测结果的 auc 值为 0.9497160040093551

代码 4-8 中的结果显示，多种评价方法得分均大于 0.9，说明建立的神经网络模型的分类效果较好；在 ROC 曲线图中，ROC 曲线非常接近左上角，并且相应的 auc 值约为 0.9497，说明模型效果较好。

4.9　集成学习

在机器学习中，集成学习算法通过组合使用多种学习算法来获得比单独使用任何学习算法更好的预测性能。近年来，由于计算能力不断提高，集成分类器的应用领域也越来越广泛，包括遥感、计算机安全、人脸识别、情感识别、欺诈检测、金融决策和医学等多个领域。

4.9.1 Bagging

假设有个病人去医院看病，希望根据医生的诊断做出治疗。他可能选择看多个医生，而不是只看一个医生。如果某种诊断比其他诊断出现的次数多，则该病人将它作为最终的诊断结果。也就是说，最终诊断结果是根据多数表决做出的，每个医生都具有相同的权重。如果把医生换成分类器，就可以得到 Bagging（Bootstrap Aggregating，引导聚集）的思想。单个分类器称为基分类器。直观地看，多数分类器的结果比少数分类器的结果更可靠。

对于包含 n 个训练样本的数据集 D，组成的分类器有 k 个，Bagging 的过程如下。

（1）利用自助法生成 k 个训练集 $D_i(i=1,2,\cdots,k)$，即每个 D_i 都是从原数据集中有放回地抽取 n 个样本得到的。

（2）在每个训练集 D_i 上学习一个分类器 M_i。

（3）最终的分类结果由所有分类器投票得到，即取分类结果数最多的类别作为最终的分类结果。

一般 Bagging 方法得到的分类器会比单个分类器更准确，原因是其对于噪声数据和过拟合问题表现得更健壮。

随机森林（Random Forest，RF）是 Bagging 的一个拓展，随机森林在以决策树为基分类器构建 Bagging 学习器的基础上，进一步在决策树的训练过程中引入了随机属性选择。与一般的 Bagging 方法相比较，随机森林对于决策树改进的地方有以下两点。

（1）每个基分类器都是一棵决策树，一般是 CART 决策树。

（2）每个训练集 D_i 除了用自助法进行抽样之外，还进行了随机属性选择，具体做法是：在决策树的每个结点，都随机地从可选属性集合（假定有 d 个属性）中抽取 q 个属性，再从中选择一个最优属性用于划分。一般令 $q=\log_2 d$。

随机森林除了拥有 Bagging 方法已有的优点外，还有更加重要的一点：由于随机森林在每次划分时只考虑很少的属性，因此其在大型数据上效率更高。

使用 scikit-learn 库中 ensemble 模块的 RandomForestClassifier 类可以建立随机森林模型，其语法格式如下。

```
sklearn.ensemble.RandomForestClassifier(n_estimators=10,criterion='gini',
max_depth=None,min_samples_split=2,min_samples_leaf=1,min_weight_fraction_leaf
=0.0,max_features='auto',max_leaf_nodes=None,min_impurity_decrease=0.0,min_
impurity_split=None,bootstrap=True,oob_score=False,n_jobs=None,random_state=
None,verbose=0,warm_start=False,class_weight=None)
```

RandomForestClassifier 类常用的参数及其说明如表 4-12 所示。

表 4-12　RandomForestClassifier 类常用的参数及其说明

参数名称	说明
n_estimators	接收 int。表示随机森林中决策树数量。默认值为 10
criterion	接收 str。表示决策树进行属性选择时的评价标准，可选参数为 gini、entropy。默认值为 gini
max_depth	接收 int 或 None。表示决策树划分时考虑的最大特征数。默认值为 None

参数名称	说明
min_samples_split	接收 int 或 float。表示内部结点最小的样本数，若是 float，则表示百分数。默认值为 2
min_samples_leaf	接收 int 或 float。表示叶结点最小的样本数，若是 float，则表示百分数。默认值为 1
max_leaf_nodes	接收 int 或 None。表示最大的叶结点数。默认值为 None
class_weight	接收 dict、list、balanced 或 None。以{class_label:weight}的形式表示类的权重。默认值为 None

例 4-9　对于 scikit-learn 中自带的 wine 数据，使用 RandomForestClassifier 类构建随机森林模型，如代码 4-9 所示。

代码 4-9　构建随机森林模型

```
In[1]:    # 加载需要的函数
          from sklearn.ensemble import RandomForestClassifier
          from sklearn.datasets import load_wine
          from sklearn.model_selection import train_test_split
          wine = load_wine()  # 加载数据
          data = wine.data  # 属性列
          target = wine.target  # 标签列
          # 划分训练集、测试集
          traindata, testdata, traintarget, testtarget = \
              train_test_split(data, target, test_size=0.2, random_state=
          1234)
          model_rf = RandomForestClassifier()  # 确定随机森林参数
          model_rf.fit(traindata, traintarget)  # 拟合数据
          print("建立的随机森林模型为: \n", model_rf)
```

```
Out[1]:   建立的随机森林模型为:
          RandomForestClassifier(bootstrap=True, class_weight=None,
          criterion='gini',
                      max_depth=None, max_features='auto', max_leaf_nodes=None,
                      min_impurity_decrease=0.0, min_impurity_split=None,
                      min_samples_leaf=1, min_samples_split=2,
                      min_weight_fraction_leaf=0.0, n_estimators=10, n_jobs=
          None,
                      oob_score=False, random_state=None, verbose=0,
                      warm_start=False)
```

```
In[2]:    # 预测测试集结果
          testtarget_pre = model_rf.predict(testdata)
          print('前 20 条记录的预测值为: \n', testtarget_pre[:20])
          print('前 20 条记录的实际值为: \n', testtarget[:20])
```

```
Out[2]:   前 20 条记录的预测值为:
           [1 1 1 1 2 1 2 0 0 2 2 1 0 1 1 0 0 2 2 2]
          前 20 条记录的实际值为:
           [1 1 1 1 2 1 2 0 0 2 2 1 0 1 1 0 0 2 2 2]
```

```
In[3]:      # 求出预测结果的准确率和混淆矩阵
            from sklearn.metrics import accuracy_score, confusion_matrix
            print("预测结果准确率为: ", accuracy_score(testtarget, testtarget_
            pre))
            print("预测结果混淆矩阵为:\n", confusion_matrix(testtarget, testtarget_
            pre))
```

Out[3]:   预测结果准确率为: 0.9722222222222222
           预测结果混淆矩阵为:
           [[10 0 0]
            [0 16 1]
            [0 0 9]]

代码 4-9 展示了一个随机森林模型的构建过程，分类结果的准确率约为 97.2%，其中仅有两个样本划分错误，说明分类结果较好。

4.9.2 Boosting

Boosting（提升）是一种可将弱学习器提升为强学习器的算法。这种算法的工作机制为：将一个相等的初始权重赋予每个训练样本，迭代地学习 k 个分类器，学习得到分类器 M_i 之后，更新权重，使得其后的分类器 M_{i+1} 更关注 M_i 误分类的训练样本。最终提升的分类器 M^* 组合每个个体分类器的表决，其中每个分类器投票的权重是其准确率的函数。

Adaboost 是一种非常流行的提升算法，其具体步骤如下。

（1）对于给定数据集 $D = \{(x_1, y_1), (x_2, y_2), \cdots, (x_n, y_n)\}$，其中 y_i 是元组 x_i 的类标号。对每个训练样本 x_i 赋予相同的权重 $\omega_j = \dfrac{1}{n}$。

（2）在训练的第 i 轮中，从 D 中有放回地抽取 n 个样本，每个样本被选择的概率由权重决定，产生的对应子训练集称为 D_i。

（3）在子训练集 D_i 上训练分类器 M_i，计算分类器 M_i 的错误率，计算公式如式（4-98）所示。

$$\mathrm{error}(M_i) = \sum_{j=1}^{n} \omega_j \times \mathrm{err}(x_j) \tag{4-98}$$

（4）根据 M_i 的分类结果调整权重，总体思路是：如果训练样本分类错误，则它的权重增加；如果训练样本分类正确，则它的权重减少。这样做的意义是：当建立分类器时，希望它更关注上一轮误分类的样本。具体的做法是：正确分类样本的权重乘以 $\dfrac{\mathrm{error}(M_i)}{1 - \mathrm{error}(M_i)}$，错误分类样本的权重不做处理，之后对所有样本的权重进行归一化处理，即保持 $\sum_{j=1}^{n} \omega_j = 1$。

（5）判断分类器数目是否达到 k 个。如果达到，则算法结束，可得到最终分类器 M^*，M^* 由各个基分类器加权求和得到，每个基分类器的权重为 $\ln \dfrac{1 - \mathrm{error}(M_i)}{\mathrm{error}(M_i)}$；如果没有达到，则返回步骤（2）重新迭代。

由于 Boosting 方法更关注误分类样本，所以最终模型比单个模型有更高的准确率，但是可能有过拟合的风险。

梯度提升机（Gradient Boosting Machine，GBM）是一种 Boosting 的方法，其提高模型精度的方法与传统 Boosting 对正确、错误样本进行加权不同，该模型通过在残差（Residual）减少的梯度（Gradient）方向上建立一个新的模型来减少新模型的残差，即每个新模型的建立是为了使得之前模型的残差向梯度方向减少。GBM 算法属于 Boosting 大家庭中的一员，自算法诞生之初，它就与 SVM 一起被认为是泛化能力（Generalization）较强的算法。近些年来，其更因为被用于构建搜索排序的机器学习模型而引起广泛关注。除此之外，GBM 算法还是目前竞赛中最为常用的一种机器学习算法，因为它不仅可以适用于多种场景，而且相对于其他算法还有着出众的准确率。因此，GBM 算法在竞赛和工业界的使用都非常频繁，能有效地应用到分类、回归、排序问题中。

GBM 模型可以灵活处理各种类型的数据，包括连续值和离散值。相对于 SVM 来说，它在相对少的调参时间下，预测的准备率也可以比较高。GBM 使用一些健壮的损失函数（如 Huber 损失函数和 Quantile 损失函数），对异常值的健壮性非常强。但由于弱学习器之间存在依赖关系，难以并行训练数据，所以调参与训练消耗的时间较长。

使用 scikit-learn 库中 ensemble 模块的 GradientBoostingClassifier 类可以建立梯度提升决策树模型，其语法格式如下。

```
sklearn.ensemble.GradientBoostingClassifier(loss='deviance',learning_rate=
0.1,n_estimators=100,subsample=1.0,criterion='friedman_mse',min_samples_split
=2,min_samples_leaf=1,min_weight_fraction_leaf=0.0,max_depth=3,min_impurity_
decrease=0.0,min_impurity_split=None,init=None,random_state=None,max_features
=None,verbose=0,max_leaf_nodes=None,warm_start=False,presort='deprecated',
validation_fraction=0.1,n_iter_no_change=None,tol=0.0001,ccp_alpha=0.0)
```

GradientBoostingClassifier 类常用的参数及其说明如表 4-13 所示。

表 4-13　GradientBoostingClassifier 类常用的参数及其说明

参数名称	说明
loss	接收 str。表示指定使用的损失函数。deviance 表示使用对数损失函数；exponential 表示使用指数损失函数，此时模型只能用于二分类问题。默认值为 deviance
learning_rate	接收 float。表示每一棵树的学习率，该参数设定得越小，所需要的基础决策树的数量就越多。默认值为 0.1
n_estimators	接收 int。表示基础决策树数量。默认值为 100
subsample	接收 float。表示用于训练基础决策树的子集占样本集的比例。默认值为 1.0
criterion	接收 str。表示衡量分类质量时的评价标准，friedman_mse 表示改进型的均方误差，mse 表示标准均方误差，mae 表示平均绝对误差。默认值为 friedman_mse
min_samples_split	接收 int 或 float。表示每个基础决策树拆分内部结点所需的最小样本数，若是 float，则表示拆分所需的最小样本数占样本数的百分比。默认值为 2
min_samples_leaf	接收 int 或 float。表示每个基础决策树模型叶节点所包含的最小样本数，若是 float，则表示叶节点最小样本数占样本数的百分比。默认值为 1
max_depth	接收 int 或 None。表示每一个基础决策树模型的最大深度。默认值为 3
max_features	接收 int 或 float。表示分裂节点时参与判定的最大特征数，若是 float，则表示参与判定的特征数占最大特征数的比例。默认值为 None

例 4-10 对于 scikit-learn 中自带的 wine 数据，使用 GradientBoostingClassifier 类构建梯度提升决策树模型，如代码 4-10 所示。

代码 4-10 构建梯度提升决策树模型

```
In[4]:    from sklearn.ensemble import GradientBoostingClassifier
          from sklearn.datasets import load_wine
          from sklearn.model_selection import train_test_split
          wine = load_wine()  # 加载数据
          data = wine.data  # 属性列
          target = wine.target  # 标签列
          # 划分训练集、测试集
          traindata, testdata, traintarget, testtarget = \
              train_test_split(data, target, test_size=0.2, random_state=1234)
          model_gbm = GradientBoostingClassifier()
          model_gbm.fit(traindata, traintarget)  # 训练模型
          print("建立的梯度提升决策树模型为: \n", model_gbm)
```

```
Out[4]:   建立的梯度提升决策树模型为:
           GradientBoostingClassifier(criterion='friedman_mse',
          init=None,
                      learning_rate=0.1, loss='deviance', max_depth=3,
                      max_features=None, max_leaf_nodes=None,
                      min_impurity_decrease=0.0, min_impurity_split=None,
                      min_samples_leaf=1, min_samples_split=2,
                      min_weight_fraction_leaf=0.0, n_estimators=100,
                      n_iter_no_change=None, presort='auto', random_state=
          None,
                      subsample=1.0, tol=0.0001, validation_fraction=0.1,
                      verbose=0, warm_start=False)
```

```
In[5]:    # 预测测试集结果
          testtarget_pre = model_gbm.predict(testdata)
          print('前20条记录的预测值为: \n', testtarget_pre[:20])
          print('前20条记录的实际值为: \n', testtarget[:20])
```

```
Out[5]:   前20条记录的预测值为:
           [1 1 1 1 2 1 2 1 0 2 2 2 0 1 1 0 0 2 2 2]
          前20条记录的实际值为:
           [1 1 1 1 2 1 2 0 0 0 2 2 1 0 1 1 0 0 2 2 2]
```

```
In[6]:    # 求出预测结果的准确率和混淆矩阵
          from sklearn.metrics import accuracy_score, confusion_matrix
          print("预测结果准确率为: ", accuracy_score(testtarget, testtarget_
          pre))
          print("预测结果混淆矩阵为: \n", confusion_matrix(testtarget, testtarget_
          pre))
```

```
Out[6]:   预测结果准确率为:  0.8888888888888888
          预测结果混淆矩阵为:
           [[ 9  1  0]
           [ 1 14  2]
           [ 0  0  9]]
```

由代码 4-10 中的预测结果可以看出，默认参数的梯度提升决策树的准确率比随机森林的准确率低，约为 88.89%。预测结果中有 4 个样本被划分为错误的类别，后续可以通过调整参数对模型进行调优。

4.9.3　Stacking

当训练数据很多时，可以用 Stacking（堆叠）方法进行集成学习。Stacking 方法的思想是：将一系列初级学习器的训练结果当作特征，输入到一个次级学习器中，最终的输出结果由次级学习器产生。Stacking 先从初始数据集训练出初级学习器，然后生成一个新数据集用于训练次级学习器。在这个新数据集中，初级学习器的输出被当作样本输入特征，而初始样本的标记仍被当作样例标记。

对于训练集 $D = \{(x_1, y_1), (x_2, y_2), \cdots, (x_n, y_n)\}$，给定 T 个初级学习算法，Stacking 的具体步骤如下。

（1）以 k 折交叉验证为例，将数据集 D 随机划分成 k 个大小相同的集合 $D_1, D_2, \cdots, D_k$，D_j 和 $\bar{D}_j = D - D_j$ 分别表示第 j 折的测试集和训练集。

（2）针对 T 个初级学习算法，初级学习器 $h_t^{(j)}$ 为在 $\bar{D}_j$ 上使用第 t 个学习算法而得。对 D_j 中每个样本 x_i，令 $z_{it} = h_t^{(j)}(x_i)$，表示 x_i 在 $h_t^{(j)}$ 上的输出结果，则 x_i 通过 T 个初级学习器得到的输出结果为 $z_i = (z_{i1}, z_{i2}, \cdots, z_{iT})$，标记部分为 y_i。

（3）在整个交叉验证过程结束后，从这 T 个初级学习器产生的次级训练集是 $D' = \{(z_i, y_i)\}_{i=1}^n$，最终 D' 用于训练次级学习器。

有研究表明，z_{it} 不是采用初级学习器的类输出，而是采用学习器的类概率输出，会对次级学习器的结果有较大提升。

使用 scikit-learn 库中 ensemble 模块的 StackingClassifier 类（需要 scikit-learn 为 0.22 或更高版本）可以建立 Stacking 分类模型，其语法格式如下。

```
sklearn.ensemble.StackingClassifier(estimators, final_estimator=None, *,
cv=None, stack_method='auto', n_jobs=None, passthrough=False, verbose=0)
```

StackingClassifier 类常用的参数及其说明如表 4-14 所示。

表 4-14　StackingClassifier 类常用的参数及其说明

参数名称	说明
estimators	接收 list。表示指定初级学习器。无默认值
final_estimator	接收 str。表示将用于组合初级学习器结果的分类器，即次级分类器。默认值为 None，默认状态下使用的分类器为 LogisticRegression
cv	接收 int 或交叉验证生成器。表示训练 final_estimator 时使用的交叉验证策略。默认值为 None
stack_method	接收 str。表示每个初级学习器所调用的方法，可选 "auto" "predict_proba" "decision_function" "predict"。默认值为 "auto"

例 4-11　对于 scikit-learn 中自带的 iris 数据，使用 StackingClassifier 类构建 Stacking 分类模型，如代码 4-11 所示。

代码 4-11 构建 Stacking 分类模型

```
In[7]:    from sklearn.datasets import load_iris
          from sklearn.ensemble import RandomForestClassifier
          from sklearn.svm import LinearSVC
          from sklearn.linear_model import LogisticRegression
          from sklearn.preprocessing import StandardScaler
          from sklearn.pipeline import make_pipeline
          from sklearn.ensemble import StackingClassifier

          X, y = load_iris(return_X_y=True)
          estimators = [
              ('rf', RandomForestClassifier(n_estimators=10, random_state=42)),
              ('svr', make_pipeline(StandardScaler(),
                                    LinearSVC(random_state=42)))
          ]
          clf = StackingClassifier(
              estimators=estimators, final_estimator=LogisticRegression()
          # 数据集分割
          X_train, X_test, y_train, y_test = train_test_split(
              X, y, stratify=y, random_state=42
          )
          # 模型训练
          clf.fit(X_train, y_train)
          print("建立的 Stacking 分类模型为：\n", clf)
```

```
Out[7]:   建立的 Stacking 分类模型为：
           StackingClassifier(estimators=[('rf',
                           RandomForestClassifier (n_estimators=10,
                                         random_state=42)),
                          ('svr',
                           Pipeline(steps= [('standardscaler',
                                    StandardScaler()),
                                    ('linearsvc',
                                    LinearSVC(random_ state=42))])))],
                           final_estimator=LogisticRegression())
```

```
In[8]:    # 预测测试集结果
          clf_pre = clf.predict(X_test)
          print('前 20 条记录的预测值为：\n', clf_pre[:20])
          print('前 20 条记录的实际值为：\n', y_test[:20])
```

```
Out[8]:   前 20 条记录的预测值为：
           [0 1 1 1 0 1 2 2 2 2 1 2 1 1 0 0 0 1 0 1]
          前 20 条记录的实际值为：
           [0 1 1 1 0 1 2 2 2 2 2 2 1 1 0 0 0 1 0 1]
```

```
In[9]:    # 求出预测结果的准确率和混淆矩阵
          from sklearn.metrics import accuracy_score, confusion_matrix
          print("预测结果准确率为：", accuracy_score(y_test, clf_pre))
          print("预测结果混淆矩阵为：\n", confusion_matrix(y_test, clf_pre))
```

```
Out[9]:  预测结果准确率为： 0.9473684210526315
         预测结果混淆矩阵为：
         [[12  0  0]
          [ 0 12  1]
          [ 0  1 12]]
```

由代码 4-11 的结果可以看出，构建的 Stacking 分类模型的分类效果较好，仅有 2 个样本划分错类别，测试集分类的准确率达到 94.74%。

小结

本章主要介绍了有监督学习中常见的几类分类与预测算法，包括线性模型、k 近邻、决策树、支持向量机、朴素贝叶斯和神经网络，还介绍了组合多种算法的集成学习分类器。其中，线性模型主要通过学习拟合一个线性函数用于预测样本的标签，常见的线性模型有线性回归和逻辑回归；k 近邻基于样本间距离找出距离目标样本最近的样本，利用这些"邻居"样本的信息对目标样本进行预测；决策树算法是一种基于树状结构对样本进行预测的算法，其中 ID3 和 C4.5 决策树基于信息增益，而 CART 决策树使用基尼指数作为纯度度量对样本进行预测；支持向量机通过寻找最优划分超平面对样本进行划分，其使用的核函数包括线性、多项式、高斯、拉普拉斯和 Sigmoid 等多种核函数；朴素贝叶斯以贝叶斯定理作为预测样本标签的准则，属于典型的生成式模型；神经网络以生物的神经系统对外界的反应原理作为范本，通过数学模型模拟这一过程进行样本的预测，不同种类的神经网络模型将神经元通过不同方式组合；集成学习分类器通过组合多种学习算法来解决单一算法本身带来的局限性问题，期望得到具有更强泛化能力的分类模型。

课后习题

1. 选择题

（1）下列关于有监督学习的说法错误的是（　　）。

　　A. 有监督学习的模型性能仅受参数影响

　　B. 特征过多或过少都会影响有监督学习模型的性能

　　C. 有监督学习模型的参数可以通过交叉验证予以调整和优化

　　D. 输入的数据集会被转换为特征向量

（2）下列哪个指标不属于分类任务的性能度量指标？（　　）

　　A. 正确率（accuracy）　　　　　　B. 精确率（precision）

　　C. 均方误差（MSE）　　　　　　　D. 召回率（recall）

（3）下列关于决策树的说法错误的是（　　）。

　　A. 决策树是一种基于树状结构的有监督学习算法

　　B. ID3 只能处理离散型数据

　　C. ID3 能处理连续型数据

　　D. CART 分类树是一棵二叉树

（4）以下属于 SVM 的划分标准的是（　　）。

    A. 信息熵　　　　　　　　　　B. 信息增益

    C. 信息增益率　　　　　　　　D. 超平面

（5）以下关于朴素贝叶斯的说法错误的是（　　　）。

    A. 朴素贝叶斯属于生成式模型

    B. 朴素贝叶斯求解的对象为待分类项属于各个类别的概率

    C. 高斯朴素贝叶斯假设每一个维度都符合高斯分布

    D. 多项式朴素贝叶斯处理的是连续型变量的数据

（6）以下算法不能够处理分类问题的是（　　　）。

    A. 线性回归　　　　　　　　　B. 支持向量机

    C. 朴素贝叶斯　　　　　　　　D. BP 神经网络

（7）以下关于集成学习的说法错误的是（　　　）。

    A. 随机森林中的基分类器通常是 CART 决策树

    B. Bagging 方法得到的分类器对于噪声数据和过拟合问题更具健壮性

    C. Boosting 可将弱学习器提升为强学习器

    D. Stacking 的结果由最初的学习器决定

2. 填空题

（1）ID3 和 C4.5 算法分别使用_____和_____作为划分属性的标准。

（2）支持向量机使用_____进行非线性分类。

（3）神经网络中最基本的单元为_____。

（4）在分类任务的性能度量指标中，_____能体现对精确率和召回率的不同重视程度，其中_____时精确率和召回率拥有相同的重要性。

（5）Bagging 方法中取_____作为最终分类结果。

3. 操作题

对 load_breast_cancer 数据集分别使用 C4.5 决策树、多层感知器和随机森林构建分类模型进行预测，并对不同模型的性能进行度量。

第 5 章 无监督学习

无监督学习（Unsupervised Learning）指的是使用没有预设标签的数据集，仅根据数据本身的分布特征进行分类或分群的学习方法，其目的在于数据压缩、数据可视化、数据去噪或更好地理解数据中的相关性。无监督学习是数据分析的必备技能，降维（Dimensionality Reduce）和聚类分析（Cluster Analysis）都是常用的无监督学习方法。本章主要介绍无监督学习中的降维和聚类。

学习目标

（1）了解主成分分析与核化线性降维的原理和实现方法。

（2）了解常见的聚类算法性能度量指标。

（3）了解聚类任务距离计算的原理。

（4）熟悉常见原型聚类的运作过程和实现方法。

（5）熟悉密度聚类的运作过程和实现方法。

（6）熟悉层次聚类的运作过程和实现方法。

5.1　无监督学习简介

无监督学习也属于机器学习，其与有监督学习最大的区别在于：无监督学习输入的数据集中没有事先标记好的历史范例，需要算法自行从数据中寻找出潜在的规律与规则，自动对输入的数据进行分类和分群。有监督学习算法从数据集中寻找特定的模式，用于特定的用途，而无监督学习算法从数据集中揭露数据中潜在的性质与规则，更倾向于理解数据本身。

无监督学习的分类效果精度通常低于有监督学习，但也有一定的优势。在实际应用中，给训练集中的数据贴上标签往往是一个非常耗费时间的过程，并且要为数据贴上标签还需要具备先验知识。使用无监督学习算法从庞大的样本集合中找出不同的类别，由人工对这些类别进行标注后再进行后续处理，是一种常见的应用方法。无监督学习算法也可以用于特征的筛选，之后再用于构建分类器的训练。无监督学习的一个典型应用是聚类分析，在聚类过程中数据依据相似度自动聚成一簇，这个过程不需要人工干预。除聚类外，常见无监督学习的应用还有降维。

5.2　降维

在进行样本数据的聚类分析时，有时涉及的变量或数据组属性较多，这提高了算法计算的空间复杂度。降维处理是一种行之有效的降低数据分析复杂性的手段，其核心思想是，通过对原来变量组或数据组属性的线性或非线性重构达到简化数据的目的。常见的降维方法有主成分分析（Principal Component Analysis，PCA）和核化线性降维。

5.2.1　PCA

PCA 是一种通过降维技术把多个变量化为几个新的综合变量的统计分析方法。新的综合变量是原始变量的线性组合，能够反映原始变量的绝大部分信息，且新变量之间互不相关。

设 $x = (x_1, x_2, \cdots, x_p)^T$ 为一个 p 维随机向量，并假定二阶矩阵存在，记均值向量为 $\mu = E(x)$，协方差矩阵为 $\Sigma = V(x)$，进行式（5-1）所示的线性变换。

$$\begin{cases} y_1 = a_{11}x_1 + a_{21}x_2 + \cdots + a_{p1}x_p = a_1^T x \\ y_2 = a_{12}x_1 + a_{22}x_2 + \cdots + a_{p2}x_p = a_2^T x \\ \qquad\cdots\cdots \\ y_p = a_{1p}x_1 + a_{2p}x_2 + \cdots + a_{pp}x_p = a_p^T x \end{cases} \qquad (5\text{-}1)$$

式（5-1）有以下约束条件。

（1）$a_i^T a_i = a_{1i}^2 + a_{2i}^2 + \cdots + a_{pi}^2 = 1$ $(i = 1, 2, \cdots, p)$。

（2）当 $i > 1$ 时，$\text{cov}(y_i, y_j) = 0$ $(j = 1, 2, \cdots, i-1)$，即 y_i 与 y_j 不相关。

（3）$\text{var}(y_i) = \max\limits_{a^T a = 1, \text{cov}(y_i, y_j)} \text{var}(a^T x)$ $(j = 1, 2, \cdots, i-1)$。

这里的 $y_1, y_2, \cdots, y_p$ 在本章中有其实际意义。设 $\lambda_1, \lambda_2, \cdots, \lambda_p (\lambda_1 \geqslant \lambda_2 \geqslant \cdots \geqslant \lambda_p \geqslant 0)$ 为 Σ 的特征值，$t_1, t_2, \cdots, t_p$ 为相应的一组正交单位特征向量，$x_1, x_2, \cdots, x_p$ 的主成分就是以 Σ 的特征向量为系数的线性组合，它们互不相关，线性组合的方差为 Σ 的特征值。

当 $a_1 = t_1$ 时，$V(y_1) = a_1^T \Sigma a_1 = \lambda_1$ 达到最大值，所求的 $y_1 = t_1^T x$ 就是**第一主成分**。如果第一主成分所含信息不够多，不足以代表原始的 p 个变量，则需要再考虑使用 y_2。为了使 y_2 所含的信息与 y_1 不重叠，要求 $\text{cov}(y_1, y_2) = 0$。当 $a_2 = t_2$ 时，$V(y_2) = a_2^T \Sigma a_2 = \lambda_2$ 达到最大值，所求的 $y_2 = t_2^T x$ 就是**第二主成分**。与此类似，可以再定义第三主成分，直至第 p 主成分。一般来说，x 的**第 i 主成分**是指约束条件下的 $y_i = t_i^T x$。

记 $y = (y_1, y_2, \cdots, y_p)^T$，主成分向量 y 与原始向量 x 的关系为 $y = T^T x$，其中 $T = (t_1, t_2, \cdots, t_p)$。

第 i 主成分 y_i 在总方差 $\sum\limits_{i=1}^{p} \lambda_i$ 中的比例 $\lambda_i / \sum\limits_{i=1}^{p} \lambda_i$ 称为主成分 y_i 的**贡献率**，第一主成分 y_1 的贡献率最大，表明它解释原始变量的能力最强，$y_2 \sim y_p$ 的解释能力依次减弱。主成分分析的目的在于减少变量的个数，因而一般不会使用所有 p 个主成分，忽略一些带有较小方差的主成分不会给总方差带来太大的影响。

前 m 个主成分的贡献率之和在总方差中的比例 $\sum\limits_{i=1}^{m} \lambda_i / \sum\limits_{i=1}^{p} \lambda_i$ 称为主成分 $y_1, y_2, \cdots, y_m$ 的**累计贡献率**，它表明了 $y_1, y_2, \cdots, y_m$ 解释原始变量的能力。通常取较小（相对于 p）的 m，可使得累计贡献率达到一个较高的百分比（如 80%～90%），此时，$y_1, y_2, \cdots, y_m$ 可代替 $x_1, x_2, \cdots, x_p$，从而达到降维的目的，而信息的损失却不多。

使用 scikit-learn 库中 decomposition 模块的 PCA 类可以创建 PCA 模型，其基本语法格式如下。

```
class sklearn.decomposition.PCA(n_components=None, copy=True, whiten=False,
svd_solver='auto', tol=0.0, iterated_power='auto', random_state=None)
```

PCA 类常用参数及其说明如表 5-1 所示。

表 5-1　PCA 类常用参数及其说明

参数名称	说明
n_components	接收 int 或 str。表示所要保留的主成分个数 n，即保留下来的特征个数 n，当赋值为 int 时，表示降维的维度，如 n_components=1，将把原始数据降到一个维度；赋值为 str 时，表示降维的模式，如取值为'mle'时，将自动选取特征个数 n，使得满足所要求的方差百分比。默认值为 None
copy	接收 bool。表示是否在运行算法时将原始训练数据复制一份。若为 True，则运行后，原始训练数据的值不会有任何改变，因为这是在原始数据的副本上进行运算的；若为 False，则运行后，原始训练数据的值会发生改变。默认值为 True
whiten	接收 bool。表示是否白化，使得每个特征具有相同的方差。默认值为 False

例 5-1　使用 scikit-learn 中的 make_moons 函数构建样本数据，使用 PCA 模型进行降维，如代码 5-1 所示。

代码 5-1　使用 PCA 模型进行降维

```
In[1]:    import numpy as np
          import matplotlib.pyplot as plt
          from sklearn.datasets import make_moons

          # 生成样本数据集
          x, y = make_moons(n_samples=100, random_state=233)
          plt.scatter(x[y == 0, 0], x[y == 0, 1], color='red', marker='^',
          alpha=0.5)
          plt.scatter(x[y == 1, 0], x[y == 1, 1], color='blue', marker='o',
          alpha=0.5)
          plt.rcParams['font.sans-serif'] = 'SimHei'
          plt.rcParams['axes.unicode_minus'] = False
          plt.title("样本数据")
          plt.show()
```

Out[1]:

```
In[2]:    # 使用PCA对样本数据进行降维
          from sklearn.decomposition import PCA
          pca = PCA(n_components=2)
          x_pca = pca.fit_transform(x)
          # 绘制降维结果并与原样本数据对比
          fig, ax = plt.subplots(nrows=1, ncols=2, figsize=(7, 3))
          ax[0].scatter(x_pca[y == 0, 0], x_pca[y == 0, 1], color='red',
          marker='^', alpha=0.5)
          ax[0].scatter(x_pca[y == 1, 0], x_pca[y == 1, 1], color='blue',
          marker='o', alpha=0.5)
          ax[1].scatter(x_pca[y == 0, 0], np.zeros((50, 1))+0.02,
          color='red', marker='^', alpha=0.5)
          ax[1].scatter(x_pca[y == 1, 0], np.zeros((50, 1))-0.02,
          color='blue', marker='o', alpha=0.5)
          ax[0].set_xlabel('X')
          ax[0].set_ylabel('Y')
          ax[0].set_title("样本数据")
          ax[1].set_ylim([-1, 1])
          ax[1].set_yticks([])
          ax[1].set_xlabel('X_pca')
          ax[1].set_title("降维后样本数据")
          plt.tight_layout()
          plt.show()
```

Out[2]:

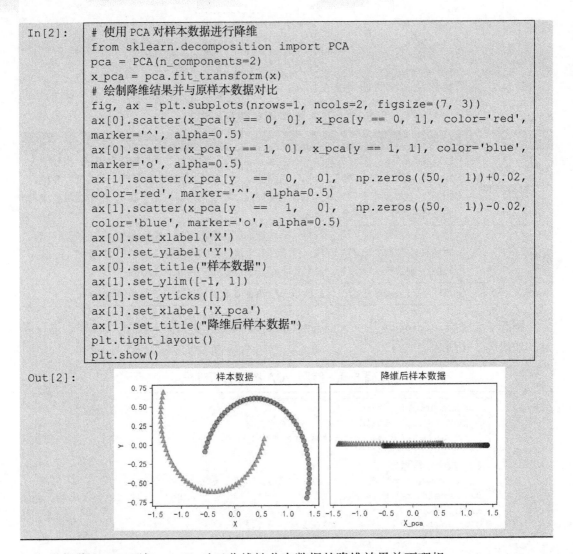

根据代码5-1可知，PCA对于非线性分布数据的降维效果并不理想。

5.2.2　核化线性降维

采用线性降维方法降低数据维度时，通常是在假设从高维空间到低维空间的函数映射是线性的条件下进行的，然而有些时候，高维空间是线性不可分的，需要找到一个非线性函数映射才能进行恰当的降维，这就是非线性降维。基于核变化的线性降维方法是非线性降维的常用方法，本节以核主成分分析（Kernelized PCA，KPCA）为例进行简要说明。

在进行数据分析的过程中，如果遇到线性不可分的情况，通常可以采用KPCA方法进行数据的主成分分析。KPCA通过将线性不可分的输入数据映射到线性可分的高维特征空间中，然后在特征空间中再以PCA降维，进而实现数据的降维处理。

假设样本点x_i通过映射φ映射到由w确定的超平面，且经过中心化处理以后，像为z_i。在高维特征空间进行数据的主成分分析，即求解式（5-2）。

$$\left(\sum_{i=1}^{m} z_i z_i^{\mathrm{T}}\right) w = \lambda w \tag{5-2}$$

在式（5-2）中，$\left(\sum\limits_{i=1}^{m}z_iz_i^{\mathrm{T}}\right)$ 为协方差矩阵。由式（5-2）可得式（5-3）。

$$w = \frac{1}{\lambda}\left(\sum_{i=1}^{m}z_iz_i^{\mathrm{T}}\right)w = \sum_{i=1}^{m}z_i\frac{z_i^{\mathrm{T}}}{\lambda}w = \sum_{i=1}^{m}z_i\alpha_i \tag{5-3}$$

在式（5-3）中，$\alpha_i = \dfrac{z_i^{\mathrm{T}}}{\lambda}w$。考虑到 $z_i = \varphi(x_i)$，$i = 1,2,\cdots,m$，式（5-2）又可写为式（5-4）。

$$\left(\sum_{i=1}^{m}\varphi(x_i)\varphi(x_i)^{\mathrm{T}}\right)w = \lambda w \tag{5-4}$$

所以，式（5-3）又可写为式（5-5）。

$$w = \sum_{i=1}^{m}\varphi(x_i)\alpha_i \tag{5-5}$$

由于函数 φ 的具体形式未知，因此，为便于计算，在此引入核函数，如式（5-6）所示。

$$\kappa(x_i,x_j) = \varphi(x_i)^{\mathrm{T}}\varphi(x_j) \tag{5-6}$$

再将式（5-5）和式（5-6）代入式（5-4），化简得式（5-7）。

$$KA = \lambda A \tag{5-7}$$

其中，K 为 κ 对应的核矩阵，$K_{ij} = \kappa(x_i,x_j)$，$A = (\alpha_1,\alpha_2,\cdots,\alpha_m)$。对式（5-7）进行特征值分解，即可完成主成分分析。对于新样本 x，其投影后的第 j 维坐标为式（5-8）。

$$z_j = w_j^{\mathrm{T}}\varphi(x) = \sum_{i=1}^{m}\alpha_i^j\varphi(x_i)^{\mathrm{T}}\varphi(x) = \sum_{i=1}^{m}\alpha_i^j\kappa(x_i,x) \tag{5-8}$$

在式（5-8）中，α_i 已经经过标准化，α_i^j 是 α_i 的第 j 个分量。

使用 scikit-learn 库中 decomposition 模块的 KernelPCA 类可以创建 KernelPCA 模型，其基本语法格式如下。

```
class sklearn.decomposition.KernelPCA(n_components=None, kernel='linear',
gamma=None, degree=3, coef0=1, kernel_params=None, alpha=1.0, fit_inverse_
transform=False, eigen_solver='auto', tol=0, max_iter=None, remove_zero_eig=
False, random_state=None, copy_X=True, n_jobs=None)
```

KernelPCA 类常用参数及其说明如表 5-2 所示。

表 5-2　KernelPCA 类常用参数及其说明

参数名称	说明
n_components	接收 int。表示所要保留的主成分个数 n，即保留下来的特征个数 n，若为 None，则保留所有非零特征。默认值为 None
kernel	接收 str。表示使用的核函数，可选 "linear" "poly" "rbf" "sigmoid" "cosine" "precomputed"。默认值为 "linear"
gamma	接收 float。表示核函数指定为 "rbf" "poly" "sigmoid" 时所使用的系数；取值为 "auto" 时，系数为 1/n_features。默认值为 None
degree	接收 int。表示当核函数是多项式时，指定多项式的系数，对于其他核函数无效。默认值为 3
eigen_solver	接收 str。表示求解特征值的算法。"auto" 表示自动选择；"dense" 表示使用 dense 特征值求解器；"arpack" 表示使用 arpack 特征值求解器，用于特征数量远小于样本数量的情形。默认值为 "auto"

参数名称	说明
tol	接收 float。表示 arpack 特征值求解器的收敛阈值，0 表示自动选择阈值。默认值为 0
max_iter	接收 int。表示 arpack 特征值求解器的最大迭代次数，None 表示自动选择。默认值为 None
random_state	接收 int 或 RandomState instance。该参数为 int 类型时，为随机数生成器使用的种子；该参数为 RandomState instance 时，为随机数生成器；若为 None 时，则使用的随机数生成器为 np.random 模块使用的 RandomState 实例。默认值为 None

例 5-2　对代码 5-1 中生成的样本数据，使用 KernelPCA 模型进行降维，如代码 5-2 所示。

代码 5-2　使用 KernelPCA 模型进行降维

```
In[3]:    from sklearn.decomposition import KernelPCA

          # 使用 KernelPCA 对样本数据进行降维
          kpca = KernelPCA(n_components=2, kernel='rbf', gamma=15)
          x_kpca = kpca.fit_transform(x)
          # 绘制降维结果并与原样本数据对比
          kfig, kx = plt.subplots(nrows=1, ncols=2, figsize=(7, 3))
          kx[0].scatter(x[y == 0, 0], x[y == 0, 1], color='red', marker='^',
          alpha=0.5)
          kx[0].scatter(x[y == 1, 0], x[y == 1, 1], color='blue', marker='o',
          alpha=0.5)
          kx[1].scatter(x_kpca[y == 0, 0], x_kpca[y == 0, 1], color='red',
          marker='^', alpha=0.5)
          kx[1].scatter(x_kpca[y == 1, 0], x_kpca[y == 1, 1], color='blue',
          marker='o', alpha=0.5)
          kx[0].set_xlabel('X')
          kx[0].set_ylabel('Y')
          kx[0].set_title("样本数据")
          kx[1].set_ylim([-1, 1])
          kx[1].set_yticks([])
          kx[1].set_xlabel('X_kpca')
          kx[1].set_title("降维后样本数据")
          plt.tight_layout()
          plt.show()
```

Out[3]:

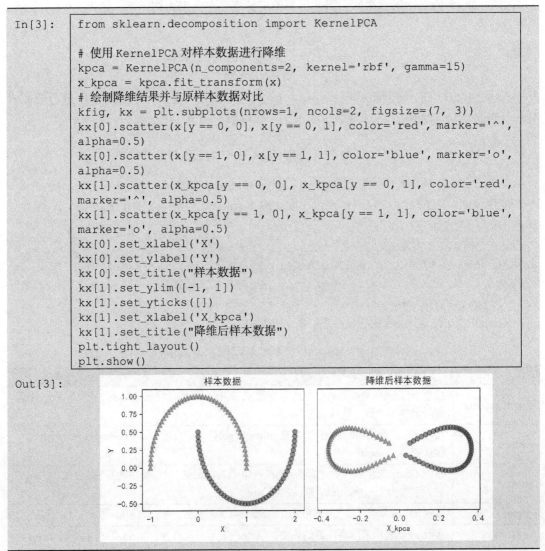

根据代码 5-2 可知，KernelPCA 能够将非线性分布的数据在降维后很好地区分开来。

5.3　聚类任务

在无监督学习中，样本的标记信息是未知的，目标是通过对无标记样本的学习来揭示数据的内在性质及规律，为进一步的数据分析提供基础。在此类学习任务中，应用最广泛的就是聚类。

假定样本集合 $D = \{x_1, x_2, \cdots, x_m\}$，其中 $x_i = (x_{i1}; x_{i2}; \cdots; x_{in})$。聚类的目的就是将集合 D 按照一定规则划分成若干子集 $C_i (i = 1, 2, \cdots, k)$，满足 $C_i \underset{i \neq j}{\bigcap} C_j = \phi (i, j = 1, 2, \cdots, k)$，且 $D = \bigcup\limits_{i=1}^{k} C_i$。聚类得到的每个子集 $C_i (i = 1, 2, \cdots, k)$ 称为一个簇，若 $x_j \in C_{\lambda_j}$，称 λ_j 为 x_j 的簇标记，则聚类的结果可以用向量 $\lambda = (\lambda_1; \lambda_2; \cdots; \lambda_m)$ 表示。

聚类的目的是把待分类数据按照一定规则分成若干类，这些类不是事先给定的，而是根据待分类数据的特征确定的，且对类的数目和结构不做任何假定。例如，市场分析人员通过聚类将客户分成不同的客户群，以购买模式刻画不同客户群特征。

5.3.1　性能度量

聚类性能度量指标也称为聚类有效性指标，用来衡量聚类结果的优劣。另外，若已明确了性能度量指标，则也可将其作为聚类过程中的优化目标，从而更好地提高聚类效果。当通过一定的聚类算法得到聚类结果之后，通常认为簇内相似度越高越好，而簇间的相似度越低越好。

聚类性能度量的指标若由某个参考模型给出，则这类指标被称为外部指标；若通过直接考察聚类结果给出，则这类指标被称为内部指标。

1. 外部指标

假设样本集合 $D = \{x_1, x_2, \cdots, x_m\}$ 的聚类结果为 $C = \{C_1, C_2, \cdots, C_k\}$，$\lambda$ 为簇标记量；参考模型给出的聚类结果为 $C^* = \{C_1^*, C_2^*, \cdots, C_l^*\}$，$\lambda^*$ 为簇标记量。定义如下 4 个集合，分别为式（5-9）～式（5-12）。

$$SS = \left\{ (x_i, x_j) \middle| \lambda_i = \lambda_j, \lambda_i^* = \lambda_j^*, i < j \right\} \tag{5-9}$$

$$SD = \left\{ (x_i, x_j) \middle| \lambda_i = \lambda_j, \lambda_i^* \neq \lambda_j^*, i < j \right\} \tag{5-10}$$

$$DS = \left\{ (x_i, x_j) \middle| \lambda_i \neq \lambda_j, \lambda_i^* = \lambda_j^*, i < j \right\} \tag{5-11}$$

$$DD = \left\{ (x_i, x_j) \middle| \lambda_i \neq \lambda_j, \lambda_i^* \neq \lambda_j^*, i < j \right\} \tag{5-12}$$

若令 $a = |SS|$，$b = |SD|$，$c = |DS|$，$d = |DD|$，则可以给出 3 个常用的聚类性能度量外部指标，如下所示。

（1）Jaccard 系数（Jaccard Coeffient，JC），如式（5-13）所示。

$$JC = \frac{a}{a+b+c} \tag{5-13}$$

（2）FM 系数（Fowlkes and Mallows Index，FMI），如式（5-14）所示。

$$FMI = \sqrt{\frac{a}{a+b} \times \frac{a}{a+c}} \tag{5-14}$$

（3）Rand 指数（Rand Index，RI），如式（5-15）所示。

$$\text{RI} = \frac{a+d}{a+b+c+d} \qquad (5\text{-}15)$$

以上 3 个聚类性能度量外部指标的计算结果在[0,1]区间内，值越大越好。

2．内部指标

假设样本集合 $D = \{x_1, x_2, \cdots, x_m\}$ 的聚类结果为 $C = \{C_1, C_2, \cdots, C_k\}$，定义式（5-16）～式（5-19）如下所示。

$$\text{avg}(C) = \frac{2}{|C|(|C|-1)} \sum_{1 \leqslant i < j \leqslant |C|} \text{dist}(x_i, x_j) \qquad (5\text{-}16)$$

$$\text{diam}(C) = \max_{1 \leqslant i < j \leqslant |C|} \text{dist}(x_i, x_j) \qquad (5\text{-}17)$$

$$d_{\min}(C_i, C_j) = \min_{x_i \in C_i, x_j \in C_j} \text{dist}(x_i, x_j) \qquad (5\text{-}18)$$

$$d_{\text{cen}}(C_i, C_j) = \text{dist}(\mu_i, \mu_j) \qquad (5\text{-}19)$$

其中，$\text{dist}(x_i, x_j)$ 为距离计算函数，用于计算两个样本之间的距离，该函数将在 5.3.2 小节中介绍；μ 代表簇 C 的中心点，$\mu = \frac{1}{|C|} \sum_{1 \leqslant i \leqslant |C|} x_i$。显然，$\text{avg}(C)$ 对应簇 C 内样本间的平均距离，$\text{diam}(C)$ 对应簇 C 内样本间的最远距离，$d_{\min}(C_i, C_j)$ 对应簇 C_i 与簇 C_j 最近样本间的距离，$d_{\text{cen}}(C_i, C_j)$ 对应簇 C_i 与簇 C_j 中心点间的距离。

基于式（5-16）～式（5-19），可以得到以下 2 个常用的聚类性能度量内部指标。

（1）DB 指数（Davies-Bouldin Index，DBI），如式（5-20）所示。

$$\text{DBI} = \frac{1}{k} \sum_{i=1}^{k} \max_{j \neq i} \left(\frac{\text{avg}(C_i) + \text{avg}(C_j)}{d_{\text{cen}}(\mu_i, \mu_j)} \right) \qquad (5\text{-}20)$$

（2）Dunn 指数（Dunn Index，DI），如式（5-21）所示。

$$\text{DI} = \min_{1 \leqslant i \leqslant k} \left\{ \min_{j \neq i} \left(\frac{d_{\min}(C_i, C_j)}{\max\limits_{1 \leqslant l \leqslant k} \text{diam}(C_l)} \right) \right\} \qquad (5\text{-}21)$$

显然，DBI 的计算结果越小，表明聚类效果越好，而 DI 则正相反。

5.3.2　距离计算

聚类分析的目的是把分类对象按照一定的规则分成若干类，同一类的对象具有某种相似性，而不同类的对象之间不相似。在通常情况下，聚类结果的优劣可以采用对象之间距离的远近来评价。在聚类分析中，给定样本点 $x_i = (x_{i1}; x_{i2}; \cdots; x_{in})$，$x_j = (x_{j1}; x_{j2}; \cdots; x_{jn})$，常用的距离计算公式包括以下几种。

（1）欧式距离（Euclidean distance），如式（5-22）所示。

$$\text{dist}(x_i, x_j) = \|x_i - x_j\|_2 = \left(\sum_{k=1}^{n} |x_{ik} - x_{jk}|^2 \right)^{\frac{1}{2}} \qquad (5\text{-}22)$$

（2）曼哈顿距离（Manhattan distance），如式（5-23）所示。

$$\text{dist}(x_i, x_j) = \|x_i - x_j\|_1 = \sum_{k=1}^{n} |x_{ik} - x_{jk}| \qquad (5\text{-}23)$$

（3）切比雪夫距离（Chebyshev distance），如式（5-24）所示。

$$\text{dist}(\boldsymbol{x}_i, \boldsymbol{x}_j) = \max_{1 \leq k \leq n} \left| x_{ik} - x_{jk} \right| \tag{5-24}$$

（4）闵可夫斯基距离（Minkowski distance），如式（5-25）所示。

$$\text{dist}(\boldsymbol{x}_i, \boldsymbol{x}_j) = \left(\sum_{k=1}^{n} \left| x_{ik} - x_{jk} \right|^p \right)^{\frac{1}{p}} \tag{5-25}$$

（5）针对无序属性，若令 $m_{k,a}$ 表示在属性 k 上取值为 a 的样本数，$m_{k,a,i}$ 表示第 i 个样本簇中，在属性 k 上取值为 a 的样本数，l 为样本簇的个数，则在属性 k 上，两个离散值 a 与 b 的距离可采用 VDM 距离，如式（5-26）所示。

$$\text{VDM}_p(a,b) = \sum_{i=1}^{l} \left| \frac{m_{k,a,i}}{m_{k,a}} - \frac{m_{k,b,i}}{m_{k,b}} \right|^p \tag{5-26}$$

5.3.3 原型聚类

原型聚类亦称为"基于原型的聚类"。此类算法假设聚类结构能够通过一组原型刻画，在实践操作中极为常用。在通常情形下，算法先对原型进行初始化，然后对原型进行迭代更新求解。采用不同的原型表示、不同的求解方式，将产生不同的算法。下面重点介绍 3 种常用的原型聚类算法。

1. K 均值算法

K 均值（K-Means）算法首先随机初始化类的中心，然后将每个样本点按照距离最近的原则划归到相应的类内，更新类中心，直至样本点到相应类中心的距离平方和达到最小。

假设样本集合 $D = \{\boldsymbol{x}_1, \boldsymbol{x}_2, \cdots, \boldsymbol{x}_m\}$，给定需划分的簇数 k，聚类的结果为 $C = \{C_1, C_2, \cdots, C_k\}$，则 K 均值算法的优化目标的表达式为式（5-27）。

$$E = \sum_{i=1}^{k} \sum_{\boldsymbol{x} \in C_i} \left\| \boldsymbol{x} - \boldsymbol{\mu}_i \right\|_2^2 \tag{5-27}$$

在式（5-27）中，$\boldsymbol{\mu}_i = \dfrac{1}{|C_i|} \sum_{\boldsymbol{x} \in C_i} \boldsymbol{x}$ 为簇 C_i 的均值向量。

虽然理论上可以穷举所有聚类的结果，然后给出最后的聚类结果，但是该方法的计算复杂性过高而无法实际应用。因此在实际应用中，对 K 均值算法采用贪婪策略，求得优化目标的近似解。K 均值算法的聚类过程如图 5-1 所示，具体步骤如下。

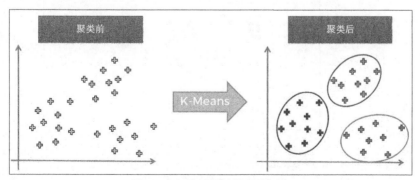

图 5-1　K 均值算法的聚类过程

（1）输入样本集合及聚类簇数。

（2）从样本集中随机选择 k 个样本点作为 k 个簇中心。

（3）计算每个样本点到每个簇中心的距离。

（4）按照距离远近将每个样本点归入相应的簇内。

（5）更新每个簇的中心。

（6）重复步骤（2）～（5），直至簇中心不再变化。

（7）输出聚类结果。

例 5-3 对于 scikit-learn 中自带的 iris 数据，使用 K-Means 类构建 K 均值聚类模型，如代码 5-3 所示。

代码 5-3 构建 K 均值聚类模型

```
In[1]:    from sklearn import datasets
          from sklearn.cluster import KMeans
          # 导入数据
          iris = datasets.load_iris()
          x = iris.data
          y = iris.target
          # 构建并训练 K 均值模型
          kmeans = KMeans(n_clusters=3, random_state=0).fit(x)
          print('K 均值模型为: \n', kmeans)

Out[1]:   K 均值模型为:
           KMeans(algorithm='auto', copy_x=True, init='k-means++', max_iter=
          300,
              n_clusters=3, n_init=10, n_jobs=None, precompute_distances=
          'auto',
          random_state=0, tol=0.0001, verbose=0)

In[2]:    import matplotlib.pyplot as plt
          # 获取模型聚类结果
          y_pre = kmeans.predict(x)
          # 绘制 iris 原本的类别
          plt.scatter(x[:, 0], x[:, 1], c=y)
          plt.show()
```

Out[2]:

```
In[3]:    # 绘制 K-Means 聚类结果
          plt.scatter(x[:, 0], x[:, 1], c=y_pre)
          plt.show()
```

Out[3]:
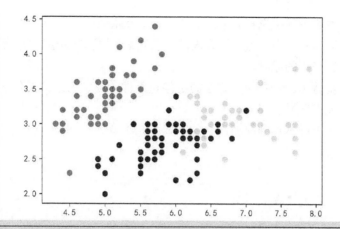

```
In[4]:    from sklearn.metrics import jaccard_similarity_score, fowlkes_
          mallows_score, adjusted_rand_score, davies_bouldin_score
          print('K 均值聚类模型的 Jaccard 系数: ', jaccard_similarity_score(y,
          y_pre))
          print('K 均值聚类模型的 FM 系数: ', fowlkes_mallows_score(y, y_pre))
          print('K 均值聚类模型的调整 Rand 指数: ', adjusted_rand_score(y, y_pre))
          print('K 均值聚类模型的 DB 指数: ', davies_bouldin_score(x, kmeans.
          labels_))
```

Out[4]:   K 均值聚类模型的 Jaccard 系数: 0.24
           K 均值聚类模型的 FM 系数: 0.8208080729114153
           K 均值聚类模型的调整 Rand 指数: 0.7302382722834697
           K 均值聚类模型的 DB 指数: 0.661971546500748

其中，Jaccard 系数、FM 系数、调整 Rand 指数越接近 1，DB 指数越接近 0，K 均值聚类模型的聚类效果越好。从代码 5-3 的结果来看，建立的 K 均值聚类模型的聚类效果一般，后续还需要改进。

2. 学习向量量化

学习向量量化（Learning Vector Quantization，LVQ）也是一种原型聚类算法。LVQ 算法不同于 K 均值算法，该算法假设样本数据是带有类别标记的，通过监督信息来辅助聚类。该算法中引入了原型向量的更新学习规则，根据每次迭代中样本点与聚类原型的类标记是否相同，针对聚类原型进行更新，直到满足终止条件。

假设样本集合 $D = \{(\boldsymbol{x}_1, y_1), (\boldsymbol{x}_2, y_2), \cdots, (\boldsymbol{x}_m, y_m)\}$，给定原型向量个数 q，学习率 $\eta \in (0,1)$，预设标记为 $\{t_1, t_2, \cdots, t_q\}$。给定一组初始聚类原型向量 $\{\boldsymbol{x}_{t_1}, \boldsymbol{x}_{t_2}, \cdots, \boldsymbol{x}_{t_q}\}$，在样本集合 D 中随机选取样本 $(\boldsymbol{x}_j, y_j)$，距离该样本点最近的原型向量为 $\boldsymbol{x}_{t^*} \in \{\boldsymbol{x}_{t_1}, \boldsymbol{x}_{t_2}, \cdots, \boldsymbol{x}_{t_q}\}$。LVQ 按照式（5-28）所示的规则将原型 $\boldsymbol{x}_{t^*}$ 更新为原型 $\boldsymbol{x}_{t^*}{}'$。

$$\begin{cases} \boldsymbol{x}_{t^*}{}' = \boldsymbol{x}_{t^*} + \eta(\boldsymbol{x}_j - \boldsymbol{x}_{t^*}), y_j = t^* \\ \boldsymbol{x}_{t^*}{}' = \boldsymbol{x}_{t^*} - \eta(\boldsymbol{x}_j - \boldsymbol{x}_{t^*}), y_j \neq t^* \end{cases} \qquad (5\text{-}28)$$

根据以上原型更新规则，LVQ 算法的基本过程如图 5-2 所示，具体步骤如下。

（1）输入样本集合、预设类标记及学习率。

（2）从样本集中随机选择 k 个样本点作为 k 个原型。

（3）随机选择一个样本点，计算该样本点到 k 个原型的距离，并确定与其最近的原型。

（4）更新选择出的原型。

（5）重复步骤（2）～（4）直至满足停止条件（通常为最大迭代次数）。

（6）输出原型向量。

（7）计算每个样本点到原型向量的距离并归类。

（8）输出聚类结果。

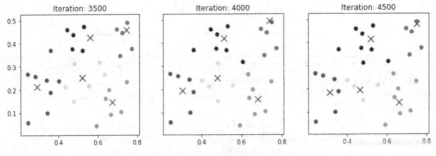

图 5-2　LVQ 算法的基本过程

例 5-4　对于 scikit-learn 中自带的 iris 数据，使用自编 LVQ 类构建 LVQ 聚类模型，如代码 5-4 所示。

代码 5-4　使用自编 LVQ 类构建 LVQ 聚类模型

```
In[1]:    import numpy as np
          from sklearn import datasets
          import matplotlib.pyplot as plt

          # 导入数据
          iris = datasets.load_iris()
          x = iris.data
          y = iris.target
          # 绘制 iris 原本的类别
          plt.scatter(x[:, 0], x[:, 1], c=y)
          plt.rcParams['font.sans-serif'] = 'SimHei'
          plt.rcParams['axes.unicode_minus'] = False
          plt.title('iris 数据集')
          plt.show()
```

Out[1]:

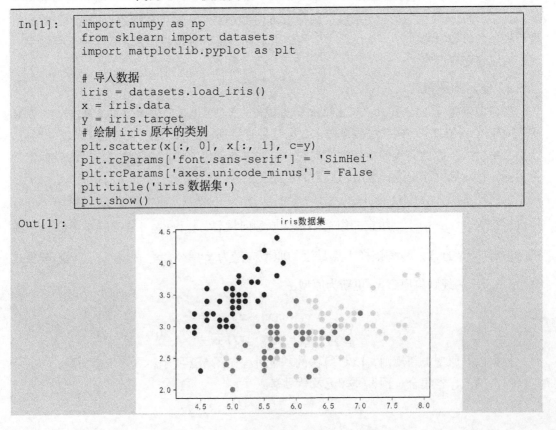

```
In[2]:    # 使用 LVQ 类构建 LVQ 聚类模型并获取原型向量
          import LVQ
          lvq = LVQ.LVQ()
          lvq.fit(x, y)
          vector = lvq.vector_array
```

Out[2]:   迭代 151 次退出

```
In[3]:    # 绘制获取的原型向量
          fig = plt.figure(1)
          plt.scatter(x[:, 0], x[:, 1], marker='o', c=y)
          plt.scatter(vector[:, 0], vector[:, 1], marker='^', c='r')
          plt.title('LVQ 聚类原型向量')
          plt.show()
```

Out[3]:

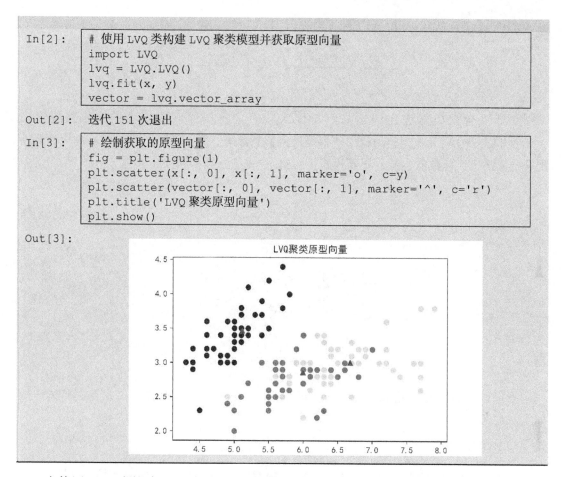

在使用 LVQ 类构建 LVQ 聚类模型并获取原型向量的过程中，迭代次数每次都不一样。在代码 5-4 中，最终获取的 LVQ 聚类原型向量为图中的三角符号。

3. 高斯混合聚类

高斯混合（Mixture-of-Gaussian）聚类算法是通过高斯混合分布的概率模型给出聚类结果的一种原型聚类算法。高斯混合聚类算法中涉及 3 个主要参数的更新，下面做简要介绍。

高斯混合分布的密度函数为式（5-29），该分布共由 k 个混合成分组成，每个混合成分对应一个高斯分布。

$$p_{\boldsymbol{\Sigma}}(\boldsymbol{x}) = \sum_{i=1}^{k} \alpha_i p(\boldsymbol{x}|\boldsymbol{\mu}_i, \boldsymbol{\Sigma}_i) \qquad （5\text{-}29）$$

在式（5-29）中，$p(\boldsymbol{x}|\boldsymbol{\mu}_i, \boldsymbol{\Sigma}_i) = \dfrac{1}{(2\pi)^{\frac{n}{2}}|\boldsymbol{\Sigma}|^{\frac{1}{2}}} \mathrm{e}^{-\frac{1}{2}(\boldsymbol{x}-\boldsymbol{\mu})^{\mathrm{T}}\boldsymbol{\Sigma}^{-1}(\boldsymbol{x}-\boldsymbol{\mu})}$，$\boldsymbol{\mu}_i$ 和 $\boldsymbol{\Sigma}_i$ 分别为第 i 个高斯分

布的均值向量与协方差矩阵，$\alpha_i > 0$ 为相应的混合系数，且满足 $\sum_{i=1}^{k} \alpha_i = 1$。

高斯混合聚类算法将输入样本假设为是由以上高斯混合分布密度生成的。若输入样本为 $D = \{\boldsymbol{x}_1, \boldsymbol{x}_2, \cdots, \boldsymbol{x}_m\}$，显然，样本 $\boldsymbol{x}_j$ 是由第 i 个高斯分布生成的，其先验概率为 α_i，后验

概率 γ_{ji} 可根据式（5-30）计算。

$$\gamma_{ji} = \frac{\alpha_i p(\boldsymbol{x}_j | \boldsymbol{\mu}_i, \boldsymbol{\Sigma}_i)}{\sum_{l=1}^{k} \alpha_l p(\boldsymbol{x}_j | \boldsymbol{\mu}_l, \boldsymbol{\Sigma}_l)} (j = 1, 2, \cdots, m; i = 1, 2, \cdots, k) \tag{5-30}$$

高斯混合聚类算法在到达一定迭代次数时，将按照后验概率的大小将样本点 $\boldsymbol{x}_j (j = 1, 2, \cdots, m)$ 划分入相应的簇中。根据极大似然原理，算法迭代过程中将不断更新高斯混合分布的密度函数的参数，更新为式（5-31）、式（5-32）和式（5-33）。

$$\boldsymbol{\mu}_i = \frac{\sum_{j=1}^{m} \gamma_{ji} \boldsymbol{x}_j}{\sum_{j=1}^{m} \gamma_{ji}} \tag{5-31}$$

$$\boldsymbol{\Sigma}_i = \frac{\sum_{j=1}^{m} \gamma_{ji} (\boldsymbol{x}_j - \boldsymbol{\mu}_i)(\boldsymbol{x}_j - \boldsymbol{\mu}_i)^{\mathrm{T}}}{\sum_{j=1}^{m} \gamma_{ji}} \tag{5-32}$$

$$\alpha_i = \frac{1}{m} \sum_{j=1}^{m} \gamma_{ji} \tag{5-33}$$

根据以上高斯混合概率模型的更新规则，算法的聚类过程如图 5-3 所示，具体步骤如下。

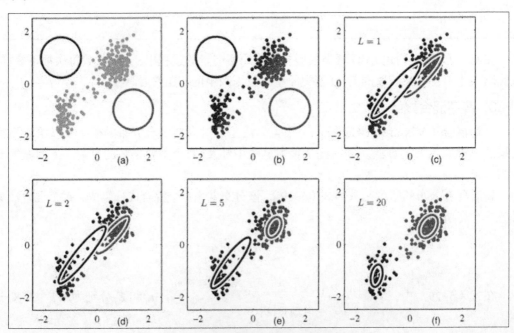

图 5-3　高斯混合概率模型聚类过程

（1）输入样本集合、初始化高斯混合分布的模型参数。

（2）计算每个样本点的后验概率。

（3）更新每个多维正态分布的参数。

（4）重复步骤（2）～（3），直至满足停止条件（通常为最大迭代次数）。

（5）计算每个样本点的后验概率。

（6）将每个样本点按照后验概率大小归类。

（7）输出聚类结果。

例 5-5　对于 scikit-learn 中自带的 iris 数据，使用 GaussianMixture 类构建 GMM 聚类模型，如代码 5-5 所示。

代码 5-5　构建 GMM 聚类模型

| In[1]: | ```python
from sklearn import datasets
from sklearn.mixture import GaussianMixture
# 导入数据
iris = datasets.load_iris()
x = iris.data
y = iris.target
# 绘制样本数据
plt.scatter(x[:, 0], x[:, 1], c=y)
plt.title('iris 数据集', size=17)
plt.show()
``` |
|---|---|
| Out[1]: | |
| In[2]: | ```python
# 构建聚类数为 3 的 GMM 模型
gmm = GaussianMixture(n_components=3, random_state =12345).fit(x)
print('GMM 模型: \n', gmm)
``` |
| Out[2]: | GMM 模型:
 GaussianMixture(covariance_type='full', init_params='kmeans', max_iter=100,
　　　means_init=None, n_components=3, n_init=1, precisions_init=None,
　　　random_state=None, reg_covar=1e-06, tol=0.001, verbose=0,
　　　verbose_interval=10, warm_start=False, weights_init=None) |
| In[3]: | ```python
# 获取 GMM 模型聚类结果
gmm_pre = gmm.predict(x)
plt.scatter(x[:, 0], x[:, 1], c=gmm_pre)
plt.title('GMM 聚类', size=17)
plt.show()
``` |
```

Out[3]:

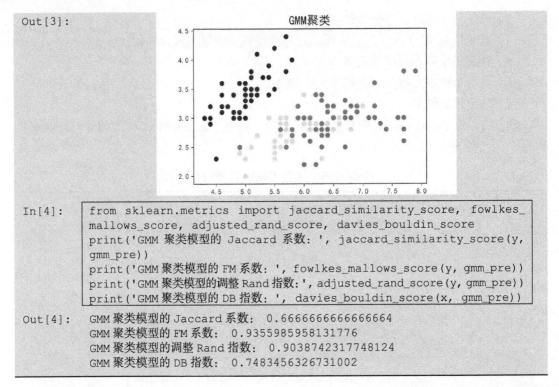

In[4]:
```
from sklearn.metrics import jaccard_similarity_score, fowlkes_
mallows_score, adjusted_rand_score, davies_bouldin_score
print('GMM 聚类模型的 Jaccard 系数: ', jaccard_similarity_score(y,
gmm_pre))
print('GMM 聚类模型的 FM 系数: ', fowlkes_mallows_score(y, gmm_pre))
print('GMM 聚类模型的调整 Rand 指数:', adjusted_rand_score(y, gmm_pre))
print('GMM 聚类模型的 DB 指数: ', davies_bouldin_score(x, gmm_pre))
```

Out[4]:
```
GMM 聚类模型的 Jaccard 系数: 0.6666666666666664
GMM 聚类模型的 FM 系数: 0.9355985958131776
GMM 聚类模型的调整 Rand 指数: 0.9038742317748124
GMM 聚类模型的 DB 指数: 0.7483456326731002
```

Jaccard 系数、FM 系数、调整 Rand 指数越接近 1，DB 指数越接近 0，K-Means 聚类模型的聚类效果越好。代码 5-5 中的 Jaccard 系数约为 0.67，其原因在于 GMM 聚类后更改了类别。综合 GMM 模型的 Jaccard 系数、FM 系数、调整 Rand 指数和 DB 指数可看出，建立的 GMM 聚类模型的聚类效果较好。

5.3.4 密度聚类

基于密度的聚类算法简称密度聚类算法，该类算法假设聚类结果能够通过样本分布的紧密程度确定。其基本思想是：以样本点在空间分布上的稠密程度为依据进行聚类，若区域中的样本密度大于某个阈值，则把相应的样本点划入与之相近的簇中。

具有噪声的基于密度聚类（Density-Based Spatial Clustering of Applications with Noise，DBSCAN）是一种典型的密度聚类算法。该算法从样本密度的角度来考察样本之间的可连接性，并由可连接样本不断扩展直到获得最终的聚类结果。

对于样本集 $D = \{x_1, x_2, \cdots, x_m\}$，给定距离参数 ε，数目参数 MinPts，任一样本点 $x_i \in D$，定义以下几个概念。

（1）将集合 $N_\varepsilon(x_i) = \{x_j | \text{dist}(x_j, x_i) \leqslant \varepsilon\}$ 称为样本点 x_i 的 ε 邻域，若 $|N_\varepsilon(x_i)| \geqslant \text{MinPts}$，则称 x_i 为一个**核心对象**。

（2）若样本点 x_j 属于 x_i 的 ε 邻域，且 x_i 为一个核心对象，则称 x_j 由 x_i **密度直达**。

（3）对于样本点 x_i 和 x_j，若存在样本点序列 $x_i = x_{t_1}, x_j = x_{t_2}, \cdots, x_{t_m}$，且 $x_{t_{k+1}}$ 由 x_{t_k} 密度直达，则称 x_j 由 x_i **密度可达**。

（4）若存在样本点 x_k，使得样本点 x_i 和 x_j 均由 x_k 密度可达，称 x_i 与 x_j **密度相连**。

如果取距离参数 $\varepsilon = 1.2$ ，数目参数 $\mathrm{MinPts} = 3$ ，则图 5-4 可以展示以上几个概念。

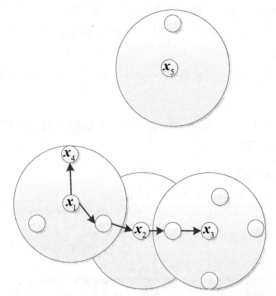

图 5-4 核心对象、密度直达、密度可达、密度相连的概念展示

在图 5-4 中，对于当前参数而言，样本点 x_1, x_2, x_3 为核心对象，而样本点 x_5 不是核心对象；x_4 由 x_1 密度直达，并且 x_4 由 x_3 密度可达。

基于以上关于样本点之间可连接性的定义，DBSCAN 算法将簇 C 描述为满足以下两个条件的非空子集。

（1）$x_i \in C$，$x_j \in C$，则 x_i 与 x_j 密度相连。

（2）$x_i \in C$，x_j 由 x_i 密度可达，则 $x_j \in C$。

DBSCAN 算法的基本过程如图 5-5 所示，具体步骤如下。

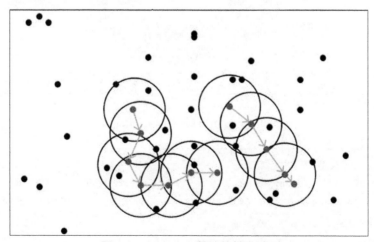

图 5-5 DBSCAN 算法的基本过程

（1）输入样本集合，初始化距离参数 ε 、数目参数 MinPts 。

（2）确定核心对象集合。

（3）在核心对象集合中随机选择一个核心对象作为种子。

（4）依据簇划分原则生成一个簇，并更新核心对象集合。

（5）若核心对象集合为空，则算法结束，否则返回步骤（3）。

（6）输出聚类结果。

例5-6　对于生成的两簇非凸数据和一簇对比数据，使用DBSCAN类构建密度聚类模型，如代码5-6所示。

代码5-6　使用DBSCAN类构建密度聚类模型

```
In[1]:    from sklearn.cluster import DBSCAN
          # 生成两簇非凸数据
          x1, y2 = datasets.make_blobs(n_samples=1000, n_features=2,
                                       centers=[[1.2, 1.2]], cluster_
          std=[[.1]],
                                       random_state=9)
          # 一簇对比数据
          x2, y1 = datasets.make_circles(n_samples=5000, factor=.6,
          noise=.05)
          x = np.concatenate((x1, x2))
          plt.scatter(x[:, 0], x[:, 1], marker='o')
          plt.show()
```

Out[1]:

```
In[2]:    # 生成DBSCAN模型
          dbs = DBSCAN(eps=0.1, min_samples=12).fit(x)
          print('DBSCAN模型:\n', dbs)
```

```
Out[2]:   DBSCAN模型:
           DBSCAN(algorithm='auto', eps=0.1, leaf_size=30, metric= 'euclidean',
             metric_params=None, min_samples=12, n_jobs=None, p=None)
```

```
In[3]:    # 绘制DBSCAN模型聚类结果
          ds_pre = dbs.fit_predict(x)
          plt.scatter(x[:, 0], x[:, 1], c=ds_pre)
          plt.title('DBSCAN', size=17)
          plt.show()
```

Out[3]:

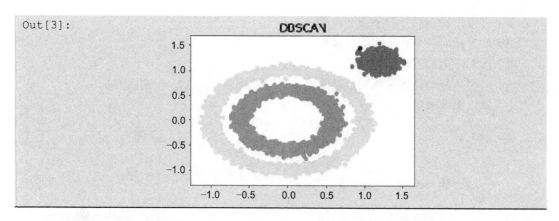

根据代码 5-6 的结果可以看出，DBSCAN 模型对于非凸数据的聚类效果很好，可以区分出两簇不同的非凸数据。

5.3.5 层次聚类

层次聚类法（Hierarchical Clustering Method）又称系统聚类法，它试图在不同层次上对样本集进行划分，进而形成树形的聚类结构。样本集的划分可采用聚集系统法，也可采用分割系统法。

聚集系统法是一种"自底向上"的聚合策略，它的基本思想是：开始时将每个样本点作为单独的一类，然后将距离最近的两类合并成一个新类，重复进行将最近的两类合并成一类的过程，直至所有的样本归为一类。

分割系统法与聚集系统法相反，它是一种"自顶向下"的分割策略，它的基本思想是：开始时将整个样本集作为一类，然后按照某种最优准则将它分割成距离尽可能远的两个子类，再用同样的方法将每个子类分割成两个子类，从中选择一个最优的子类，则此时样本集被划分出三类，以此类推，直至每个样本自成一类或达到设置的终止条件。

在运用层次聚类法时，需要对类与类之间的距离做出规定，按照规定的不同，形成了基于最短距离、最长距离和平均距离的层次聚类法。对于给定的聚类簇 C_i 与 C_j，可通过式（5-34）、式（5-35）和式（5-36）计算距离。

$$最短距离：d_{\min}(C_i, C_j) = \min_{x \in C_i, y \in C_j} \text{dist}(x, y) \tag{5-34}$$

$$最长距离：d_{\max}(C_i, C_j) = \max_{x \in C_i, y \in C_j} \text{dist}(x, y) \tag{5-35}$$

$$平均距离：d_{\text{avg}}(C_i, C_j) = \frac{1}{|C_i||C_j|} \sum_{x \in C_i} \sum_{y \in C_j} \text{dist}(x, y) \tag{5-36}$$

假设类 $C_1 = \{1, 2\}$，$C_2 = \{3, 4, 5\}$，则两类之间的距离可用图 5-6 表示。

在图 5-6 中，在两类中分别取样本点，计算样本点之间的距离，由于样本点 1 到样本点 4 之间的距离最短，则最短距离 $d_{\min}(C_1, C_2) = d_{14}$；样本点 2 到样本点 5 之间的距离最长，则 $d_{\max}(C_1, C_2) = d_{25}$；两类之间的平均距离为 $d_{\text{avg}}(C_1, C_2) = \dfrac{d_{13} + d_{14} + d_{15} + d_{23} + d_{24} + d_{25}}{6}$。

基于聚集系统法的层次聚类法基本过程如图 5-7 所示，具体步骤如下。

（1）输入样本集合，对聚类簇函数做出规定，给出聚类的簇数。

（2）将每个样本点作为单独的一簇。

（3）计算任何两个簇之间的距离。

（4）按照距离最近原则合并簇。

（5）若当前聚类簇数未达到规定的要求，则返回步骤（3），否则聚类结束。

（6）输出聚类结果。

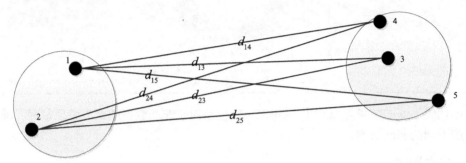

图 5-6　两类之间的距离

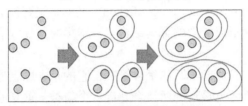

图 5-7　层次聚类法基本过程

例 5-7　对于 scikit-learn 中自带的 iris 数据，使用 AgglomerativeClustering 类构建层次聚类模型，如代码 5-7 所示。

代码 5-7　使用 AgglomerativeClustering 类构建层次聚类模型

```
In[1]:    from sklearn import datasets
          from sklearn.cluster import AgglomerativeClustering
          # 导入数据
          iris = datasets.load_iris()
          x = iris.data
          y = iris.target
          # 单链接层次聚类
          clusing_ward = AgglomerativeClustering(n_clusters=3).fit(x)
          print('单链接层次聚类模型为: \n', clusing_ward)

Out[1]:   单链接层次聚类模型为:
           AgglomerativeClustering(affinity='euclidean',
          compute_full_tree='auto',
                      connectivity=None, linkage='ward', memory=None,
          n_clusters=3,
                      pooling_func='deprecated')

In[2]:    # 绘制单链接聚类结果
          cw_ypre = AgglomerativeClustering(n_clusters=3).fit_predict(x)
          plt.scatter(x[:, 0], x[:, 1], c=cw_ypre)
          plt.rcParams['font.sans-serif'] = 'SimHei'
          plt.rcParams['axes.unicode_minus'] = False
          plt.title('单链接聚类', size=17)
          plt.show()
```

Out[2]:

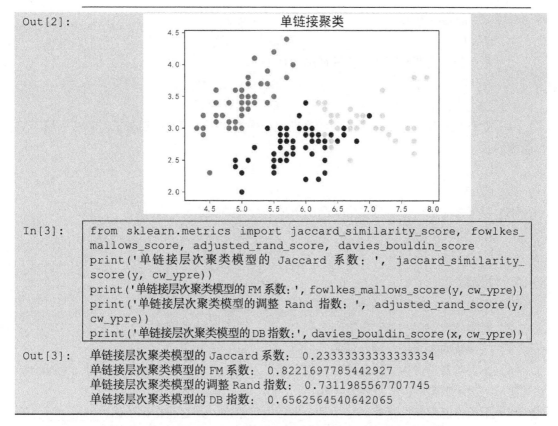

```
In[3]:     from sklearn.metrics import jaccard_similarity_score, fowlkes_
           mallows_score, adjusted_rand_score, davies_bouldin_score
           print('单链接层次聚类模型的 Jaccard 系数: ', jaccard_similarity_
           score(y, cw_ypre))
           print('单链接层次聚类模型的 FM 系数: ', fowlkes_mallows_score(y, cw_ypre))
           print('单链接层次聚类模型的调整 Rand 指数: ', adjusted_rand_score(y,
           cw_ypre))
           print('单链接层次聚类模型的DB指数:', davies_bouldin_score(x, cw_ypre))
```

Out[3]:　单链接层次聚类模型的 Jaccard 系数: 0.23333333333333334
　　　　　单链接层次聚类模型的 FM 系数: 0.8221697785442927
　　　　　单链接层次聚类模型的调整 Rand 指数: 0.7311985567707745
　　　　　单链接层次聚类模型的 DB 指数: 0.6562564540642065

　　从代码 5-7 的结果可以看出，单链接层次聚类模型的 FM 系数、调整 Rand 指数都接近
1，说明模型聚类效果较好，但 DB 指数超过 0.5，说明模型还有改进的余地。

小结

　　本章主要介绍了无监督学习的概念和相关算法，包括降维和聚类分析。其中降维主要
介绍了 PCA 和核化线性降维，通过线性或非线性重构达到降低数据的复杂性的目的。接着，
针对聚类分析的几种典型方法进行了系统介绍，包括原型聚类、密度聚类和层次聚类，并
给出了对应的 Python 程序。由于不同聚类算法有不同的优劣势和不同的适用条件，因此针
对聚类算法还给出了对应的性能度量方法。

课后习题

　　1．选择题

　　（1）下列关于 PCA 的说法错误的是（　　　）。

　　　　A．PCA 转换后的变量之间不相关

　　　　B．PCA 转换后的新变量是原始变量的线性组合

　　　　C．PCA 降维后能保留原始数据的全部信息

　　　　D．PCA 无法处理线性不可分的数据

　　（2）下列性能指标不属于性能度量的外部指标的是（　　　）。

    A．Jaccard 系数   B．FM 系数

    C．调整 Rand 指数   D．DB 指数

（3）不是闵可夫斯基距离的特殊情况的是（　　　）。

    A．欧式距离   B．曼哈顿距离

    C．切比雪夫距离   D．VDM 距离

（4）K 均值算法、学习向量量化、高斯混合聚类、距离聚类这四种聚类算法中属于原型聚类的有（　　　）种。

    A．1   B．2

    C．3   D．4

（5）以下方法更适合对分布为非凸的数据进行聚类的是（　　　）。

    A．高斯混合聚类   B．密度聚类

    C．LVQ   D．层次聚类

2．填空题

（1）采用 PCA 方法时，降维后的变量是原始变量的＿＿＿＿＿＿。

（2）聚类分析中同一类对象之间具有＿＿＿＿＿＿，不同类对象之间＿＿＿＿＿＿。

（3）核函数的本质是一种向量的＿＿＿＿＿＿＿＿＿运算。

（4）在无监督学习中，样本的标记信息是＿＿＿＿＿＿＿＿＿，目标是通过对无标记样本的学习来揭示数据的内在性质及规律。

（5）聚类性能度量的指标若是由某个参考模型给出，则这类指标被称为＿＿＿＿＿＿；若是通过直接考察聚类结果给出，则这类指标被称为＿＿＿＿＿＿＿＿＿。

3．操作题

（1）使用 PCA 对 load_breast_cancer 数据集进行降维，分别使用指定保留 20 个主成分与满足指定保留方差比的方式进行降维，并查看降维后所保留的各特征的方差占比。

（2）使用默认参数的 DBSCAN 对 iris 数据集进行聚类，并与 K-Means 聚类结果进行对比。

第 6 章　智能推荐

在互联网领域中，推荐系统得到了广泛的应用，如话题推荐、产品推荐以及好友推荐等。智能推荐已经在不知不觉中走入人们的生活。本章将介绍什么是推荐系统、推荐系统目前都有什么样的应用、如何评价一个推荐系统是好是坏，以及目前一些常见的推荐系统。

学习目标

（1）了解推荐系统的概念和应用领域。

（2）熟悉智能推荐的性能度量标准。

（3）熟悉关联规则的运作过程和实现方法。

（4）掌握协同过滤的运作原理和实现方法。

6.1　智能推荐简介

智能推荐已经成为一个非常热门的研究领域，经过多年的发展，其已经拥有多种多样的推荐策略，推荐结果的精度以及应用推荐系统带来的商业收益也越来越高。

6.1.1　什么是推荐系统

现代人在生活中经常遭遇选择困难的问题——在这个信息爆发的时代，飞速增长的信息让人眼花缭乱，不知道如何去选择适合自己的商品。因此，人们往往会询问身边的朋友，请这些朋友推荐几个他们认为较好的选择。虽然这些建议能帮助人们有效地过滤掉一些多余的信息，但它们并没有考虑到个人的个性化需求，而往往是基于更为偏向大众化的需求。

此时，人们需要一个更为自动化的工具，这个工具能够分析用户以往的历史数据，以这些数据作为依托，为用户提供更为个性化的建议，这个工具就是智能推荐系统。推荐系统作为连接消费者与生产者的桥梁，起到了非常关键的作用，消费者能通过推荐系统从大量同类商品中更为轻松地找到自己感兴趣的商品，而生产者也能通过推荐系统从大量竞争者中脱颖而出，得到自己目标用户的青睐。

6.1.2　智能推荐的应用

一项技术能否广泛应用，往往与需求有很强的联系。在互联网的早期，门户咨询网站已经能满足用户绝大部分的需求，这些门户网站的主要内容是编辑整理出的堆叠在网页之上的众多链接，如国内的 hao123 网站。

之后的十几年，互联网进入了爆发期，面对日益增长的资讯量，门户网站已经无法满足用户的需求，此时出现了 RSS 订阅。RSS 订阅为用户提供了个性化的体验，每个人由于订阅的信息源不一样，所以看到的咨讯列表也不一样。

虽然 RSS 订阅让用户首次体验到了个性化的优异之处，但是由于订阅工具的使用存在难度且订阅源难以寻找，普及率一直不高。虽然 RSS 订阅已淡出了舞台，但是它为智能推荐起到了铺垫作用，用户已经尝到了个性化的甜头，由机器进行个性化推荐自然而然地得到了广泛应用。目前，智能推荐的应用已经涵盖电子商务、视频网站、音乐、社交网络、基于位置的服务和广告等多个领域。

1．电子商务

电子商务已经成为智能推荐最为普及的领域之一，在国内外的各大电子商务网站上，智能推荐系统的应用都取得了不错的成效。国外著名的电子商务网站亚马逊被 RWW（读写网）誉为"推荐系统之王"，该网站最主要的推荐系统应用为个性化商品推荐列表和相关商品推荐列表。亚马逊会根据用户的历史行为为用户做推荐，如果用户曾经对一本编程语言的书给出了高评价，那么亚马逊很可能会在推荐列表中推荐类似的学习书籍。推荐系统的应用成功地为亚马逊带来了额外的收入增长。亚马逊的前首席科学家安德雷斯·韦思岸（Andreas Weigend）在斯坦福的一次针对推荐系统的讲课过程中透露，亚马逊有 20%～30% 的销售业绩来自推荐系统。国内的电商平台也普遍运用了推荐系统，如淘宝网和京东的"猜你喜欢""您可能还需要"栏目也是为人们所熟知的推荐系统应用。

2．视频网站

在视频网站中，个性化推荐系统也得到了很好的应用。用户通过推荐系统的帮助在具有海量视频的视频库中成功找到自己感兴趣的视频作品，视频作者也成功收获了更多的关注。国内的优酷、爱奇艺、bilibili 等视频网站都应用了推荐系统进行推荐引流，而对推荐系统的应用最为出名的还有国外网站 Netflix 和 YouTube。Netflix 使用与亚马逊策略类似的基于物品的推荐系统，该系统会为用户推荐与他们喜欢过的电影类似的电影，成功帮助 Netflix 中 60% 的用户找到自己感兴趣的电影和视频。而 YouTube 所做的一个个性化推荐和热门视频列表点击率比较的实验结果表明，个性化推荐的点击率为热门视频列表点击率的两倍。

3．音乐

个性化的网络电台也非常适合使用推荐系统，因为每年新的歌曲数量都在以极快的速度增长，用户想要寻找自己钟情的歌曲无异于大海捞针。另外，大部分用户在日常生活中都是将音乐作为背景音乐，只有很小一部分群体会听某首特定的歌，对于普通用户，只要推荐的歌曲符合用户当时的心境即可。

国内的网易云音乐的私人 FM 就是一个很典型地应用了推荐系统的个性化网络电台。私人 FM 不提供点歌功能，只提供 3 个选项，即喜欢、垃圾桶和跳过，用户根据对系统推荐歌曲的不同感受选择对应的选项。经过一段时间后，推荐的歌曲列表将更为符合用户的口味。

4．社交网络

近几年，社交网络应用在互联网上迅速崛起，以 Facebook 和 Twitter 为代表的社交网络产品迅速风靡全球。推荐系统在社交网络上的应用主要分为两类：依据用户点赞和转发过的内容，根据标签推荐用户可能感兴趣的内容，或依据用户关注的人和内容推荐兴趣类似的好友。

5. 基于位置的服务

随着移动设备的发展，用户的位置信息已经能够很容易地获取到。位置信息包含了很强的上下文关系信息，如果用户在用餐时间打开服务，而用户又正好身处商业区，那么此时已打开的服务很可能会为用户推荐附近的餐饮信息。

6. 广告

目前，广告收入仍然是很多互联网公司收入的根基，随机投放广告效率低，很容易造成资源浪费，并且会有降低用户体验的负面影响，而精准化的定向广告投放很适合使用个性化推荐系统实现。与一般的个性化推荐系统不同，个性化广告投放以广告为中心，寻找可能对广告感兴趣的用户；而一般的个性化推荐是以用户为中心，推荐用户感兴趣的内容。

6.2 智能推荐性能度量

评价一个推荐系统的方法有很多，总体可分为 3 个方面，即离线实验、用户调查和在线实验。由于用户调查和在线实验的要求较高，所以目前大多数的推荐系统研究采用的是先通过离线实验验证当前的推荐算法在离线指标上优于现有算法，然后通过用户调查确定当前推荐算法的满意度不低于现有算法。这两项都通过后，最后才进行在线实验，查看测试者所关注的当前推荐算法的指标是否优于现有算法。

6.2.1 离线实验评价指标

离线实验主要基于数据集，不需要实际的系统做支撑，因此测试成本更为低廉，流程也更为简单。离线实验的评价步骤如下。

（1）通过业务系统获取用户行为数据，生成标准数据集。

（2）将数据集进行划分，划分为训练集和测试集。

（3）在训练集上进行推荐模型的训练，在测试集上进行预测。

（4）通过离线评价指标来评价模型在测试集上的预测结果。

离线实验的评价指标可分为准确性指标和非准确性指标两种。

1. 准确性指标

准确性指标是评价推荐系统预测的准确性的指标，是推荐系统中最重要的指标。推荐的结果类型不同，适用的准确性指标也不一样。

（1）推荐列表

在通常情况下，网站向用户进行推荐时，针对每个用户提供的是一个个性化的推荐列表，也叫作 TopN 推荐。TopN 推荐最常用的准确性指标是准确率、召回率和 F1 值。

准确率表示推荐列表中用户喜欢的物品所占的比例。单个用户 u 的推荐准确率定义如式（6-1）所示。

$$P(L_u) = \frac{L_u \bigcap B_u}{L_u} \tag{6-1}$$

在式（6-1）中，L_u 表示用户 u 的推荐列表，B_u 表示测试集中用户 u 喜欢的物品。

整个推荐系统的准确率定义如式（6-2）所示。

$$P_L = \frac{1}{n}\sum_{u \in U} P(L_u)$$ （6-2）

在式（6-2）中，n 表示测试集中用户的数量，U 表示测试集中的用户集合。

召回率表示测试集中用户喜欢的物品出现在推荐列表中的比例。单个用户 u 的推荐召回率定义如式（6-3）所示。

$$R(L_u) = \frac{L_u \bigcap B_u}{B_u}$$ （6-3）

整个推荐系统的召回率定义如式（6-4）所示。

$$R_L = \frac{1}{n}\sum_{u \in U} R(L_u)$$ （6-4）

F1 值（F1 score）是综合了准确率（P）和召回率（R）的评价方法，F1 值取值越高，表明推荐算法越有效。F1 值的定义如式（6-5）所示。

$$F1 = \frac{2PR}{P+R}$$ （6-5）

（2）评分预测

评分预测是指预测一个用户对推荐的物品的评分。评分预测的预测准确度通过均方根误差（RMSE）和平均绝对误差（MAE）来进行评价。

对于测试集 T 中的用户 u 和物品 i，定义用户 u 对物品 i 的实际评分为 r_{ui}，推荐算法的预测评分为 $\hat{r}_{ui}$，则 RMSE 的定义如式（6-6）所示。

$$\text{RMSE} = \frac{\sqrt{\sum_{u,i \in T}\left(r_{ui} - \hat{r}_{ui}\right)^2}}{|T|}$$ （6-6）

MAE 使用绝对值计算，定义如式（6-7）所示。

$$\text{MAE} = \frac{\sum_{u,i \in T}\left|r_{ui} - \hat{r}_{ui}\right|}{|T|}$$ （6-7）

2. 非准确性指标

除了推荐准确性指标外，还有许多其他指标可以评价一个推荐算法的性能，如多样性、新颖性、惊喜度和覆盖率等。

（1）多样性

用户的兴趣是广泛而多样的，因此推荐列表需要尽可能多地覆盖到用户的兴趣领域。多样性越高的推荐系统，用户访问时找到喜好物品的概率越高。推荐列表中物品两两之间的不相似性即为推荐列表的多样性。将物品 i 和 j 之间的相似度定义为 $s(i,j) \in [0,1]$，则用户 u 的推荐列表 $R(u)$ 的多样性定义如式（6-8）所示。

$$\text{Diversity(R(u))} = 1 - \frac{\sum_{i,j \in R(u), i \neq j} s(i,j)}{\frac{1}{2}|R(u)|\left[|R(u)| - 1\right]}$$ （6-8）

推荐系统的整体多样性可以定义为全部用户的推荐列表多样性的平均值，如式（6-9）所示。

$$\text{Diversity} = \frac{1}{|U|} \sum_{u \in U} \text{Diversity}(R(u)) \qquad (6\text{-}9)$$

（2）新颖性

当推荐系统推荐给用户的物品是用户未曾听说过的物品时，这次推荐对于用户来说就是一次新颖的推荐。评价新颖性的一个简单方法是使用推荐结果的平均流行度。推荐物品的流行度越低，物品越不热门，越可能会让用户觉得新颖。若推荐结果中物品的平均流行度较低，那么推荐结果可能拥有较高的新颖性。

定义物品 i 的流行度为 $p(i)$，则用户 u 的推荐列表 L_u 的新颖性定义如式（6-10）所示。

$$\text{Novelty}(L_u) = \frac{\sum_{i \in L_u} p(i)}{|L_u|} \qquad (6\text{-}10)$$

推荐系统的整体新颖性可以定义为全部用户 n 的推荐列表新颖性的平均值，如式（6-11）所示。

$$\text{Novelty} = \frac{1}{n} \sum_{n \in U} \text{Novelty}(L_u) \qquad (6\text{-}11)$$

（3）惊喜度

惊喜度与新颖性的区别在于，新颖性指的是推荐给用户的物品是用户没有听说过的物品，而惊喜度是指推荐给用户的物品与用户历史记录中感兴趣的物品不相似，但是用户又觉得满意。目前尚未有一个公认的惊喜度指标的定义方式，此处只给出一种定性的度量方式。

（4）覆盖率

覆盖率用于描述一个推荐系统对于物品长尾的挖掘能力。覆盖率最常见的定义是推荐系统推荐出的物品列表中的物品数目占总物品集合中物品数目的比例。定义用户 u 的推荐列表为 L_u，则推荐系统的覆盖率定义如式（6-12）所示，其中 n 表示全部用户数。

$$\text{Coverage} = \frac{\left| \bigcup_{u \in U} L_u \right|}{n} \qquad (6\text{-}12)$$

6.2.2　用户调查评价指标

离线实验的指标和实际的商业指标存在一定的差距，一个拥有较高预测准确率的推荐系统并不一定拥有更高的用户满意度。要准确评价一个推荐算法，除了离线实验，还需要一个相对真实的环境进行测试。在无法确定算法是否会降低用户满意度的情况下，直接进行上线测试会有较高的风险，因此通常会在上线测试前进行一次用户调查测试。

用户作为推荐系统的重要参与者，其满意度是评测推荐系统的最重要指标。用户调查获得用户满意度主要是通过调查问卷的形式。设计问卷时，设计人员需要从不同的侧面询问用户对推荐结果的不同感受，而不是简单直接地询问用户对推荐结果是否满意，这样用户才能针对问题给出自己准确的回答。

6.2.3　在线实验评价指标

在推荐系统完成离线实验和用户调查后，就可以上线做 AB 测试，与旧的现有算法进行比较。AB 测试是一种常见的在线评测算法的实验方法，通过将用户随机分成几组，对不同组用户采用不同算法，并进行对照，通过统计不同组用户的各种评测指标比较不同算法的效果。常见的在线实验评价指标有实时性、健壮性、用户满意度和商业指标等。

1．实时性

网站中的物品往往具有很强的时效性，如新闻、微博等，因此需要在时效性尚未消失的时候就推荐给用户。推荐系统的实时性体现为两个方面：一是能够实时地更新推荐列表，满足用户的新的行为变化，通过推荐列表的变化速率来进行评测；二是推荐系统能够将新加入系统的物品推荐给用户，通过用户推荐列表中新加物品所占比例来进行评测。

2．健壮性

在线上运行的算法系统会不可避免地遭受攻击的问题，对于推荐系统而言，最常见的攻击就是作弊，健壮性指标衡量了一个推荐系统抗作弊的能力。

推荐系统健壮性的评测主要通过模拟攻击来实现，在给定一个数据集和算法的情况下，利用算法为数据集中的用户生成推荐列表；然后用常用的攻击方法向数据集中注入噪声，之后再使用相同的算法生成推荐列表；再对攻击前后推荐列表的相似度进行评价，从而评价推荐算法的健壮性。

3．用户满意度

推荐系统中的用户满意度主要通过一些用户行为的统计结果得到，最常见的情况是通过点击率、用户停留时间和转化率等指标度量用户的满意度。

4．商业指标

在实际应用中，线上运行的推荐系统能否帮助达成商业目标是十分重要的。最简单、直接的表现是上线推荐系统后能否加速完成商业指标，如销售额、广告点击数等。不同的网站有不同的指标，这些指标的本质在于衡量上线系统能否为网站带来更多的盈利。

6.3　基于关联规则的智能推荐

关联规则可以挖掘出物品间的关联关系，物品间的关联性越强，推荐给用户时越可能受用户喜欢。提取关联规则的最大困难在于，当存在很多商品时，可能的商品组合（规则的前项与后项）数目会十分庞大。因此，各种关联规则分析的算法会从不同方面入手，缩小可能的搜索空间的大小并减少扫描数据的次数，目前常见的关联规则算法有 Apriori 和 FP-Growth。

6.3.1　关联规则和频繁项集

1．关联规则的一般形式

项集 A、B 同时发生的概率称为关联规则的支持度（也称相对支持度），如式（6-13）所示。

$$\text{Support}(A \Rightarrow B) = P(A \bigcap B) \tag{6-13}$$

项集 A 发生，则项集 B 发生的概率为关联规则的置信度，如式（6-14）所示。

$$\text{Confidence}(A \Rightarrow B) = P(B|A) \tag{6-14}$$

2. 最小支持度和最小置信度

最小支持度是用户或专家定义的衡量支持度的一个阈值，表示项目集在统计意义上的最低重要性；最小置信度是用户或专家定义的衡量置信度的一个阈值，表示关联规则的最低可靠性。同时满足最小支持度阈值和最小置信度阈值的规则被称作强规则。

3. 项集

项集是项的集合。包含 k 个项的项集称为 k 项集，如集合 {牛奶,麦片,糖} 是一个 3 项集。

项集的出现频数是所有包含项集的事务计数，又被称作绝对支持度或支持度计数。如果项集 I 的相对支持度满足预定义的最小支持度阈值，那么 I 是频繁项集。频繁 k 项集通常记作 L_k。

4. 支持度计数

项集 A 的支持度计数是事务数据集中包含项集 A 的事务个数，简称为项集的频数或计数。

已知项集的支持度计数，则规则 $A \Rightarrow B$ 的支持度和置信度很容易根据所有事务计数、项集 A 和项集 $A \bigcup B$ 的支持度计数推出，分别如式（6-15）和式（6-16）所示，其中 N 表示总事务个数，σ 表示计数。

$$\text{Support}(A \Rightarrow B) = \frac{A、B \text{ 同时发生的事务个数}}{\text{所有事务个数}} = \frac{\sigma(A \bigcup B)}{N} \tag{6-15}$$

$$\text{Confidence}(A \Rightarrow B) = P(B|A) = \frac{\sigma(A \bigcup B)}{\sigma(A)} \tag{6-16}$$

也就是说，一旦得到所有事务个数，A、B 和 $A \bigcup B$ 的支持度计数，即可导出对应的关联规则 $A \Rightarrow B$ 和 $B \Rightarrow A$，并可以检查该规则是否是强规则。

6.3.2 Apriori

Apriori 算法的主要思想是：找出存在于事务数据集中的最大频繁项集，再利用得到的最大频繁项集与预先设定的最小置信度阈值生成强关联规则。

1. Apriori 算法实现的两个过程

频繁项集的所有非空子集也必须是频繁项集。根据该性质可以得出：向不是频繁项集的项集 I 中添加事务 A，新的项集 $I \bigcup A$ 一定也不是频繁项集。

（1）找出所有的频繁项集（支持度必须大于等于给定的最小支持度阈值），在这个过程中，连接步和剪枝步互相融合，最终得到最大频繁项集 L_k。

①连接步。连接步的目的是找到 K 项集。对于给定的最小支持度阈值，对 1 项候选集 C_1，剔除小于该阈值的项集得到 1 项频繁项集 L_1；下一步由 L_1 自身连接产生 2 项候选集 C_2，保留 C_2 中满足约束条件的项集得到 2 项频繁项集，记为 L_2；再下一步由 L_2 与 L_1 连接产生 3 项候选集 C_3，保留 C_3 中满足约束条件的项集得到 3 项频繁项集，记为 L_3；……这

样循环下去，即可得到最大频繁项集 L_k。

②剪枝步。剪枝步紧接着连接步，在产生候选集 C_k 的过程中起到缩小搜索空间的目的。由于 C_k 是 L_{k-1} 与 L_1 连接产生的，根据 Apriori 的性质，频繁项集的所有非空子集也必须是频繁项集，所以不满足该性质的项集将不会存在于 C_k 中，该过程就是剪枝。

（2）由频繁项集产生强关联规则。由过程（1）可知，未超过预定的最小支持度阈值的项集已被剔除，如果剩下这些项集又满足了预定的最小置信度阈值，那么强关联规则就被挖掘出来了。

2. 使用 Apriori 算法实现餐饮菜品关联分析

下面结合餐饮行业的实例，讲解 Apriori 关联规则算法挖掘的实现过程。数据库中部分点餐数据如表 6-1 所示。

表6-1　数据库中部分点餐数据

序列	时间	订单号	菜品 id	菜品名称
1	2014-8-21	101	18491	健康麦香包
2	2014-8-21	101	8693	香煎葱油饼
3	2014-8-21	101	8705	翡翠蒸香茜饺
4	2014-8-21	102	8842	菜心粒咸骨粥
5	2014-8-21	102	7794	养颜红枣糕
6	2014-8-21	103	8842	金丝燕麦包
7	2014-8-21	103	8693	三丝炒河粉
……	……	……	……	……

首先将表 6-1 中的事务数据（一种特殊类型的记录数据）整理成关联规则模型所需的数据结构，从中抽取 10 个点餐订单作为事务数据集，设支持度为 0.2（支持度计数为 2）。为方便起见，将菜品 $\{18491, 8842, 8693, 7794, 8705\}$ 分别简记为 $\{a, b, c, d, e\}$，如表 6-2 所示。

表6-2　某餐厅事务数据集

订单号	原菜品 id	转换后的菜品 id
1	18491,8693,8705	a,c,e
2	8842,7794	b,d
3	8842,8693	b,c
4	18491,8842,8693,7794	a,b,c,d
5	18491,8842	a,b
6	8842,8693	b,c
7	18491,8842	a,b
8	18491,8842,8693,8705	a,b,c,e
9	18491,8842,8693	a,b,c
10	18491,8693	a,c

算法实现过程如图 6-1 所示。

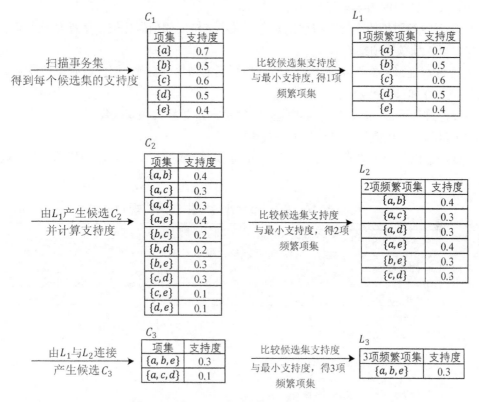

图 6-1　Apriori 算法实现过程

Apriori 算法的具体运算步骤如下。

（1）过程一：找最大 k 项频繁项集

①简单扫描所有的事务，事务中的每一项都是候选 1 项集的集合 C_1 的成员，计算每一项的支持度，如 $P(\{a\}) = \dfrac{\text{项集}\{a\}\text{的支持度计数}}{\text{所有事务个数}} = \dfrac{7}{10} = 0.7$。

②将 C_1 中各项集的支持度与预先设定的最小支持度阈值做比较，保留大于或等于该阈值的项，得 1 项频繁项集 L_1。

③扫描所有事务，L_1 与 L_1 连接得候选 2 项集 C_2，并计算每一项的支持度，如 $P(\{a,b\}) = \dfrac{\text{项集}\{a,b\}\text{的支持度计数}}{\text{所有事务个数}} = \dfrac{5}{10} = 0.5$。接着是剪枝步，由于 C_2 的每个子集（L_1）都是频繁项集，所以没有项集从 C_2 中剔除。

④将 L_1 中各项集的支持度与预先设定的最小支持度阈值做比较，保留大于或等于该阈值的项，得 2 项频繁项集 L_2。

⑤扫描所有事务，L_2 与 L_1 连接得候选 3 项集 C_3，并计算每一项的支持度，如 $P\{a,b,c\} = \dfrac{\text{项集}\{a,b,c\}\text{的支持度计数}}{\text{所有事务个数}} = \dfrac{3}{10} = 0.3$。接着是剪枝步，$L_2$ 与 L_1 连接的所有项集为 $\{a,b,c\}$、$\{a,b,d\}$、$\{a,c,d\}$、$\{a,c,e\}$、$\{b,c,d\}$、$\{b,c,e\}$，根据 Apriori 算法，频繁项集的所有非空子

集也必须是频繁项集，因为$\{b,c\}$、$\{b,e\}$、$\{c,d\}$不包含在 b 项频繁项集 L_2 中，即不是频繁项集，应剔除，最后 C_3 中的项集只有 $\{a,b,c\}$ 和 $\{a,c,e\}$。

⑥将 C_3 中各项集的支持度与预先设定的最小支持度阈值做比较，保留大于或等于该阈值的项，得 3 项频繁项集 L_3。

⑦L_3 与 L_1 连接得候选 4 项集 C_4，剪枝后得到的项集为空集，因此最后得到最大 3 项频繁项集 $\{a,b,c\}$ 和 $\{a,c,e\}$。

由以上过程可知，L_1、L_2、L_3 都是频繁项集，L_3 是最大频繁项集。

（2）过程二：由频繁项集产生关联规则

尝试基于该例产生关联规则，在 Python 中实现上述 Apriori 算法的代码，如代码 6-1 所示。

代码 6-1　使用 Apriori 算法生成关联规则

In[1]:	``` import pandas as pd from apriori import * # 导入自行编写的 Apriori 函数 # 读入数据 data = pd.read_excel('../data/menu_orders.xls', header=None) data.head() ```
Out[1]:	``` 0 1 2 3 0 a c e NaN 1 b d NaN NaN 2 b c NaN NaN 3 a b c d 4 a b NaN NaN ```
In[2]:	``` print('\n 转换原始数据至 0-1 矩阵...') ct = lambda x: pd.Series(1, index=x[pd.notnull(x)]) # 转换 0-1 矩阵的过渡函数 b = map(ct, data.as_matrix()) # 用 map 方式执行 data = pd.DataFrame(list(b)).fillna(0) # 实现矩阵转换，空值用 0 填充 print('\n 转换完毕') ```
Out[2]:	转换原始数据至 0-1 矩阵... 转换完毕
In[3]:	``` data.head() ```
Out[3]:	``` a c e b d 0 1.0 1.0 1.0 0.0 0.0 1 0.0 0.0 0.0 1.0 1.0 2 0.0 1.0 0.0 1.0 0.0 3 1.0 1.0 0.0 1.0 1.0 4 1.0 0.0 0.0 1.0 0.0 ```
In[4]:	``` support = 0.2 # 最小支持度 confidence = 0.5 # 最小置信度 # 连接符，默认为'---'，用来区分不同元素，如 A---B。需要保证原始表格中不含 有该字符 ms = '---' find_rule(data, support, confidence, ms).to_excel('../tmp/ outputfile.xls', encoding='utf-8') ```

```
Out[4]:   正在进行第 1 次搜索...
          数目: 6...

          正在进行第 2 次搜索...
          数目: 3...

          正在进行第 3 次搜索...
          数目: 0...

          结果为:
                    support    confidence
          e---a       0.3      1.000000
          e---c       0.3      1.000000
          c---e---a   0.3      1.000000
          a---e---c   0.3      1.000000
          c---a       0.5      0.714286
          a---c       0.5      0.714286
          a---b       0.5      0.714286
          c---b       0.5      0.714286
          b---a       0.5      0.625000
          b---c       0.5      0.625000
          a---c---e   0.3      0.600000
          b---c---a   0.3      0.600000
          a---c---b   0.3      0.600000
          a---b---c   0.3      0.600000
```

针对代码 6-1 的第一条输出结果进行解释：顾客同时点菜品 e 和 a 的概率是 30%，点了菜品 e，再点菜品 a 的概率是 100%。知道了这些以后，就可以对顾客进行智能推荐，增加销量的同时满足顾客需求。

6.3.3　FP-Growth

不同于 Apriori 算法生成候选项集再检查是否频繁的"产生-测试"方法，FP-Growth 算法使用一种频繁模式树（FP-Tree，FP 代表频繁模式，即 Frequent Pattern）的菜单紧凑数据结构组织数据，并直接从该结构中提取频繁项集。

1. FP-Growth 算法的基本过程

相对于 Apriori 对每个潜在的频繁项集都扫描数据集判定是否满足支持度，FP-Growth 算法只需要遍历两次数据集，因此它在大数据集上的速度显著优于 Apriori。FP-Growth 算法的基本运算步骤如下。

（1）扫描数据，得到所有 1 项频繁项集的计数。然后删除支持度低于阈值的项，将 1 项频繁项集放入项头表，并按照支持度降序排列。

（2）读入排序后的数据集，插入 FP 树，插入时将项集按照排序后的顺序插入 FP 树中，排序靠前的节点是祖先节点，靠后的是子孙节点。如果有共用的祖先，那么对应的公用祖先节点计数加 1。插入后，如果有新节点出现，那么项头表对应的节点会通过节点链表连接新节点。直到所有的数据都插入到 FP 树后，FP 树的建立即完成。

（3）从项头表的底部项依次向上找到项头表项对应的条件模式基，从条件模式基递归挖掘得到项头表项的频繁项集。

（4）若不限制频繁项集的项数，则返回步骤（3）所有的频繁项集，否则只返回满足项数要求的频繁项集。

2．FP-Growth 算法原理

FP-Growth 算法主要包含 3 个部分：扫描数据集建立项头表、基于项头表建立 FP 树和基于 FP 树挖掘频繁项集。

（1）建立项头表

要建立 FP 树首先需要建立项头表，建立项头表需要先对数据集进行一次扫描，得到所有 1 项频繁项集的计数，将低于设定支持度阈值的项过滤掉后，将 1 项频繁项集放入项头表并按照项集的支持度进行降序排序。之后对数据集进行第二次扫描，从原始数据中剔除 1 项非频繁项集，并按照项集的支持度降序排序。

以一个含有 10 条数据的数据集为例，数据集中的数据如表 6-3 所示。

表 6-3　示例数据集

序号	数据
1	A，B，C，E，F，H
2	A，C，G
3	E，I
4	A，C，D，E，G
5	A，D，E，L
6	E，J
7	A，B，C，E，F，P
8	A，C，D
9	A，C，E，G，M
10	A，C，E，G，K

对数据集进行扫描，支持度阈值设为 20%，由于 H、I、J、K、L、P、M 都仅出现一次，小于设定的 20% 的支持度阈值，因此将不进入项头表。将 1 项非频繁项集按降序排序后构建的项头表如表 6-4 所示。

表 6-4　项头表

频繁项	计数
A	8
E	8
C	7
G	4
D	3
B	2
F	2

第二次扫描数据，将每条数据中的 1 项非频繁项集删去，并按照项集的支持度降序排列，如数据项 "A，B，C，E，F，H"，其中 H 为 1 项非频繁项集。剔除后按项集的支持度降序排列后的数据项为 "A，E，C，B，F"，得到排序后的数据集如表 6-5 所示。

表 6-5　排序后的数据集

序号	数据
1	A，E，C，B，F
2	A，C，G
3	E
4	A，E，C，G，D
5	A，E，D
6	E
7	A，E，C，B，F
8	A，C，D
9	A，E，C，G
10	A，E，C，G

（2）建立 FP 树

构建项头表并对数据集进行排序后，就可以开始建立 FP 树。建立 FP 树时按顺序读入排序后的数据集，插入 FP 树中时按照排序的顺序插入，排序最为靠前的是父节点，之后是子孙节点。如果出现共同的父节点，那么对应父节点的计数增加 1。插入时如果有新节点加入树中，那么将项头表中对应的节点通过节点链表链接上新节点。在所有的数据项都插入 FP 树后，FP 树建立完成。

以建立项头表的数据集为例，构建 FP 树的过程如图 6-2 所示。

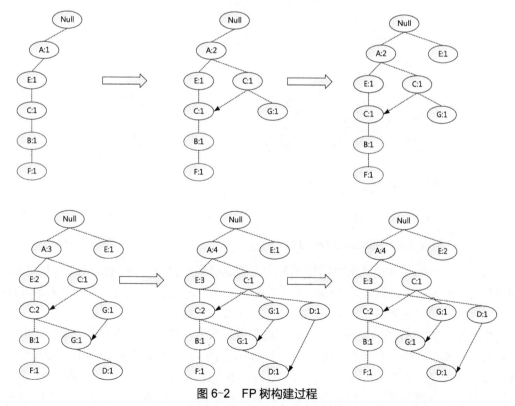

图 6-2　FP 树构建过程

建立 FP 树的具体步骤如下。

①读入第一条数据 "A，E，C，B，F"，此时 FP 树中没有节点，按顺序构成一条完整路径，每个节点的计数为 1。

②读入第二条数据 "A，C，G"，在 A 节点处延伸一条新路径，并且 A 节点计数加 1，其余节点计数为 1。

③读入第三条数据 "E"，从根节点位置延伸一条新路径，计数为 1。

④读入第四条数据 "A，E，C，G，D"，在 C 节点处延伸一条新路径，共用的 "A，E，C" 计数加 1，新建的节点计数为 1。

⑤重复以上步骤直至整个 FP 树构建完成，最终得到的 FP 树如图 6-3 所示。

（3）挖掘频繁项集

在构建 FP 树、项头表和节点链表后，需要从项头表的底部项依次向上挖掘频繁项集，这需要找到项头表中对应于 FP 树的每一项的条件模式基。条件模式基是以要挖掘的节点作为叶子节点所对应的 FP 子树。得到该 FP 子树后，将子树中每个节点的计数设置为叶子节点的计数，并删除计数低于最小支持度的节点。基于这个条件模式基就可以递归挖掘得到频繁项集了。

以构建 F 节点的条件模式基为例，F 节点在 FP 树中只有一个子节点，因此只有一条路径{A:8,E:6,C:5,B:2,F:2}，得到 F 节点的 FP 子树，如图 6-4 所示。接着将所有父节点的计数设置为子节点的计数，即 FP 子树变成{A:2,E:2,C:2,B:2,F:2}。通常，条件模式基可以不写子节点，如图 6-5 所示。

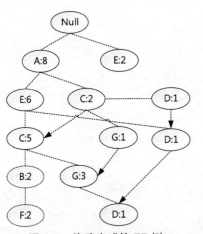

图 6-3　构建完成的 FP 树

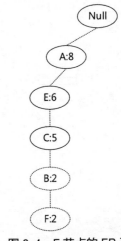

图 6-4　F 节点的 FP 子树

通过 F 节点的条件模式基可以得到 F 的频繁 2 项集为{A:2,F:2}、{E:2,F:2}、{C:2,F:2}、{B:2,F:2}。将 2 项集递归合并得到频繁 3 项集为{A:2,C:2,F:2}、{A:2,E:2,F:2}等。最终递归得到最大的频繁项集为频繁 5 项集{A:2,E:2,C:2,B:2,F:2}。

获取 B 节点的频繁项集的过程与 F 节点类似，此处不再列出。但此处需要特别提一下 D 节点，D 节点在树中有 3 个子节点，得到 D 节点的 FP 子树如图 6-6 所示。接着将所有的父节点计数设置为子节点的计数，即变成{A:3,E:2,C:2,G:1,D:1,D:1,D:1}。由于 G 节点在子树中的支持度低于阈值，在去除低支持度节点并不包括子节点后，D 节点的条件模式基为{A:3,E:2,C:2}。通过 D 节点的条件模式基得到 D 的频繁 2 项集为{A:3,D:3}、{E:2,D:2}、{C:2,D:2}。递归合并 2 项集，得到频繁 3 项集为{A:2,E:2,D:2}、{A:2,C:2,D:2}。D 节点对应的最大的频繁项集为频繁 3 项集。其余节点可以用类似的方法得出对应的频繁项集。

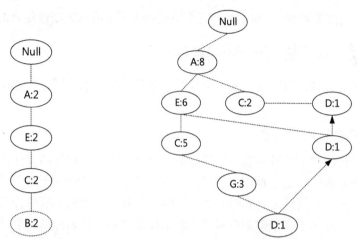

图 6-5　F 节点条件模式基　　　　　图 6-6　D 节点的 FP 子树

3. 使用 FP-Growth 算法实现新闻站点点击流频繁项集挖掘

使用 FP-Growth 算法挖掘匈牙利在线新闻门户的点击流数据 kosarak.dat 中的频繁项集，该数据有将近 100 万条记录，每一行包含某个用户浏览过的新闻报道。新闻报道被编码成整数，使用 FP-Growth 算法挖掘其中的频繁项集，可查看哪些新闻 ID 被用户大量浏览过。

在 Python 中实现用 FP-Growth 算法挖掘新闻门户点击流中的频繁项集，代码如代码 6-2所示。

代码 6-2　使用 FP-Growth 算法挖掘新闻门户点击流中的频繁项集

```
In[1]:    import fpGrowth   # 导入自编的 FP-Growth 算法的函数

          # 读取数据并转换格式
          newsdata = [line.split() for line in open('../data/kosarak.dat').
          readlines()]
          indataset = fpGrowth.createInitSet(newsdata)
          # 构建树，寻找其中浏览次数在 5 万次以上的新闻
          news_fptree, news_headertab = fpGrowth.createTree(indataset,
          50000)
          # 创建空列表，用于保存频繁项集
          newslist = []
          fpGrowth.mineTree(news_fptree, news_headertab, 50000, set([]),
          newslist)
          # 查看结果
          print('浏览次数在 5 万次以上的新闻报道集合个数: ', len(newslist))
          print('浏览次数在 5 万次以上的新闻: \n', newslist)

Out[1]:   浏览次数在 5 万次以上的新闻报道集合个数: 29
          浏览次数在 5 万次以上的新闻:
           [{'1'}, {'1', '6'}, {'1', '3'}, {'1', '11'}, {'1', '11', '6'},
          {'3'}, {'3', '11'}, {'3', '11', '6'}, {'3', '6'}, {'11'}, {'11',
```

```
'6'}, {'6'}, {'4'}, {'27'}, {'27', '6'}, {'148'}, {'148', '11'},
{'148', '11', '6'}, {'148', '218'}, {'148', '6', '218'}, {'148',
'6'}, {'7'}, {'7', '11'}, {'7', '11', '6'}, {'7', '6'}, {'218'},
{'218', '11'}, {'218', '11', '6'}, {'218', '6'}]
```

由代码 6-2 的结果可知,该网站上浏览次数超过 5 万次的新闻报道集合的个数为 29 个。

6.4　基于协同过滤的智能推荐

常见的协同过滤推荐技术主要分为两大类,即基于用户的协同过滤推荐和基于物品的协同过滤推荐。

6.4.1　基于用户的协同过滤

基于用户的协同过滤的基本思想相当简单,即基于用户对物品的偏好找到邻居用户,然后将邻居用户喜欢的物品推荐给当前用户。在计算上,就是将一个用户对所有物品的偏好作为一个向量来计算用户之间的相似度,找到 K 邻居后,根据邻居的相似度权重以及他们对物品的偏好,预测不在当前用户偏好中的未涉及物品,计算得到一个排序的物品列表作为推荐。图 6-7 给出了一个例子,对于用户 A,根据其历史偏好,这里只计算得到一个邻居用户 C,可以将用户 C 喜欢的物品 D 推荐给用户 A。

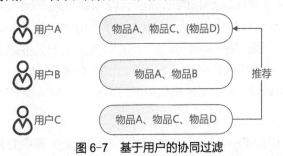

图 6-7　基于用户的协同过滤

1. 算法原理

实现基于用户的协同过滤算法的第一个重要步骤就是计算用户之间的相似度。计算相似度、建立相关系数矩阵目前主要分为以下几种方法。

（1）皮尔逊相关系数

皮尔逊相关系数一般用于计算两个定距变量间联系的紧密程度,它的取值在[-1,+1]区间内。皮尔逊相关系数等于两个变量的协方差除以两个变量的标准差,计算公式如式（6-17）所示。

$$s(X,Y) = \frac{\mathrm{Cov}(X,Y)}{\sigma_X \sigma_Y} \tag{6-17}$$

皮尔逊相关系数由于描述的是两组数据变化移动的趋势,所以在基于用户的协同过滤系统中经常被使用。当描述用户购买或评分变化的趋势时,若趋势相近,则皮尔逊相关系数趋近于 1,即认为用户相似。

（2）基于欧几里得距离的相似度

基于欧几里得距离计算相似度是所有相似度计算里面最简单、最易理解的方法,它以经过人们一致评价的物品为坐标轴，然后将参与评价的人绘制到坐标系上，并计算这些人彼此之间的直线距离 $\sqrt{\sum(X_i - Y_i)^2}$。计算得到的欧几里得距离是一个大于 0 的数，为了使其更能体现用户之间的相似度，可以把它归约到(0,1]区间内，最终得到的计算公式如式（6-18）所示。

$$s(X,Y) = \frac{1}{1+\sqrt{\sum(X_i - Y_i)^2}} \qquad （6-18）$$

只要至少有一个共同评分项，即可用欧几里得距离计算相似度；如果没有共同评分项，那么欧几里得距离也就失去了作用，这也意味着这两个用户根本不相似。

（3）余弦相似度

余弦相似度用向量空间中两个向量夹角的余弦值来衡量两个个体间差异的大小，如图 6-8 所示。余弦相似度更加注重两个向量在方向上的差异，而非距离或长度上的差异，计算公式如式（6-19）所示。

$$s(X,Y) = \cos\theta = \frac{\vec{x} \cdot \vec{y}}{|x| \cdot |y|} \qquad （6-19）$$

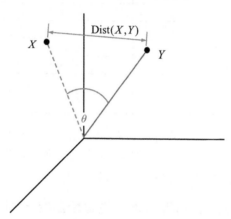

图 6-8　余弦相似度

由图 6-8 可以看出，距离衡量的是空间各点间的绝对距离，跟各个点所在的位置坐标（个体特征维度的数值）直接相关；而余弦相似度衡量的是空间向量的夹角，更多的是体现方向上的差异，而不是位置。如果保持 X 点的位置不变，Y 点朝原方向远离坐标轴原点，那么这个时候余弦相似度 $\cos\theta$ 是保持不变的（因为夹角不变），而此时 X、Y 两点的距离在发生改变，这就是欧几里得距离和余弦相似度的不同之处。

（4）预测评分

基于用户的协同过滤算法的另一个重要步骤是计算用户 u 对未评分商品的预测评分。首先根据上一步中的相似度计算，寻找用户 u 的邻居集 $N \in U$，其中 N 表示邻居集，U 表示用户集。然后结合用户评分数据集，预测用户 u 对项 i 的评分，计算公式如式（6-20）所示。

$$p_{u,i} = \bar{r} + \frac{\sum_{u' \subset N} s(u-u')(r_{u',i} - \bar{r}_{u'})}{\sqrt{\sum_{u' \subset N}|s(u-u')|}} \qquad （6-20）$$

其中，$s(u-u')$ 表示用户 u 和用户 u' 的相似度。

最后，基于对未评分商品的预测评分排序得到推荐商品列表。

2. 基于用户的个性化电影推荐

这里通过个性化电影推荐的实例演示基于用户的协同过滤算法在 Python 中的实现。如今，观看电影已经成为大众喜爱的休闲娱乐方式之一，合理的个性化电影推荐一方面能够促进电影行业的发展，另一方面也可以让用户在数量众多的电影中迅速找到自己想要的电影，做到两全其美，甚至更进一步，可以明确市场走向，对后续电影的类型导向等起到重要作用。

MovieLens 数据集记录了 943 个用户对 1682 部电影的共 100000 个评分，每个用户至少对 20 部电影进行了评分。脱敏后的部分电影评分数据如表 6-6 所示。

表 6-6 脱敏后的部分电影评分数据

用户 ID	电影 ID	电影评分	时间标签
1	1	5	874965758
1	2	3	876893171
1	3	4	878542960
1	4	3	876893119
1	5	3	889751712
1	6	4	875071561
1	7	1	875072484
……	……	……	……

接下来，在 Python 中实现使用基于用户的协同过滤算法进行个性化电影推荐。将原始的事务性数据导入 Python 中，因为原始数据无字段名，所以首先需要对相应的字段进行重命名，再运行基于用户的协同过滤算法，如代码 6-3 所示。

代码 6-3　使用基于用户的协同过滤算法进行个性化电影推荐

```
In[1]:    # 使用基于用户的协同过滤算法对电影进行推荐
          import pandas as pd
          from recommender import recomm  # 加载自编推荐函数

          # 读入数据
          traindata = pd.read_csv('../data/u1.base',sep='\t', header=None,
          index_col=None)
          testdata = pd.read_csv('../data/u1.test',sep='\t', header=None,
          index_col=None)
          # 删除时间标签列
          traindata.drop(3,axis=1, inplace=True)
          testdata.drop(3,axis=1, inplace=True)
          # 行与列重新命名
          traindata.rename(columns={0:'userid',1:'movid',2:'rat'},
          inplace=True)
          testdata.rename(columns={0:'userid',1:'movid',2:'rat'},
          inplace=True)
          traindf=traindata.pivot(index='userid', columns='movid',
          values='rat')
```

```
testdf=testdata.pivot(index='userid', columns='movid', values=
'rat')
traindf.rename(index={i:'usr%d'%(i) for i in traindf.index} ,
inplace=True)
traindf.rename(columns={i:'mov%d'%(i) for i in traindf.columns} ,
inplace=True)
testdf.rename(index={i:'usr%d'%(i) for i in testdf.index} ,
inplace=True)
testdf.rename(columns={i:'mov%d'%(i) for i in testdf.columns} ,
inplace=True)
userdf=traindf.loc[testdf.index]
# 获取预测评分和推荐列表
trainrats,trainrecomm=recomm(traindf,userdf)
print('用户预测评分的前 5 行: \n',trainrats.head())
```

Out[1]:　用户预测评分的前 5 行:
```
movid      mov1      mov2      mov3    ...   mov1680   mov1681   mov1682
userid                                  ...
usr1     5.000000  3.000000  4.000000  ...    NaN       NaN       NaN
usr2     4.000000  3.380623  3.290610  ...    NaN       NaN       NaN
usr3     3.321139  2.856091     NaN    ...    NaN       NaN       NaN
usr4        NaN       NaN       NaN    ...    NaN       NaN       NaN
usr5     3.520812  2.915504  2.555488  ...    NaN       NaN       NaN
```

In[2]:
```
# 保存预测的评分
trainrats.to_csv('../tmp/movie_comm.csv', index=False, encoding =
'utf-8')
print('用户推荐列表的前 5 行: \n',trainrecomm[:5])
```

Out[2]:　用户推荐列表的前 5 行:
```
[Index(['mov479', 'mov302', 'mov100'], dtype='object', name='movid'),
 Index(['mov603', 'mov169', 'mov318'], dtype='object', name='movid'),
 Index(['mov408', 'mov432', 'mov507'], dtype='object', name='movid'),
 Index(['mov100', 'mov302', 'mov923'], dtype='object', name='movid'),
 Index(['mov127', 'mov180', 'mov56'], dtype='object', name='movid')]
```

6.4.2　基于物品的协同过滤

　　基于物品的协同过滤原理和基于用户的协同过滤原理类似,只是在计算邻居时采用物品本身,而不是从用户的角度来进行计算的,即基于用户对物品的偏好找到相似的物品,再根据用户的历史偏好,推荐相似的物品给用户。从计算的角度来看,是将所有用户对某个物品的偏好作为一个向量,计算物品之间的相似度,得到物品的相似物品后,根据用户的历史偏好预测当前用户还没有表示偏好的物品,计算得到一个排序的物品列表作为推荐。对于物品 A,根据所有用户的历史偏好为物品 A 的用户都喜欢物品 C,得出物品 A 和物品 C 比较相似,而用户 C 喜欢物品 A,可以推断出用户 C 可能也喜欢物品 C,如图 6-9所示。

1.　算法原理

　　根据协同过滤的处理过程可知,基于物品的协同

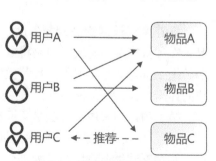

图 6-9　基于物品的协同过滤

过滤算法（简称 ItemCF 算法）主要分为以下两个步骤。

（1）计算物品之间的相似度。

（2）根据物品之间的相似度和用户的历史行为为用户生成推荐列表。

其中关于物品相似度的计算方法有夹角余弦、杰卡德（Jaccard）相似系数和相关系数等。

将用户对某一个物品的喜好或评分作为一个向量，例如，所有用户对物品 1 的评分或喜好程度表示为 $A_1 = (x_{11}, x_{21}, x_{31}, \cdots, x_{n1})$，所有用户对物品 m 的评分或喜好程度表示为 $A_M = (x_{1m}, x_{2m}, x_{3m}, \cdots, x_{nm})$，其中 m 为物品，n 为用户数。采用物品相似度的几种计算方法计算两个物品之间的相似度，计算公式及说明如表 6-7 所示。

表 6-7 相似度计算公式及说明

方法	公式	说明
夹角余弦	$\mathrm{sim}_{lm} = \dfrac{\sum_{k=1}^{n} x_{k1} x_{km}}{\sqrt{\sum_{k=1}^{n} x_{k1}^2} \sqrt{\sum_{k=1}^{n} x_{km}^2}}$	k 表示用户，取值在[−1,1]区间内。当余弦值接近 ±1 时，表明两个向量有较强的相似性；当余弦值为 0 时，表示不相关
杰卡德相似系数	$J(A_l, A_m) = \dfrac{\|A_l \cap A_m\|}{\|A_l \cup A_m\|}$	分母 $A_l \cup A_m$ 表示喜欢物品 l 与喜欢物品 m 的用户总数，分子 $A_l \cap A_m$ 表示同时喜欢物品 l 和物品 m 的用户数
相关系数	$\mathrm{sim}_{lm} = \dfrac{\sum_{k=1}^{n} (x_{k1} - \bar{A}_l)(x_{km} - \bar{A}_m)}{\sqrt{\sum_{k=1}^{n} (x_{k1} - \bar{A}_l)^2} \sqrt{\sum_{k=1}^{n} (x_{km} - \bar{A}_m)^2}}$	取值在[−1,1]区间内。相关系数的绝对值越大，则表明两者相关度越高

计算各个物品之间的相似度后，即可构成一个物品之间的相似度矩阵，如表 6-8 所示。通过相似度矩阵，推荐算法会为用户推荐与用户偏好的物品最相似的 K 个物品。

表 6-8 相似度矩阵

物品	A	B	C	D
A	1	0.763	0.251	0
B	0.763	1	0.134	0.529
C	0.251	0.134	1	0.033
D	0	0.529	0.033	1

式（6-21）度量了推荐算法中用户对所有物品的感兴趣程度。其中 R 代表用户对物品的兴趣，sim 代表所有物品之间的相似度，P 为用户对物品感兴趣的程度。

$$P = \mathrm{sim} \times R \tag{6-21}$$

推荐系统根据物品的相似度以及用户的历史行为对用户的兴趣度进行预测并推荐物品，在评价模型的时候一般是将数据集划分成训练集和测试集两部分。模型通过在训练集的数据上进行训练学习得到推荐模型，然后在测试集数据上进行模型预测，最终统计出相应的评测指标，评价模型预测效果的好与坏。

模型的评测采用的方法是交叉验证法。交叉验证法即将用户行为数据集按照均匀分布随机分成 M 份，挑选一份作为测试集，将剩下的 $M-1$ 份作为训练集。在训练集上建立模型，并在测试集上对用户行为进行预测，统计出相应的评测指标。为了保证评测指标并不是过拟合的结果，需要进行 M 次实验，并且每次都使用不同的测试集。最后将 M 次实验测出的评测指标的平均值作为最终的评测指标。

构建基于物品的协同过滤推荐模型的流程如图 6-10 所示。

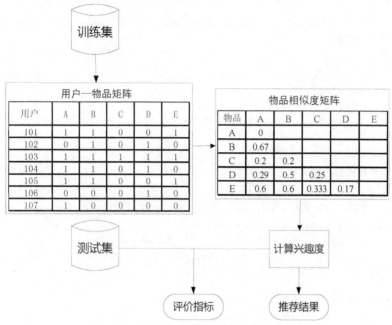

图 6-10　基于物品的协同过滤建模流程图

在图 6-10 中，训练集与测试集是通过交叉验证的方法进行划分后的数据集。通过协同过滤算法的原理可知，在建立推荐系统时，建模的数据量越大，越能消除数据中的随机性，得到的推荐结果越好。但该算法的弊端在于，数据量越大，模型建立和模型计算的耗时就越久。

2. 基于物品的个性化电影推荐

同样使用 MovieLens 数据集，将原始数据导入 Python 后使用基于物品的协同过滤算法进行个性化电影推荐，如代码 6-4 所示。

代码 6-4　使用基于物品的协同过滤算法进行个性化电影推荐

```
In[1]:   import pandas as pd

         # 读入数据
         traindata = pd.read_csv('../data/u1.base', sep='\t', header=None,
         index_col=None)
         testdata = pd.read_csv('../data/u1.test', sep='\t', header=None,
         index_col=None)
         # 删除时间标签列
         traindata.drop(3, axis=1, inplace=True)
         testdata.drop(3, axis=1, inplace=True)
         # 行与列重新命名
         traindata.rename(columns={0: 'userid', 1: 'movid', 2: 'rat'},
         inplace=True)
         testdata.rename(columns={0: 'userid', 1: 'movid', 2: 'rat'},
         inplace=True)
         # 构建训练集数据
```

```
user_tr = traindata.iloc[:, 0]  # 训练集用户 ID
mov_tr = traindata.iloc[:, 1]  # 训练集电影 ID
user_tr = list(set(user_tr))  # 去重处理
mov_tr = list(set(mov_tr))  # 去重处理
print('训练集电影数: ', len(mov_tr))
```

Out[1]: 训练集电影数: 1650

In[2]:
```
# 利用训练集数据构建模型
ui_matrix_tr = pd.DataFrame(0, index=user_tr, columns=mov_tr)
# 求用户-物品矩阵
for i in traindata.index:
        ui_matrix_tr.loc[traindata.loc[i, 'userid'], traindata.loc[i,
'movid']] = 1
print('训练集用户观影次数: ', sum(ui_matrix_tr.sum(axis=1)))
```

Out[2]: 训练集用户观影次数: 80000

In[3]:
```
# 求物品相似度矩阵（因计算量较大，需要耗费的时间较久）
item_matrix_tr = pd.DataFrame(0, index=mov_tr, columns=mov_tr)
for i in item_matrix_tr.index:
        for j in item_matrix_tr.index:
                a = sum(ui_matrix_tr.loc[:, [i, j]].sum(axis=1) == 2)
                b = sum(ui_matrix_tr.loc[:, [i, j]].sum(axis=1) != 0)
                item_matrix_tr.loc[i, j] = a / b
# 将物品相似度矩阵对角线处理为零
for i in item_matrix_tr.index:
    item_matrix_tr.loc[i, i] = 0
# 利用测试集数据对模型进行评价
user_te = testdata.iloc[:, 0]
mov_te = testdata.iloc[:, 1]
user_te = list(set(user_te))
mov_te = list(set(mov_te))
# 测试集数据用户物品矩阵
ui_matrix_te = pd.DataFrame(0, index=user_te, columns=mov_te)
for i in testdata.index:
        ui_matrix_te.loc[testdata.loc[i, 'userid'], testdata.loc[i,
'movid']] = 1
# 对测试集用户进行推荐
res = pd.DataFrame('NaN', index=testdata.index, columns=['User',
'已观看电影', '推荐电影', 'T/F'])
res.loc[:, 'User'] = list(testdata.iloc[:, 0])
res.loc[:, '已观看电影'] = list(testdata.iloc[:, 1])
# 开始推荐
for i in res.index:
    if res.loc[i, '已观看电影'] in list(item_matrix_tr.index):
            res.loc[i, '推荐电影'] = item_matrix_tr.loc[res.loc[i, '
已观看电影'], :].argmax()
            if res.loc[i, '推荐电影'] in mov_te:
                res.loc[i, 'T/F'] = ui_matrix_te.loc[res.loc[i,
'User'], res.loc[i, '推荐电影']] == 1
            else:
                res.loc[i, 'T/F'] = False
# 保存推荐结果
res.to_csv('../tmp/res_mov.csv', index=False, encoding='utf8')
print('推荐结果前 5 行: \n', res.head())
```

```
Out[3]:  推荐结果前 5 行:
              User   已观看电影  推荐电影    T/F
         0     1       6        547      False
         1     1      10        20       True
         2     1      12        11       False
         3     1      14        275      False
         4     1      17        68       False
```

通过基于物品的协同过滤算法构建的推荐系统，可以得到针对用户每次观影记录的用户观影推荐，但是推荐结果可能存在 NaN 的情况。这是由于在目前的数据集中，观看该电影的只有单独一个用户，使用协同过滤算法计算出该电影与其他电影的相似度为 0，所以出现了无法推荐的情况。

小结

本章首先介绍了智能推荐的概念、应用、评价指标。智能推荐系统能帮助用户找到自己喜爱的物品，同时也能帮助厂商和网站推广产品。智能推荐的应用范围涵盖多个领域，包括电子商务、视频网站、音乐、社交网络等。评价标准可分为 3 个方面，即离线实验、用户调查和在线实验。接着，本章介绍了智能推荐的几种常见算法，包括关联规则和协同过滤等。其中关联规则可以挖掘出物品间的关联关系，依据关联关系的强弱为用户进行推荐，常见的关联规则算法有 Apriori 和 FP-Growth。而常见的协同过滤推荐技术主要分为两大类，即基于用户的协同过滤推荐和基于物品的协同过滤推荐。基于用户的智能推荐侧重于给用户推荐相似用户喜好的物品，而基于物品的智能推荐更侧重于用户本身的历史浏览记录。

课后习题

1. 选择题

（1）下面不属于常见的智能推荐应用的是（　　　）。

    A. 电子商务 　　　　　　　　　　B. 视频网站

    C. 识别系统 　　　　　　　　　　D. 音乐

（2）下面不属于准确性评价指标的是（　　　）。

    A. 召回率 　　　　　　　　　　　B. F1 值

    C. RMSE 　　　　　　　　　　　D. 覆盖率

（3）下列关于准确性指标的说法错误的是（　　　）。

    A. 准确率表示用户喜欢的物品在推荐列表中的比例

    B. 召回率表示用户喜欢的物品出现在推荐列表中的比例

    C. RMSE 使用绝对值计算

    D. F1 值综合了准确率和召回率的评价方法

（4）下面不属于在线实验评价指标的是（　　　）。

    A. 多样性 　　　　　　　　　　　B. 健壮性

    C. 实时性 　　　　　　　　　　　D. 商业指标

（5）下列指标中同时属于用户调查和在线实验评价指标的是（　　　）。

  A. 新颖性   B. 惊喜度

  C. 用户满意度   D. 实时性

（6）下面属于 Apriori 算法过程的步骤是（   ）。

  A. 寻找频繁项集   B. 计算用户相似度

  C. 对数据集进行排序   D. 计算物品相似度

（7）下面不属于 FP-Growth 算法的部分是（   ）。

  A. 建立项头表   B. 建立 FP 树

  C. 剪枝   D. 基于 FP 树挖掘频繁项集

（8）下面不属于常用于计算相似度的方法的是（   ）。

  A. 皮尔逊相关系数   B. 余弦相似度

  C. Min-Max 标准化   D. 杰卡德相似系数

（9）下列关于建立项头表步骤的描述正确的是（   ）。

  A. 建立项头表需要过滤掉低于支持度阈值的项集

  B. 建立项头表过程中只需要扫描一次

  C. 1 项频繁项集在项头表中按支持度升序排序

  D. 建立项头表过程中需要计算相似度

（10）下面不属于基于物品的协同过滤算法的是（   ）。

  A. 计算物品相似度

  B. 计算用户对物品的喜欢程度

  C. 构建物品相似度矩阵

  D. 计算用户对物品的预测评分

2. 填空题

（1）目前大多数推荐系统的评价方法为离线实验、_____、在线实验。

（2）发生一个项集的前提下发生另一项集的概率称为_____。

（3）FP-Growth 算法在运行过程中需要遍历_____次数据集。

（4）FP-Growth 算法在挖掘频繁项集时从项头表的_____开始挖掘。

（5）基于用户的协同过滤算法注重用户间的_____，而基于物品的协同过滤算法注重用户的_____。

3. 操作题

（1）现有一份某商场顾客购物清单，如表 6-9 所示。使用 Apriori 算法找出其中的频繁项集，设置最小支持度为 0.2。

表 6-9   某商场顾客购物清单

订单号	购物清单
1	牛肉，鸡肉，牛奶
2	牛肉，奶酪
3	奶酪，靴子
4	牛肉，鸡肉，奶酪

订单号	购物清单
5	牛肉，鸡肉，衣服，奶酪，牛奶
6	鸡肉，衣服，牛奶
7	鸡肉，牛奶，衣服

（2）某网站积存了大量的用户访问记录，部分记录如表 6-10 所示。使用基于物品的协同过滤算法针对每个用户进行推荐。

表 6-10　某网站用户访问记录

用户 IP	浏览网址
26302	https://www.ryjiaoyu.com/tag/details/18
26302	https://www.ryjiaoyu.com/tag/details/18
26302	https://www.ryjiaoyu.com/tag/details/19
27078	https://www.ryjiaoyu.com/tag/details/21
……	……

第 7 章 市财政收入分析

随着信息化的发展和科学技术的进步，财政收入系统也进入了信息化时代。在此背景下，本章主要运用数据分析技术对市财政收入进行分析，挖掘其中隐藏的运行模式，并对未来两年的财政收入进行预测，希望能够帮助政府合理地控制财政收支，优化财源建设，为制定相关决策提供依据。

学习目标

（1）了解财政收入预测的背景知识、分析步骤和流程。

（2）掌握相关性分析常用方法，并用于分析特征间的相关性。

（3）掌握运用 Lasso 模型选取特征的方法，并用于选取构建模型的关键特征。

（4）掌握灰色预测和支持向量回归算法的原理与应用方法，并用于构建市财政收入预测模型。

（5）掌握回归模型的性能度量方法，并用于评估构建的预测模型的效果。

7.1　目标分析

本节主要介绍财政收入预测的相关背景和目标、财政收入数据说明，以及本案例的分析目标和相关流程。

7.1.1　背景

财政收入是政府理财的重要环节，是政府进行宏观调控的重要手段之一，也是政府提供公共产品、满足公共支出需要的重要经济基础。财政收入规模是衡量一个国家或一个地区财力和相关政府在社会经济生活中职能范围的重要指标。只有在组织财政收入的过程中正确处理各种物质利益关系，才能达到充分调动各方面的积极性、优化资源配置、协调分配关系的目的。财政收入的变化受到经济发展水平和分配政策的制约，同时也会影响到后续财政支出的规划，从而影响到下一阶段的发展规划与相关决策。

本案例利用某市财政收入的历史数据，建立合理的模型，对该市 2014 年和 2015 年财政收入进行预测，希望预测结果能够帮助政府合理控制财政收支，优化财源建设，为政府制定相关决策提供依据。

7.1.2　数据说明

考虑到数据的可得性，本案例所用的财政收入数据分为地方一般预算收入和政府性基金收入。

地方一般预算收入包括以下两个部分。

（1）税收收入。主要包括企业所得税与地方所得税中中央和地方共享的 40%，地方享有的 25% 的增值税、营业税和印花税等。

（2）非税收收入。包括专项收入、行政事业性收入、罚没收入、国有资本经营收入和其他收入等。

政府性基金收入是国家通过向社会征收以及出让土地、发行彩票等方式取得收入，并专项用于支持特定基础设施建设和社会事业发展的收入。

本案例所用数据的特征名称及说明如表 7-1 所示。

表 7-1　特征名称及说明

特征名称	特征说明
社会从业人数（x1）	就业人数的上升伴随着居民消费水平的提高，从而间接使财政收入增加
在岗职工工资总额（x2）	反映的是社会分配情况，主要影响财政收入中的个人所得税、房产税以及潜在消费能力
社会消费品零售总额（x3）	代表社会整体消费情况，是可支配收入在经济生活中的实现。社会消费品零售总额增长，表明社会消费意愿强烈，一定程度上会导致财政收入中增值税的增长；消费增长也会引起经济系统中其他方面发生变动，最终导致财政收入的增长
城镇居民人均可支配收入（x4）	居民收入越高，则消费能力越强，同时意味着其工作积极性越高，创造出的财富也越多，从而能带来财政收入更快和持续的增长
城镇居民人均消费性支出（x5）	居民在消费的过程中会产生各种税费，税费又是调节生产规模的手段之一。在商品经济发达的今天，居民消费越多，对财政收入的贡献就越大
年末总人口（x6）	在地方经济发展水平既定的条件下，人均地方财政收入与地方人口数呈反比例关系
全社会固定资产投资额（x7）	全社会固定资产投资是建造和购置固定资产的经济活动，即固定资产再生产活动，主要通过投资来促进经济增长，扩大税源，进而拉动财政税收收入整体增长
地区生产总值（x8）	表示地方经济发展水平。一般来讲，政府财政收入来源于当期的地区生产总值。在国家经济政策不变、社会秩序稳定的情况下，地方经济发展水平与地方财政收入之间存在着密切的相关性，越是经济发达的地区，其财政收入的规模就越大
第一产业产值（x9）	由于取消农业税，实施三农政策，第一产业产值对财政收入的影响更小
税收（x10）	由于其具有征收强制性、无偿性和固定性的特点，可以为政府履行其职能提供充足的资金来源，因此，各国都将其作为政府财政收入最重要的收入形式和来源
居民消费价格指数（x11）	反映居民家庭购买的消费品及服务价格水平的变动情况，影响城乡居民的生活支出和国家的财政收入
第三产业与第二产业产值比（x12）	表示产业结构。第三产业生产总值代表国民经济水平，是财政收入的重要影响因素，当产业结构逐步优化时，财政收入也会随之增加
居民消费水平（x13）	在很大程度上受 GDP 的影响，从而间接影响地方财政收入

7.1.3　分析目标

结合某市财政收入的数据情况，可以实现以下目标。

（1）分析、识别影响地方财政收入的关键特征。

（2）预测 2014 年和 2015 年的财政收入。

本案例的总体流程如图 7-1 所示，主要包括以下步骤。

（1）对原始数据进行探索性分析，了解原始特征之间的相关性。

（2）利用 Lasso 特征选择模型进行特征提取。

（3）建立单个特征的灰色预测模型以及支持向量回归预测模型。

（4）使用支持向量回归预测模型得出 2014—2015 年财政收入的预测值。

（5）对上述建立的财政收入预测模型进行评价。

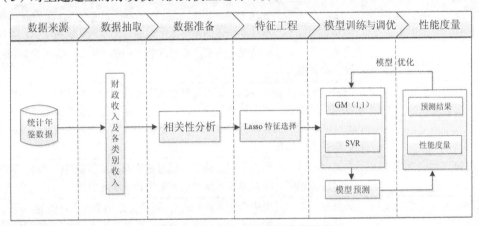

图 7-1　财政收入分析预测模型流程

7.2　数据准备

本案例采用的数据是某市财政收入数据，均来自某市的统计年鉴。本案例仅对 1994—2013 年的数据进行分析。

获取数据后，可以发现影响地方财政收入的特征有很多，在建立模型之前需要判断财政收入与所给特征之间的相关性、各特征之间的相关性，以此判断所给特征是否可以用作建模的关键特征，不能用作关键特征的特征需要删除。本案例利用皮尔逊相关系数判断各特征之间的相关性，如代码 7-1 所示。

代码 7-1　判断各特征之间的相关性

```
In[1]:    import numpy as np
          import pandas as pd

          data = pd.read_csv('../data/data.csv')  # 读取数据
          # 保留两位小数，并将结果保存为 CSV 文件
          np.round(data.corr(method = 'pearson'), 2).to_csv('../tmp/data_
          cor.csv')
          print('相关系数矩阵为: \n', np.round(data.corr(method = 'pearson'),
          2))

Out[1]:   相关系数矩阵为:
                 x1    x2    x3    x4    x5   ...    x10   x11   x12   x13    y
          x1   1.00  0.95  0.95  0.97  0.97  ...   0.98 -0.29  0.94  0.96  0.94
```

```
x2    0.95  1.00  1.00  0.99  0.99  ...   0.98  -0.13  0.89  1.00  0.98
x3    0.95  1.00  1.00  0.99  0.99  ...   0.99  -0.15  0.89  1.00  0.99
x4    0.97  0.99  0.99  1.00  1.00  ...   1.00  -0.19  0.91  1.00  0.99
x5    0.97  0.99  0.99  1.00  1.00  ...   1.00  -0.18  0.90  0.99  0.99
x6    0.99  0.92  0.92  0.95  0.95  ...   0.96  -0.34  0.95  0.94  0.91
x7    0.95  0.99  1.00  0.99  0.99  ...   0.99  -0.15  0.89  1.00  0.99
x8    0.97  0.99  0.99  1.00  1.00  ...   1.00  -0.15  0.90  1.00  0.99
x9    0.98  0.98  0.98  0.99  0.99  ...   0.99  -0.23  0.91  0.99  0.98
x10   0.98  0.98  0.99  1.00  1.00  ...   1.00  -0.17  0.90  1.00  0.99
x11  -0.29 -0.13 -0.15 -0.19 -0.18  ...  -0.17   1.00 -0.43 -0.16
                                          -0.12
x12   0.94  0.89  0.89  0.91  0.90  ...   0.90  -0.43  1.00  0.90  0.87
x13   0.96  1.00  1.00  1.00  0.99  ...   0.99  -0.16  0.90  1.00  0.99
y     0.94  0.98  0.99  0.99  0.99  ...   0.99  -0.12  0.87  0.99  1.00

[14 rows x 14 columns]
```

注：此处部分结果已省略。

根据代码 7-1 的结果整理出数据各特征之间的皮尔逊相关系数矩阵，如表 7-2 所示。

表 7-2　皮尔逊相关系数矩阵

特征	x1	x2	x3	x4	x5	x6	x7	x8	x9	x10	x11	x12	x13	y
x1	1	0.95	0.95	0.97	0.97	0.99	0.95	0.97	0.98	0.98	-0.29	0.94	0.96	0.94
x2	0.95	1	1	0.99	0.99	0.92	0.99	0.99	0.98	0.98	-0.13	0.89	1	0.98
x3	0.95	1	1	0.99	0.99	0.92	1	0.99	0.98	0.99	-0.15	0.89	1	0.99
x4	0.97	0.99	0.99	1	1	0.95	0.99	1	0.99	1	-0.19	0.91	1	0.99
x5	0.97	0.99	0.99	1	1	0.95	0.99	1	0.99	1	-0.18	0.9	0.99	0.99
x6	0.99	0.92	0.92	0.95	0.95	1	0.93	0.95	0.97	0.96	-0.34	0.95	0.94	0.91
x7	0.95	0.99	1	0.99	0.99	0.93	1	0.99	0.98	0.99	-0.15	0.89	1	0.99
x8	0.97	0.99	0.99	1	1	0.95	0.99	1	0.99	1	-0.15	0.9	1	0.99
x9	0.98	0.98	0.98	0.99	0.99	0.97	0.98	0.99	1	0.99	-0.23	0.91	0.99	0.98
x10	0.98	0.98	0.99	1	1	0.96	0.99	1	0.99	1	-0.17	0.9	0.99	0.99
x11	-0.29	-0.13	-0.15	-0.19	-0.18	-0.34	-0.15	-0.15	-0.23	-0.17	1	-0.43	-0.16	-0.12
x12	0.94	0.89	0.89	0.91	0.9	0.95	0.89	0.9	0.91	0.9	-0.43	1	0.9	0.87
x13	0.96	1	1	0.99	0.94	0.94	1	1	0.99	0.99	-0.16	0.9	1	0.99
y	0.94	0.98	0.99	0.99	0.99	0.91	0.99	0.99	0.98	0.99	-0.12	0.87	0.99	1

根据表 7-2 所示的结果可以看出，居民消费价格指数（x11）与财政收入（y）的线性关系不显著，呈现一定程度的负相关。其余特征均与财政收入呈现高度的正相关关系，按相关性大小依次排列为 x3、x4、x5、x7、x8、x10、x13、x2、x9、x1、x6 和 x12。同时，各特征之间存在严重的共线性，例如：特征 x1、x4、x5、x6、x8、x9、x10 与除了 x11 之外的特征存在严重的共线性，特征 x2、x3、x7 与除了 x11 和 x12 外的其他特征存在严重的共线性，x11 与各特征的共线性不明显，x12 与除了 x2、x3、x7、x11 之外的其他特征存在严重的共线性，x13 与除了 x11 之外的各特征存在严重的共线性。除此之外，x2 和 x3、x2 和 x13、x3 和 x13 等多对特征之间存在完全的共线性。

由上述分析可知，在选取的各特征中，除了 x11 外，其他特征与 y 的相关性很强，可以用作财政收入预测分析的关键特征，然而这些特征之间存在着信息的重复，在建立模型之前需要对特征进行进一步筛选。

7.3　特征工程

虽然在数据准备过程中对特征进行了初步筛选，但是引入的特征仍然太多，而且这些特征之间存在着信息的重复。为了保留重要的特征，建立精确、简单的模型，需要对原始特征进行进一步筛选。考虑到传统的特征选择方法存在一定的局限性，本案例采用最近广泛使用的 Lasso 特征选择方法对原始特征进行进一步筛选。

7.3.1　Lasso 回归

Lasso 回归方法以缩小特征集（降阶）为思想，是一种收缩估计方法。Lasso 回归方法可以将特征的系数进行压缩，并使某些回归系数变为 0，进而达到特征选择的目的，可以广泛地应用于模型改进与选择，还可通过选择惩罚函数，借用 Lasso 思想和方法实现特征选择的目的。模型选择本质上是寻求模型稀疏表达的过程，而这种过程可以通过优化一个"损失 + 惩罚"的函数问题来完成。

Lasso 参数估计如式（7-1）所示。

$$\hat{\beta}(\text{lasso}) = \underset{\beta}{\arg\min}{}^2 \left\| y - \sum_{j=1}^{p} x_i \beta_i \right\|^2 + \lambda \sum_{j=1}^{p} |\beta_i| \tag{7-1}$$

在式（7-1）中，λ 为非负正则参数，控制着模型的复杂程度，λ 越大，对特征较多的线性模型的惩罚力度就越大，从而可以最终获得一个特征较少的模型；$\lambda \sum_{j=1}^{p} |\beta_j|$ 称为惩罚项。调整参数 λ 可以采用交叉验证法，选取交叉验证误差最小的 λ 值。最后，按照得到的 λ 值，用全部数据重新拟合模型即可。

值得注意的是，当原始特征中存在共线性时，Lasso 回归不失为一种很好的处理共线性方法，它可以有效地对存在共线性的特征进行筛选。

7.3.2　特征选择

根据表 7-2 的结果分析可知，原始数据中各特征之间存在严重的共线性，例如，特征 x1、x4、x5、x6、x8、x9、x10 与除了 x11 之外的特征均存在严重的共线性，特征 x2、x3、x7 与除了 x11 和 x12 外的其他特征存在严重的共线性，所以本案例可以利用 Lasso 回归方法进行特征筛选。

使用 Lasso 回归方法进行关键特征选取，如代码 7-2 所示。

代码 7-2　使用 Lasso 回归方法进行关键特征选取

```
In[1]:   import pandas as pd
         import numpy as np
         from sklearn.linear_model import Lasso

         data = pd.read_csv('../data/data.csv')  # 读取数据
         # 调用 Lasso() 函数，设置 λ 的值为 1000
         lasso = Lasso(1000)
         lasso.fit(data.iloc[:, 0:13], data['y'])
         print('相关系数为: ', np.round(lasso.coef_, 5))  # 输出结果，保留五位小数
```

Out[1]:	相关系数为：[-1.8000e-04 -0.0000e+00 1.2414e-01 -1.0310e-02 6.5400e-02 1.2000e-04 　 3.1741e-01 3.4900e-02 -0.0000e+00 0.0000e+00 0.0000e+00 0.0000e+00 　 -4.0300e-02]
In[2]:	`print('相关系数非零个数为：', np.sum(lasso.coef_ != 0))  # 计算相关系数非零的个数`
Out[2]:	相关系数非零个数为： 8

In[3]:	`# 返回一个相关系数是否为零的布尔数组`
	`mask = lasso.coef_ != 0`
	`print('相关系数是否为零：', mask)`

Out[3]:	相关系数是否为零： [True False True True True True True False False False False True]

In[4]:	`data = data.iloc[:, 0:13]`
	`new_reg_data = data.iloc[:, mask]  # 返回相关系数非零的数据`
	`new_reg_data.to_csv('../tmp/new_reg_data.csv')  # 存储数据`
	`print('输出数据的维度为：', new_reg_data.shape)  # 查看输出数据的维度`

Out[4]:	输出数据的维度为： (20, 8)

根据代码 7-2 的结果整理各特征对应的系数，如表 7-3 所示。

表7-3　系数表

x1	x2	x3	x4	x5	x6	x7
−0.0001	0.000	0.124	−0.010	0.065	0.000	0.317
x8	x9	x10	x11	x12	x13	—
0.035	−0.001	0.000	0.000	0.000	−0.040	—

根据表 7-3 的结果可以看出，利用 Lasso 回归方法识别出的影响财政收入的关键因素是社会从业人数（x1）、社会消费品零售总额（x3）、城镇居民人均可支配收入（x4）、城镇居民人均消费性支出（x5）、全社会固定资产投资额（x7）、地区生产总值（x8）、第一产业产值（x9）和居民消费水平（x13）。

7.4　模型训练

为实现对 2014 年和 2015 年的财政预测，本案例利用 SVR（Support Vector Regression，支持向量回归）建立预测模型。由于原始数据中没有提供关键特征在 2014 年和 2015 年的数据，因此本案例利用灰色预测模型预测关键特征在 2014 年和 2015 年的值，然后利用 SVR 预测模型和灰色模型预测值预测 2014 年和 2015 年的财政收入。

7.4.1　灰色预测模型

灰色预测模型是一种对含有不确定因素的系统进行预测的方法。在建立灰色预测模型之前，需先对原始时间序列进行数据处理，经过数据处理后的时间序列即称为生成列。灰色系统常用的数据处理方式有累加、累减和加权累加 3 种。灰色预测模型是利用离散随机数经过生成变为随机性被显著削弱而且较有规律的生成数，建立起的微分方程形式的模型。

灰色预测是以灰色模型为基础的，在众多的灰色模型中，GM(1,1)模型最为常用。

设特征 $X^{(0)} = \{X^{(0)}(i), i = 1, 2, \cdots, n\}$ 为一非负单调原始数据序列，建立灰色预测模型如下。

（1）对 $X^{(0)}$ 进行一次累加，得到累加序列 $X^{(1)} = \{X^{(1)}(k), k = 0, 1, 2, \cdots, n\}$。

（2）对 $X^{(1)}$ 建立一阶线性微分方程，如式（7-2）所示，即 GM(1,1)模型。

$$\frac{dX^{(1)}}{dt} + aX^{(1)} = \mu \qquad (7\text{-}2)$$

（3）求解微分方程，得到预测模型，如式（7-3）所示。

$$\hat{X}^{(1)}(k+1) = \left[X^{(0)}(1) - \frac{\mu}{a} \right] e^{-ak} + \frac{\mu}{a} \qquad (7\text{-}3)$$

（4）由于 GM(1,1)模型得到的是一次累加量，将 GM(1,1)模型所得数据 $\hat{X}^{(1)}(k+1)$ 经过累减还原为 $\hat{X}^{(0)}(k+1)$，即 $X^{(0)}$ 的灰色预测模型如式（7-4）所示。

$$\hat{X}^{(0)}(k+1) = (e^{-\hat{a}} - 1) \left[X^{(0)}(n) - \frac{\hat{\mu}}{\hat{a}} \right] e^{-\hat{a}k} \qquad (7\text{-}4)$$

灰色预测模型可以利用后验差检验模型精度，使用后验差检验法的判别规则如表 7-4 所示。

表 7-4　后验差检验判别参照表

P	C	模型精度
>0.95	<0.35	好
>0.80	<0.5	合格
>0.70	<0.65	勉强合格
<0.70	>0.65	不合格

在表 7-4 中，C 和 P 的计算公式分别如式（7-5）和式（7-6）所示。

$$C = \frac{\sigma(\text{delta})}{\sigma\left(X^{(0)}\right)} \qquad (7\text{-}5)$$

$$P = \frac{S}{L} \qquad (7\text{-}6)$$

在式（7-5）和式（7-6）中，$\text{delta} = \left| X^{(0)} - \hat{X}^{(0)} \right|$，$\sigma$ 表示标准差，S 表示$|\text{delta} - \text{mean}(\text{delta})| < 0.6745 \cdot \sigma(X^{(0)})$ 的数量，mean(delta) 表示 delta 的平均值，L 表示 $X^{(0)}$ 的长度。

灰色预测法的通用性比较强，一般的时间序列场合都可以用，尤其适合那些规律性差且不清楚数据产生机理的情况。

7.4.2　关键特征预测

利用灰色预测模型得到社会从业人数（x1）、社会消费品零售总额（x3）、城镇居民人均可支配收入（x4）、城镇居民人均消费性支出（x5）、年末总人口（x6）、全社会固定资产投资额（x7）、地区生产总值（x8）和居民消费水平（x13）特征的 2014 年和 2015 年预测值，如代码 7-3 所示。

代码 7-3　关键特征灰色预测

```
In[1]:    # 自定义灰色预测函数
          def GM11(x0):  # x0 为矩阵形式
              import numpy as np
              x1 = x0.cumsum()  # 1-AGO 序列
              # 紧邻均值（mean）生成序列
              z1 = (x1[:len(x1) - 1] + x1[1:]) / 2.0
              z1 = z1.reshape((len(z1), 1))
              B = np.append(-z1, np.ones_like(z1), axis = 1)
              Yn = x0[1:].reshape((len(x0)-1, 1))
              # 计算参数
              [[a], [b]] = np.dot(np.dot(np.linalg.inv(np.dot(B.T, B)),
          B.T), Yn)
              # 还原值
              f = lambda k: (x0[0] - b / a) * np.exp(-a * (k - 1)) - (
                      x0[0] - b / a) * np.exp(-a * (k - 2))
              delta = np.abs(x0 - np.array([f(i) for i in range(1, len(x0)
          + 1)]))
              C = delta.std() / x0.std()
              P = 1.0 * (np.abs(delta - delta.mean()) < 0.6745 *
          x0.std()).sum() / len(x0)
              # 返回灰色预测函数、a、b、首项、方差比、小残差概率
              return f, a, b, x0[0], C, P

          import pandas as pd
          import numpy as np

          new_reg_data = pd.read_csv('../tmp/new_reg_data.csv')  # 读取经过特
          征选择后的数据
          data = pd.read_csv('../data/data.csv')  # 读取总的数据
          new_reg_data.index = range(1994, 2014)
          new_reg_data.loc[2014] = None
          new_reg_data.loc[2015] = None
          Accuracy = []  # 存放灰色预测模型精度
          l = ['x1', 'x3', 'x4', 'x5', 'x6', 'x7', 'x8', 'x13']
          for i in l:
              f = GM11(new_reg_data.loc[range(1994, 2014), i].as_matrix())
          [0]
              new_reg_data.loc[2014, i] = f(len(new_reg_data) - 1)  # 2014
          年预测结果
              new_reg_data.loc[2015, i] = f(len(new_reg_data))  # 2015 年预
          测结果
              new_reg_data[i] = new_reg_data[i].round(2)  # 保留两位小数
              C       =       GM11(new_reg_data.loc[range(1994,       2014),
          'x1'].as_matrix())[4]
              P       =       GM11(new_reg_data.loc[range(1994,       2014),
          'x1'].as_matrix())[5]
              if P>0.95 and C<0.35:
                  Accuracy.append('好')
              elif 0.8<P<=0.95 and 0.35<=C<0.5:
                  Accuracy.append('合格')
              elif 0.7<P<=0.8 and 0.5<=C<0.65:
                  Accuracy.append('勉强合格')
              else :
```

```
            Accuracy.append('不合格')

new_reg_data = new_reg_data.iloc[:, 1:]
new_reg_data.loc['模型精度', :] = Accuracy
outputfile = '../tmp/new_reg_data_GM11.xls'  # 灰色预测后保存的路径
# 提取财政收入列，合并至新数据框中
y = list(data['y'].values)
y.extend([np.nan, np.nan])
new_reg_data.loc[range(1994, 2016),'y'] = y
new_reg_data.to_excel(outputfile)  # 结果输出
# 预测结果展示
print('预测结果为: \n', new_reg_data.loc[[2014, 2015], '模型精度
'], :])
```

Out[1]:
```
预测结果为:
            x1        x3        x4        x5 ...       x7        x8        x13      y
2014  8.14215e+06   7042.31   43611.8   35046.6 ...   4600.4
18686.3   44506.5 NaN
2015  8.46049e+06   8166.92   47792.2   38384.2 ...   5214.78
21474.5   49945.9 NaN
模型精度  好        好        好        好 ...       好        好        好      NaN
[3 rows x 9 columns]
```

7.4.3 SVR 模型预测

构建支持向量回归预测模型，并将代码 7-3 中的灰色预测结果代入建立的地方财政收入支持向量回归预测模型，预测 2014 年和 2015 年的财政收入，如代码 7-4 所示。

代码 7-4　构建支持向量回归预测模型

In[2]:
```python
from sklearn.svm import LinearSVR
import matplotlib.pyplot as plt

data = pd.read_excel('../tmp/new_reg_data_GM11.xls')  # 读取数据
data = data.set_index('Unnamed: 0')
data = data.drop(index = '模型精度')
feature = ['x1', 'x3', 'x4', 'x5', 'x6', 'x7', 'x8', 'x13']  # 特
征所在列
data_train = data.loc[range(1994, 2014)].copy()  # 取 2014 年前的
数据建模
data_mean = data_train.mean()
data_std = data_train.std()
data_train = (data_train - data_mean) / data_std  # 数据标准化
x_train = data_train[feature].as_matrix()  # 特征数据
y_train = data_train['y'].as_matrix()  # 标签数据
linearsvr = LinearSVR(random_state=123)  # 调用 LinearSVR()函数
linearsvr.fit(x_train, y_train)

# 预测 2014 年和 2015 年的财政收入，并还原结果
x = ((data[feature] - data_mean[feature]) / data_std[feature]).
as_matrix()
data[u'y_pred'] = linearsvr.predict(x) * data_std['y'] + data_mean
['y']
outputfile = '../tmp/new_reg_data_GM11_revenue.xls'
data.to_excel(outputfile)
print('真实值与预测值分别为: \n', data[['y', 'y_pred']])
```

```
Out[2]:   真实值与预测值分别为:
                        y        y_pred
          Unnamed: 0
          1994        64.87     37.825855
          1995        99.75     84.460566
          ......
          2014          NaN    2187.179912
          2015          NaN    2538.093758
```

```
In[3]:   print('预测图为: ', data[['y', 'y_pred']].plot(style = ['b-o',
         'r-*']))   # 画出预测结果图
         plt.xlabel('年份')
         plt.xticks(range(1994,2015,2))
```

Out[3]:

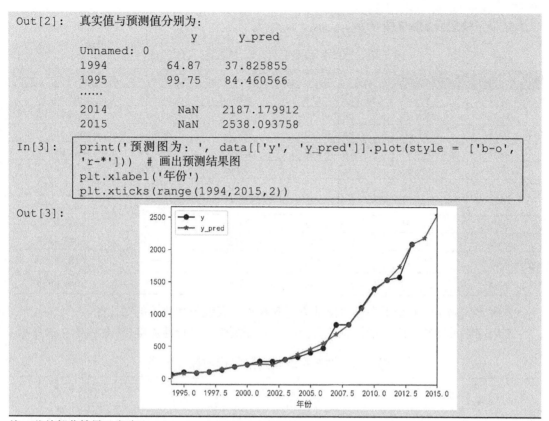

注: 此处部分结果已省略。

7.5　性能度量

整理代码 7-3 的结果, 如表 7-5 所示。

表 7-5　关键特征灰色预测结果

关键特征	2014 年预测值	2015 年预测值	预测精度等级
x1	8142148.24	8460489.28	好
x3	7042.31	8166.92	好
x4	43611.84	47792.22	好
x5	35046.63	38384.22	好
x6	8505522.58	8627139.31	好
x7	4600.4	5214.78	好
x8	18686.28	21474.47	好
x13	44506.47	49945.88	好

根据表 7-5 可知, 2014 年和 2015 年关键特征的灰色模型预测值精度均较高, 可以用于预测 2014 年和 2015 年财政收入的关键特征数据。

利用表 7-5 中的预测值和 SVR 模型预测 2014 年和 2015 年财政收入, 得到代码 7-4 所示的结果，整理后如表 7-6 所示，y_pred 表示预测值。

表 7-6　2014 年和 2015 年财政收入预测值

年份	y	y_pred	年份	y	y_pred
1994	64.87	37.825855	2005	408.86	463.34936
1995	99.75	84.460566	2006	476.72	554.94385
1996	88.11	95.400722	2007	838.99	691.35772
1997	106.07	107.01212	2008	843.14	843.01617
1998	137.32	151.49711	2009	1107.67	1087.4603
1999	188.14	188.54074	2010	1399.16	1378.7089
2000	219.91	219.91	2011	1535.14	1536.3989
2001	271.91	230.76462	2012	1579.68	1739.0082
2002	269.1	220.02944	2013	2088.14	2085.4473
2003	300.55	300.82194	2014	—	2187.1799
2004	338.45	383.72498	2015	—	2538.0938

同时，代码 7-4 的结果中已给出地方财政收入真实值与预测值的对比图。

利用回归模型性能度量指标对地方财政收入预测模型进行性能度量，如代码 7-5 所示。

代码 7-5　地方财政收入预测模型性能度量

```
In[1]:  from sklearn.metrics import mean_absolute_error  # 平均绝对误差
        from sklearn.metrics import median_absolute_error  # 中值绝对误差
        from sklearn.metrics import explained_variance_score  # 可解释方差
        from sklearn.metrics import r2_score  # R方值
        import pandas as pd

        data = pd.read_excel('../tmp/new_reg_data_GM11_revenue.xls')  # 读
        取数据
        data = data.set_index('Unnamed: 0')
        mean_ab_error = mean_absolute_error(data.loc[range(1994, 2014),
        'y'],
                                            data.loc[range(1994,2014),
        'y_pred'],
                                            multioutput = 'raw_values')
        median_ab_error  =  median_absolute_error(data.loc[range(1994,
        2014), 'y'],
                                            data.loc[range(1994,  2014),
        'y_pred'])
        explain_var_score = explained_variance_score(data.loc[range(1994,
        2014), 'y'],
                                                data.loc[range(1994,
        2014), 'y_pred'],
                                            multioutput = 'raw_values')
        r2 = r2_score(data.loc[range(1994, 2014), 'y'],
                data.loc[range(1994, 2014), 'y_pred'],
                multioutput = 'raw_values')
        print('平均绝对误差: ', mean_ab_error, '\n',
              '中值绝对误差: ', median_ab_error, '\n',
              '可解释方差: ', explain_var_score, '\n',
              'R方值:', r2)
```

```
Out[1]:    平均绝对误差：[34.26585201]
           中值绝对误差：17.749581395641485
           可解释方差：[0.99086819]
           R方值：[0.99085796]
```

根据代码 7-5 的结果可知，平均绝对误差与中值绝对误差较小，可解释方差值与 R 方值十分接近 1；根据代码 7-4 的结果图可以看出，预测值和真实值曲线基本重合，表明建立的支持向量回归模型拟合效果优良，可以用于预测财政收入。

小结

本案例结合某市财政收入原始数据，重点介绍了 SVR 模型在财政预测方面的应用，主要内容包括数据探索、特征选取、模型构建和性能度量。其中利用皮尔逊相关系数对原始数据进行相关性分析，得到与财政收入相关性较高的特征，并且了解到各特征之间存在严重的共线性。利用 Lasso 回归模型对原始特征进行筛选，得到用于建模的关键特征。并针对历史数据，构建灰色预测模型，对所选关键特征在 2014 年和 2015 年的值进行预测。最后根据所选特征原始数据建立 SVR 模型，然后利用灰色预测模型对所选特征的预测值进行预测，最终得到 2014 年和 2015 年的财政收入预测值，并利用回归模型性能度量指标对 SVR 模型进行评价，模型精度较高，可以用于指导实际工作。

课后习题

针对企业所得税的数据，分析其各特征间的相关性，对影响企业所得税的因素进行特征筛选，选取出对企业所得税有关键影响的特征，建立单个特征的灰色预测模型和 SVR 预测模型，对 2014 年及 2015 年的企业所得税进行预测，并对模型进行评价。

第 8 章 基于非侵入式电力负荷监测与分解的电力分析

随着社会的发展，电能成为生活中不可或缺的资源，随之而来的是电能的巨量消耗。为了更好地监测用电设备的能耗情况，电力分项计量技术随之诞生。电力分项计量对于电力公司准确预测电力负荷、科学制订电网调度方案、增强电力系统稳定性和可靠性有着重要意义。对用户而言，电力分项计量可以帮助他们了解用电设备的使用情况，增强用户的节能意识，促进科学合理用电，推动绿色发展。

学习目标

（1）了解电力分项计量的背景知识。

（2）掌握 k 近邻模型的应用。

（3）掌握实时用电量的计算方式。

8.1 目标分析

本节主要介绍基于非侵入式电力负荷监测与分解的电力分析的相关背景、用电设备的相关数据说明，以及本案例的分析目标和相关流程。

8.1.1 背景

传统的电能能耗监测主要借助于电能表，在入户线上的电能表可以获取用户的总能耗数据，而电力分项计量可以对连接到入户线后的建筑物内各个用电设备所消耗的电能进行独立计量。基于电力分项计量的一系列技术，是将电器识别作为物联网的重要研究方向，能够为电力公司和用户带来很多便利，在生产和生活中有非常实际的意义。

电力分项计量技术主要分为两种：一种是侵入式电力负荷监测（Intrusive residential Load Monitoring，ILM），是指为用户的每一个用电设备安装一个带有数字通信功能的传感器，通过网络采集各设备的用电信息；另一种是非侵入式电力负荷监测与分解（Non-Intrusive Load Monitoring and Decomposition，NILMD），是指在用户的电能设备入口处安装一个传感器，通过采集和分析用户的用电总功率或总电流来监测每个或每类用电设备的功率及工作状态。基于 NILMD 技术的用电分析计量具有简单、经济、可靠和易于迅速推广应用等优势，更加适用于居民用户。

非侵入式电力负荷监测与分解结构如图 8-1 所示。

NILMD 装置测量得到的是整个线路上的电压和电流数据，它们可以看作是各个用电设备的电压和电流数据的叠加。NILMD 的核心作用在于，从采集到的整条线路的电压和电流数据中"分解"出每个用电设备独立的用电数据。

第 **8** 章　基于非侵入式电力负荷监测与分解的电力分析

如同人类的声纹和指纹等具有唯一性的生物特征可以用来实现个体识别一样，用电设备的负荷印记可以识别不同种类和型号的用电设备中相对稳定且较为显著的特征，如在运行过程中产生的电压、电流和谐波等时序数据中的特征。而根据用电设备运行的过程，又可将数据分为暂态数据和稳态数据两大类，其中暂态数据主要指设备启动、设备停止、设备模式切换时的状态数据，稳态数据主要指设备稳定运行时的状态数据。NILMD 系统的目标是：根据不同类型用电设备独特的负荷印记，从一个能源网关设备记录的数据中检测出接入该能源网关设备的电路中各种用电设备的开关等操作，并对其用电量进行分项计量。

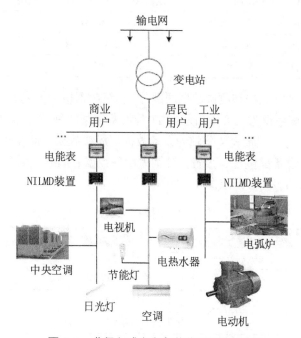

图 8-1　非侵入式电力负荷监测与分解结构

根据用户用电设备工作状态的不同，可将用电设备分为以下 3 种类型。

（1）启/停二状态（ON/OFF）设备。这类用电设备只有运行和停机两种用电状态，如白炽灯、电热水壶等。

（2）有限多状态设备。这类用电设备通常具有有限个分立的工作状态，与之相对应的用电功率间是离散的，不同的功率水平即标志着不同的工作状态，如洗衣机、微波炉、电磁炉等。

（3）连续变电状态设备。这类用电设备的稳态区段功率无恒定均值，而是在一个范围内连续变动，如变频空调、电动缝纫机等。

8.1.2　数据说明

本案例研究的用电设备共 11 种，其类型及工作参数如表 8-1 所示。

表 8-1　用电设备类型及工作参数

序号	设备 ID	设备类型	工作参数
1	YD1	落地风扇	220V，60W
2	YD2	微波炉	220V。输入：1150W；输出：700W

序号	设备ID	设备类型	工作参数
3	YD3	热水壶	220V，1800W
4	YD4	笔记本电脑	20V，3.25A/4.5A
5	YD5	白炽灯	22V，40W
6	YD6	节能灯	220V，5W
7	YD7	激光打印机	220～240V，50～60Hz，4.6A
8	YD8	饮水机	220V。制热：430W；制冷：70W；总：500W
9	YD9	挂式空调	220V，2600W
10	YD10	电吹风	220V，50Hz，1400W
11	YD11	液晶电视	220V，50Hz，150W

本案例数据分为训练数据和测试数据两部分，训练数据包含了表 8-1 所示的 11 种设备分别的用电数据，测试数据为表 8-1 所示的 11 种设备中某两种设备的用电数据。在训练数据中，每一种设备都包含 4 张表，分别为设备数据、周波数据、谐波数据和操作记录。在测试数据中，每一种设备都包含 3 张表，分别为设备数据、周波数据和谐波数据。

设备数据表结构如表 8-2 所示。

表 8-2　设备数据表

序号	特征	备注
1	time	年、月、日、时、分、秒
2	IC	电流，单位：0.001A
3	UC	电压，单位：0.1V
4	PC	有功功率，单位：0.0001kW
5	QC	无功功率，单位：0.0001kvar
6	PFC	功率因数，单位：%
7	P	总有功功率，单位：0.0001kW
8	Q	总无功功率：单位：0.0001kvar
9	PF	总功率因数，单位：%

有功功率（P）是保持用电设备正常运行所需的电功率，也就是将电能转换为其他形式能量（机械能、光能、热能）的电功率。如 5.5kW 的电动机是将 5.5kW 的电能转换为机械能，带动水泵抽水或脱粒机脱粒；而各种照明设备是将电能转换为光能，提供人们的生活和工作照明。

无功功率（Q）是用于电路内电场与磁场的交换，并用于在电气设备中建立和维持磁场的电功率。无功功率不对外做功，而是用于电场能与磁场能之间的相互转换。凡是有电磁线圈的电气设备要建立磁场，就要消耗无功功率。如 40W 的日光灯除了需要超过 40W 的有功功率（镇流器也需消耗一部分有功功率）来发光外，还需要 80var 左右的无功功率，供镇流器的线圈建立交变磁场。无功功率由于不对外做功，所以被称为"无功"。

视在功率（S）等于电压有效值与电流有效值的乘积，表示电源的输出能力。

功率因素为有功功率与视在功率的比值，由电压与电流之间的相位差角φ决定。

视在功率计算公式为$S=UI$，单位为 V·A；有功功率计算公式为$P=UI\cos\varphi=S\cos\varphi$，单位为 W；无功功率计算公式为$Q=UI\sin\varphi$，单位为 var。其中，$U$为电压，$I$为电流，$\cos\varphi$为功率因素。

周波表示交流电完成一次完整变化的过程（一个正弦波形）。因为我国交流电供电的标准频率为 50Hz，所以 NILMD 装置在其中一个周期内（0.02 秒）可采集 128 个时间点上的数据。

周波数据表结构如表 8-3 所示。

表 8-3　周波数据表

序号	特征	备注
1	time	年、月、日、时、分、秒
2	ICi	i范围为 001～128，表示电流一个周波的第i个采样点（XXX.XXX）
3	UCj	j范围为 001～128，表示电压一个周波的第j个采样点（XXX.XXX）

当供电线路中的正弦波电压施加在非线性电路上时，电流就变成非正弦波。非正弦电流在电网阻抗上产生压降，会使电压波形也变为非正弦波。非正弦波可用傅立叶级数分解，其中频率与工频相同的分量称为基波，频率大于基波的分量称为谐波。在电力行业中，谐波是指工频频率的整数倍的交流电。因为我国电网规定工频频率是 50Hz，所以基波频率是 50Hz，这样 5 次谐波电压（电流）的频率就是 250Hz。

谐波数据表结构如表 8-4 所示。

表 8-4　谐波数据表

序号	特征	备注
1	time	年、月、日、时、分、秒
2	ICi	i为 02～51，表示i次电流谐波，表示谐波的含有率（XX.XX%）
3	UCj	j为 02～51，表示j次电压谐波，表示谐波的含有率（XX.XX%）

操作记录数据表结构如表 8-5 所示。

表 8-5　操作记录数据表

序号	特征	备注
1	时间	年、月、日、时、分、秒
2	设备	用电设备 ID
3	工作状态	用电设备在不同时间的所属状态
4	操作	用电设备在不同时间的人为操作

8.1.3　分析目标

本次分析的目标是根据 NILMD 装置测得的整个电路上的电力数据，利用 k 近邻模型，实现从整条线路中"分解"出每个用电设备的独立用电数据。

具体要实现的步骤如下。

（1）分析每个用电设备的运行特征。

（2）构建设备判别特征库。

（3）建立 k 近邻模型，对设备进行判别预测。

（4）计算实时用电量。

本案例的总体流程如图 8-2 所示，主要包括以下 4 个步骤。

（1）抽取 11 个设备的电力分项计量的数据。

（2）对抽取的数据进行数据探索、缺失值处理和特征构造等操作。

（3）使用 k 近邻算法进行设备识别。

（4）计算实时用电量。

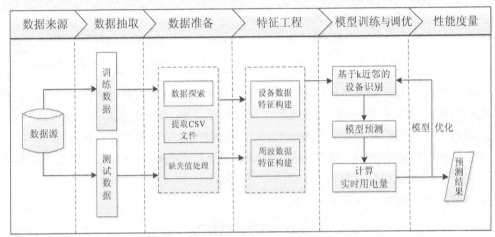

图 8-2　基于非侵入式电力负荷监测与分解的电力分析总体流程

8.2　数据准备

在本案例中，数据准备工作将进行数据探索、缺失值处理等操作。

8.2.1　数据探索

在获取数据后，由于数据表较多，每个表的特征也较多，所以需要对数据进行数据探索分析。在数据探索过程中，主要根据原始数据特点对每个设备的不同特征对应的数据进行可视化（如代码 8-1 所示），并根据得到的折线图对数据特征进行分析。

代码 8-1　对数据特征进行可视化

```
In[1]:    import pandas as pd
          import matplotlib.pyplot as plt

          filename = os.listdir("../data/附件1")  # 得到文件夹下的所有文件名称
          n_filename = len(filename)
          # 给设备数据添加操作信息，画出各特征轨迹图并保存
          def fun(a):
              save_name = ['YD1','YD10','YD11','YD2','YD3','YD4',
```

```
                 'YD5','YD6','YD7','YD8','YD9']
    plt.rcParams['font.sans-serif'] = ['SimHei']  # 用来正常显示中
文标签
    plt.rcParams['axes.unicode_minus'] = False  # 用来正常显示负号
    for i in range(a):
            Sb = pd.read_excel("../data/附件 1/" + filename[i],'设备
数据',index_col = None)
            Cz = pd.read_excel("../data/附件 1/" + filename[i],'操作
记录',index_col = 0)
            Xb = pd.read_excel("../data/附件 1/" + filename[i],'谐波
数据',index_col = None)
            Zb = pd.read_excel("../data/附件 1/" + filename[i],'周波
数据',index_col = None)
            # 电流轨迹图
            plt.plot(Sb['IC'])
            plt.title(save_name[i]+'-IC')
            plt.show()
            # 电压轨迹图
            plt.plot(Sb['UC'])
            plt.title(save_name[i] + '-UC')
            plt.show()
            # 有功功率和总有功功率
            plt.plot(Sb[['PC','P']])
            plt.title(save_name[i] + '-P')
            plt.show()
            # 无功功率和总无功功率
            plt.plot(Sb[['QC','Q']])
            plt.title(save_name[i] + '-Q')
            plt.show()
            # 功率因数和总功率因数
            plt.plot(Sb[['PFC','PF']])
            plt.title(save_name[i] + '-PF')
            plt.show()
            # 谐波电压
            plt.plot(Xb.loc[:,'UC02':].T)
            plt.title(save_name[i] + '-谐波电压')
            plt.show()
            # 周波数据
            plt.plot(Zb.loc[:,'IC001':].T)
            plt.title(save_name[i] + '-周波数据')
            plt.show()

fun(n_filename)
```

Out[1]:

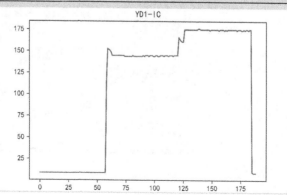

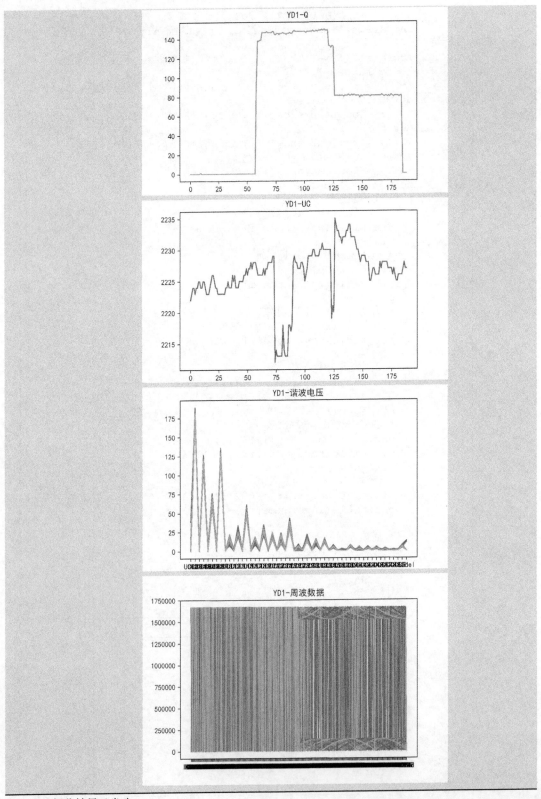

注：此处部分结果已省略。

根据代码 8-1 的结果可以看出，不同设备之间的电流、电压和功率特征各不相同。

8.2.2　缺失值处理

通过数据探索，发现数据中部分"time"特征存在缺失值，需要对这部分缺失值进行处理。由于每份数据中"time"特征的缺失时间段长不同，所以需要进行不同的处理。对于每个设备数据中具有较大缺失时间段的数据进行删除处理，对于具有较小缺失时间段的数据，使用前一个值进行插补。

在进行缺失值处理之前，需要将训练数据中所有设备数据中的设备数据表、周波数据表、谐波数据表和操作记录表，以及测试数据中所有设备数据中的设备数据表、周波数据表和谐波数据表都提取出来，作为独立的数据文件，如代码 8-2 所示。

代码 8-2　提取数据文件

```
In[2]:   # 将.xlsx 文件转化为 CSV 文件
         import glob
         import pandas as pd

         def file_transform(xls):
             print('共发现%s 个 xlsx 文件' % len(glob.glob(xls)))
             print('正在处理............')
             for file in glob.glob(xls):  # 循环读取同文件夹下的 xls 文件
                 combine1 = pd.read_excel(file, index_col=0, sheet_name=
         None)
                 for key in combine1:
                     combine1[key].to_csv('../tmp/'+file[8:-5] + key +
         '.csv', encoding='utf-8')
             print('处理完成')

         xls_list = ['../data/附件 1/*.xlsx', '../data/附件 2/*.xlsx']
         file_transform(xls_list[0])  # 处理训练数据
         file_transform(xls_list[1])  # 处理测试数据

Out[2]:  共发现 11 个 xlsx 文件
         正在处理............
         处理完成
         共发现 2 个 xlsx 文件
         正在处理............
         处理完成
```

代码 8-2 运行完成后，生成的文件如图 8-3 所示。

图 8-3　提取数据文件结果

提取数据文件完成后，对提取的数据文件进行缺失值处理，如代码 8-3 所示。

代码 8-3　缺失值处理

```
In[3]:    # 对每个单设备数据中具有较大缺失时间段的数据进行删除处理，较小缺失时间点数据
          进行前值替补
          import glob
          import pandas as pd
          import math

          def missing_data(evi):
              print('共发现%s 个 CSV 文件' % len(glob.glob(evi)))
              for j in glob.glob(evi):
                  fr = pd.read_csv(j, header=0, encoding='gbk')
                  fr['time'] = pd.to_datetime(fr['time'])
                  helper = pd.DataFrame({'time': pd.date_range(fr['time'].
          min(), fr['time'].max(), freq='S')})
                  fr = pd.merge(fr, helper, on='time', how='outer').sort_
          values('time')
                  fr = fr.reset_index(drop=True)

                  frame = pd.DataFrame()
                  for g in range(0, len(list(fr['time'])) - 1):
                      if math.isnan(fr.iloc[:, 1][g + 1]) and math.isnan
          (fr.iloc[:, 1][g]):
                          continue
                      else:
                          scop = pd.Series(fr.loc[g])
                          frame = pd.concat([frame, scop], axis=1)
                  frame = pd.DataFrame(frame.values.T, index=frame.
          columns, columns=frame.index)
                  frames = frame.fillna(method='ffill')
                  frames.to_csv(j[:-4] + '1.csv', index=False, encoding=
          'utf-8')
              print('处理完成')

          evi_list = ['../tmp/附件 1/*数据.csv', '../tmp/附件 2/*数据.csv']
          missing_data(evi_list[0])    # 处理训练数据
          missing_data(evi_list[1])    # 处理测试数据
```

```
Out[3]:   共发现 33 个 CSV 文件
          处理完成
          共发现 6 个 CSV 文件
          处理完成
```

代码 8-3 运行完成后，生成的文件如图 8-4 所示。

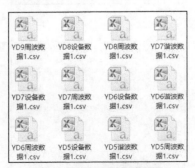

图 8-4　缺失值处理结果

8.3　特征工程

虽然在数据准备过程中对特征进行了初步处理，但是引入的特征仍然太多，而且这些特征之间存在着信息的重复。为了保留重要的特征，建立精确、简单的模型，需要对原始特征进行进一步筛选。

8.3.1　设备数据

在数据探索过程中发现，不同设备的无功功率、总无功功率、有功功率、总有功功率、功率因数和总功率因数差别很大，具有较高的区分度，故本案例选择无功功率、总无功功率、有功功率、总有功功率、功率因数和总功率因数作为设备数据的特征构建判别特征库。

由于缺失值处理后，每个设备数据都由一张表变为多张表，所以需要将相同类型的数据表合并到一张表当中，如将所有设备的设备数据表合并到一张表当中。同时，因为缺失值处理的其中一种方式是使用前一个值进行插补，所以产生了相同的记录，需要对重复出现的记录进行处理，如代码 8-4 所示。

代码 8-4　合并数据

```
In[4]:   import glob
         import pandas as pd
         import os

         # 合并 11 个设备数据及处理合并中重复的数据
         def combined_equipment(csv_name):
             # 合并
             print('共发现%s 个 CSV 文件' % len(glob.glob(csv_name)))
             print('正在处理...........')
             for i in glob.glob(csv_name):  # 循环读取同文件夹下的 CSV 文件
                 fr = open(i, 'rb').read()
                 file_path = os.path.split(i)
                 with open(file_path[0] + '/device_combine.csv', 'ab') as
         f:  # 将结果保存为 result.csv
                     f.write(fr)
             print('合并完毕! ')
             # 去重
             df = pd.read_csv(file_path[0] + '/device_combine.csv', header=None,
         encoding='utf-8')
             datalist = df.drop_duplicates()
             datalist.to_csv(file_path[0] + '/device_combine.csv', index=False,
         header=0)
             print('去重完成')

         csv_list = ['../tmp/附件 1/*设备数据 1.csv', '../tmp/附件 2/*设备数据
         1.csv']
         combined_equipment(csv_list[0])  # 处理训练数据
         combined_equipment(csv_list[1])  # 处理测试数据

Out[4]:  共发现 11 个 CSV 文件
         正在处理............
         合并完毕!
         去重完成
         共发现 2 个 CSV 文件
```

```
正在处理............
合并完毕!
去重完成
```

代码 8-4 运行完成后，生成的数据表如表 8-6 所示。

表 8-6　合并数据后的数据

time	IC	UC	PC	QC	PFC	P	Q	PF	label
2018-01-27 17:11	33	2212	10	65	137	10	65	137	0
2018-01-27 17:11	33	2212	10	66	143	10	66	143	0
2018-01-27 17:11	33	2213	10	65	143	10	65	143	0
2018-01-27 17:11	33	2211	10	66	135	10	66	135	0
2018-01-27 17:11	33	2211	10	66	141	10	66	141	0
2018-01-27 17:11	33	2211	9	66	130	9	66	130	0
2018-01-27 17:11	33	2210	10	65	143	10	65	143	0
2018-01-27 17:11	33	2210	10	65	143	10	65	143	0
2018-01-27 17:11	33	2211	10	66	135	10	66	135	0
……	……	……	……	……	……	……	……	……	……

8.3.2　周波数据

在数据探索过程中发现，周波数据中的电流随着时间的变化有较大的起伏，不同设备周波数据中的电流绘制出来的折线图起伏具有明显的差异，故本案例选择波峰和波谷作为周波数据的特征构建判别特征库。

由于原始的周波数据中并不存在电流的波峰和波谷两个特征，所以需要进行特征构建，构建代码如代码 8-5 所示。

代码 8-5　构建周波数据中的特征

```
In[5]:    # 求取周波数据中电流的波峰和波谷作为特征参数
          import glob
          import pandas as pd
          from sklearn.cluster import KMeans
          import os

          def cycle(cycle_file):
              for file in glob.glob(cycle_file):
                  cycle_YD = pd.read_csv(file, header=0, encoding='utf-8')
                  cycle_YD1 = cycle_YD.iloc[:, 0:128]
                  models = []
                  for types in range(0, len(cycle_YD1)):
                      model = KMeans(n_clusters=2, random_state=10)
                      model.fit(pd.DataFrame(cycle_YD1.iloc[types, 1:]))
          # 除时间以外的所有列
                      models.append(model)

                      # 相同状态间平稳求均值
                  mean = pd.DataFrame()
                  for model in models:
                      r = pd.DataFrame(model.cluster_centers_, )  # 找出聚类中心
```

182

```
            r = r.sort_values(axis=0, ascending=True, by=[0])
            mean = pd.concat([mean, r.reset_index(drop=True)],
axis=1)
            # b = int(files[56:-9])
        mean = pd.DataFrame(mean.values.T, index=mean.columns,
columns=mean.index)
        mean.columns = ['波谷', '波峰']
        mean.index = list(cycle_YD['time'])
        mean.to_csv(file[:-9] + '波谷波峰.csv', index=False,
encoding='gbk ')

cycle_file = ['../tmp/附件 1/*周波数据 1.csv', '../tmp/附件 2/*周波数据
1.csv']
cycle(cycle_file[0])  # 处理训练数据
cycle(cycle_file[1])  # 处理测试数据

# 合并周波的波峰波谷文件
def merge_cycle(cycles_file):
    means = pd.DataFrame()
    for files in glob.glob(cycles_file):
        mean0 = pd.read_csv(files, header=0, encoding='gbk')
        means = pd.concat([means, mean0])
    file_path = os.path.split(glob.glob(cycles_file)[0])
    means.to_csv(file_path[0] + '/zuhe.csv', index=False, encoding=
'gbk')
    print('合并完成')

cycles_file = ['../tmp/附件 1/*波谷波峰.csv', '../tmp/附件 2/*波谷波
峰.csv']
merge_cycle(cycles_file[0])  # 训练数据
merge_cycle(cycles_file[1])  # 测试数据
```

```
Out[5]:  合并完成
         合并完成
```

代码 8-5 运行完成后，生成的数据表如表 8-7 所示。

表 8-7　构建周波数据中的特征生成的数据

波谷	波峰
331.968254	1666338.797
367.8	1666307.081
338.609375	1666349.46
331.8412698	1666314.516
329.609375	1666323.794
……	……

8.4　模型训练

在判别设备种类时，选择 k 近邻模型进行判别，利用特征选择建立的特征库训练模型，然后利用训练好的模型对设备 1 和设备 2 进行判别。设备种类判别如代码 8-6 所示。

代码 8-6　建立判别模型

```
In[6]:    import glob
          import pandas as pd
          from sklearn import neighbors
          import os

          # 模型训练
          def model(test_files, test_devices):
              # 训练集
              zuhe = pd.read_csv('../tmp/附件1/zuhe.csv', header=0, encoding=
          'gbk')
              device_combine = pd.read_csv('../tmp/附件1/device_combine.csv',
          header=0, encoding='gbk')
              train = pd.concat([zuhe, device_combine], axis=1)
              train.index = train['time'].tolist()  # 把time列设为索引
              train = train.drop(['PC', 'QC', 'PFC', 'time'], axis=1)
              train.to_csv('../tmp/'    +    'train.csv',    index=False,
          encoding='gbk')
              # 测试集
              for test_file, test_device in zip(test_files, test_devices):
                  test_bofeng = pd.read_csv(test_file, header=0, encoding=
          'gbk')
                  test_devi = pd.read_csv(test_device, header=0, encoding=
          'gbk')
                  test = pd.concat([test_bofeng, test_devi], axis=1)
                  test.index = test['time'].tolist()  # 把time列设为索引
                  test = test.drop(['PC', 'QC', 'PFC', 'time'], axis=1)

                  # k近邻
                  clf = neighbors.KNeighborsClassifier(n_neighbors=6,
          algorithm='auto')
                  clf.fit(train.drop(['label'], axis=1), train['label'])
                  predicted = clf.predict(test.drop(['label'], axis=1))
                  predicted = pd.DataFrame(predicted)
                  file_path = os.path.split(test_file)[1]
                  test.to_csv('../tmp/'  +  file_path[:3]  +  'test.csv',
          encoding='gbk')
                  predicted.to_csv('../tmp/'      +      file_path[:3]      +
          'predicted.csv', index=False, encoding='gbk')
                  with open('../tmp/' + file_path[:3] + "model.pkl", "ab")
          as pickle_file:
                      pickle.dump(clf, pickle_file)
                  print(clf)

          model(glob.glob('../tmp/附件2/*波谷波峰.csv'),
                glob.glob('../tmp/附件2/*设备数据1.csv'))
```

```
Out[6]:   KNeighborsClassifier(algorithm='auto',   leaf_size=30,   metric=
          'minkowski',
                               metric_params=None, n_jobs=None,
          n_neighbors=6, p=2,
                               weights='uniform')
          KNeighborsClassifier(algorithm='auto',   leaf_size=30,   metric=
          'minkowski',
                               metric_params=None, n_jobs=None,
          n_neighbors=6, p=2,
                               weights='uniform')
```

注：此处部分结果已省略。

　　根据代码 8-6 的结果可以看出，模型的预测准确率比较高，说明建立的判别模型可以用于判别单一设备所属类别，且具有较高的可信度。

8.5　性能度量

　　根据代码 8-6 建立的模型，对测试数据进行预测，结果如代码 8-7 所示。

代码 8-7　模型预测

```
In[7]:    import glob
          import pandas as pd
          import matplotlib.pyplot as plt
          import seaborn as sns
          from sklearn import metrics
          from sklearn.preprocessing import label_binarize
          import math
          import pickle

          # 模型评估
          def model_evaluation(model_file, test_csv, predicted_csv):
              train = pd.read_csv('../tmp/' + 'train.csv', encoding='gbk')
              for clf, test, predicted in zip(model_file, test_csv,
          predicted_csv):
                  with open(clf, "rb") as pickle_file:
                      clf = pickle.load(pickle_file)
                  test = pd.read_csv(test, header=0, encoding='gbk')
                  predicted = pd.read_csv(predicted, header=0, encoding=
          'gbk')
                  test.columns = ['time', '波谷', '波峰', 'IC', 'UC', 'P',
          'Q', 'PF', 'label']
                  print('模型分类准确度: ', clf.score(test.drop(['label',
          'time'], axis=1), test['label']))
                  print('模型评估报告: \n', metrics.classification_report
          (test['label'], predicted))

                  confusion_matrix0 = metrics.confusion_matrix(test['label'],
          predicted)
                  confusion_matrix = pd.DataFrame(confusion_matrix0)
                  class_names = list(set(test['label']))

                  tick_marks = range(len(class_names))
                  sns.heatmap(confusion_matrix, annot=True, cmap='YlGnBu',
          fmt='g')
                  plt.xticks(tick_marks, class_names)
                  plt.yticks(tick_marks, class_names)
                  plt.tight_layout()
                  plt.title('Confusion matrix for KNN Model', y=1)
                  plt.ylabel('Actual label')
                  plt.xlabel('Predicted label')
                  plt.show()
                  y_binarize = label_binarize(test['label'], classes=class_
          names)
                  predicted  =  label_binarize(predicted, classes=class_
          names)
```

```
        fpr, tpr, thresholds = metrics.roc_curve(y_binarize.ravel(),
predicted.ravel())
        auc = metrics.auc(fpr, tpr)
        print('计算 auc: ', auc)  # 绘图
        plt.figure(figsize=(8, 4))
        lw = 2
        plt.plot(fpr, tpr, label='ROC curve (area = %0.2f)' % auc)
        plt.plot([0, 1], [0, 1], color='navy', lw=lw, linestyle='--')
        plt.fill_between(fpr, tpr, alpha=0.2, color='b')
        plt.xlim([0.0, 1.0])
        plt.ylim([0.0, 1.05])
        plt.xlabel('False Positive Rate')
        plt.ylabel('True Positive Rate')
        plt.title('ROC and AUC')
        plt.legend(loc="lower right")
        plt.show()

model_evaluation(glob.glob('../tmp/*model.pkl'),
                 glob.glob('../tmp/*test.csv'),
                 glob.glob('../tmp/*predicted.csv'))
```

Out[7]: 模型分类准确度: 0.8926829268292683

模型评估报告:

	precision	recall	f1-score	support
0.0	1.00	0.86	0.92	64
11.0	0.00	0.00	0.00	0
22.0	0.00	0.00	0.00	0
61.0	0.00	0.00	0.00	0
91.0	0.92	0.87	0.89	77
92.0	0.33	0.40	0.36	5
93.0	0.89	1.00	0.94	59
accuracy			0.89	205
macro avg	0.45	0.45	0.45	205
weighted avg	0.92	0.89	0.90	205

Confusion matrix for KNN Model

计算 auc:　0.932520325203252

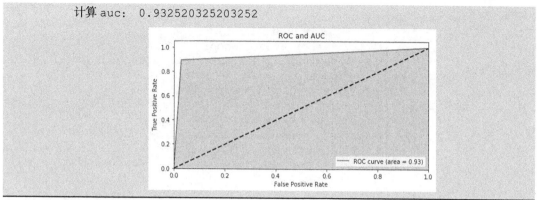

注：此处部分结果已省略。

根据分析目标，需要计算实时用电量。实时用电量计算的是瞬时的用电器电流、电压和时间的乘积，如式（8-1）所示。

$$W = P \cdot 100 / 3600,\ P = U \cdot I \qquad\qquad (8\text{-}1)$$

在式（8-1）中，W 为实时用电量，单位是 $0.001\text{kW} \cdot \text{h}$。$P$ 为功率，单位为 W。

设备种类判别及实时用电量计算如代码 8-8 所示。

代码 8-8　计算实时用电量

```
In[8]:   # 计算实时用电量并输出状态表
         def cw(test_csv, predicted_csv, test_devices):
             for test, predicted, test_device in zip(test_csv, predicted_
         csv, test_devices):
                 # 划分预测出的时刻表
                 test = pd.read_csv(test, header=0, encoding='gbk')
                 test.columns = ['time', '波谷', '波峰', 'IC', 'UC', 'P', 'Q',
         'PF', 'label']
                 test['time'] = pd.to_datetime(test['time'])
                 test.index = test['time']
                 predicteds = pd.read_csv(predicted, header=0, encoding='gbk')
                 predicteds.columns = ['label']
                 indexes = []
                 class_names = list(set(test['label']))
                 for j in class_names:
                     index = list(predicteds.index[predicteds['label'] == j])
                     indexes.append(index)

                 # 取出首位序号及时间点
                 from itertools import groupby  # 连续数字
                 dif_indexs = []
                 time_indexes = []
                 info_lists = pd.DataFrame()
                 for y, z in zip(indexes, class_names):
                     dif_index = []
                     fun = lambda x: x[1] - x[0]
                     for k, g in groupby(enumerate(y), fun):
                         dif_list = [j for i, j in g]  # 连续数字的列表
                         if len(dif_list) > 1:
                             scop = min(dif_list)  # 选取连续数字范围中的第一个
```

```
            else:
                scop = dif_list[0]
            dif_index.append(scop)
        time_index = list(test.iloc[dif_index, :].index)
        time_indexes.append(time_index)
        info_list = pd.DataFrame({'时间': time_index, 'model_
设备状态': [z] * len(time_index)})
        dif_indexs.append(dif_index)
        info_lists = pd.concat([info_lists, info_list])
    # 计算实时用电量并保存状态表
    test_devi = pd.read_csv(test_device, header=0, encoding=
'gbk')
    test_devi['time'] = pd.to_datetime(test_devi['time'])
    test_devi['实时用电量'] = test_devi['P'] * 100 / 3600
    info_lists = info_lists.merge(test_devi[['time', '实时用电
量']], how='inner', left_on='时间', right_on='time')
    info_lists = info_lists.sort_values(by=['时间'], ascending=
True)
    info_lists = info_lists.drop(['time'], axis=1)
    file_path = os.path.split(test_device)[1]
    info_lists.to_csv('../tmp/' + file_path[:3] + '状态表.csv',
index=False, encoding='gbk')
    print(info_lists)

cw(glob.glob('../tmp/*test.csv'),
  glob.glob('../tmp/*predicted.csv'),
  glob.glob('../tmp/附件2/*设备数据1.csv'))
```

Out[8]:

	时间	model_设备状态	实时用电量
0	2018-01-16 15:48:37	0.0	0.083333
28	2018-01-16 15:49:38	82.0	0.888889
2	2018-01-16 15:54:19	81.0	79.694444
29	2018-01-16 15:54:20	83.0	114.527778
3	2018-01-16 15:58:17	81.0	113.527778
30	2018-01-16 15:58:21	83.0	113.611111
4	2018-01-16 15:58:29	81.0	113.500000
31	2018-01-16 15:58:30	83.0	113.555556
5	2018-01-16 15:58:33	81.0	113.611111
32	2018-01-16 15:58:34	83.0	113.583333

注：此处部分结果已省略。

计算得到的实时用电量如表 8-8 所示。

表 8-8　实时用电量

时间	model_设备状态	实时用电量
2018-01-16 15:48	0	0.083333333
2018-01-16 15:49	82	0.888888889
2018-01-16 15:54	81	79.69444444
2018-01-16 15:54	83	114.5277778
2018-01-16 15:58	81	113.5277778
2018-01-16 15:58	83	113.6111111
2018-01-16 15:58	81	113.5

续表

时间	model_设备状态	实时用电量
2018-01-16 15:58	83	113.5555556
2018-01-16 15:58	81	113.6111111
2018-01-16 15:58	83	113.5833333
……	……	……

小结

本章结合非侵入式电力负荷监测与分解的案例，重点介绍了在数据可视化的辅助下 k 近邻算法在实际案例中的应用。首先利用数据可视化寻找数据的特征，构建特征集合；然后构建 k 近邻模型，利用构建的特征集合训练模型；接着利用该模型对单一设备所属类别进行判定；最后计算实时用电量。

课后习题

基于某电信企业 2016 年 3 月客户的消费情况及客户基本信息的数据，构建合适的分类模型，实现对流失客户的预测。

第 9 章　航空公司客户价值分析

随着信息时代的来临，企业的营销焦点由产品转向了客户，因此客户关系管理（Customer Relationship Management，CRM）成为企业的核心问题。CRM 问题的关键是对客户进行分群，企业可以根据不同的客户群区分无价值客户和有价值客户，从而有针对性地制定营销策略，实现企业利润最大化。我们也应该紧跟时代步伐，顺应实践发展，以满腔热忱对待一切新生事物，不断拓展认识的广度和深度。

本案例将使用航空公司客户数据，结合 RFM 模型，采用 K-Means 聚类算法，对客户进行分群，比较不同客户群的客户价值，为航空公司制定营销策略提供依据。

学习目标

（1）熟悉航空公司客户价值分析的步骤与流程。

（2）掌握常用的数据探索方法，用于分析客户的基本信息、乘机信息和积分信息。

（3）掌握常用的数据清洗方法，用于对航空客户数据进行数据清洗。

（4）掌握常用的特征工程方法，用于对航空客户数据进行特征构建、特征选择和特征变换。

（5）掌握 K-Means 算法的使用方法，构建航空用户聚类模型。

（6）掌握聚类算法的评价方法，对构建的聚类模型进行评价。

9.1　目标分析

本节主要介绍航空公司客户价值分析的相关背景、航空客户数据的说明，以及本案例的分析目标和相关流程。

9.1.1　背景

目前，全球经济环境和市场环境正在悄然发生改变，企业的业务也在逐步由产品主导向客户需求主导转型。一种全新的"以客户为中心"的业务模式正在形成并被提升到前所未有的高度。

随着中国社会经济的发展，我国民航已经从卖方市场转变为买方市场，再加上铁路提速和全国公路网日益完善，不同运输方式间的竞争日趋激烈，航空公司面临的压力越来越大。航空业属于典型的服务行业，其目标是获取更多利润，然而如今航空公司产品的同质化现象严重，并且竞争激烈，客户资源成为航空公司最为短缺的资源，谁拥有的客户资源多，谁的核心竞争力就强，获得的利润就会更多。

客户营销战略的倡导者 Jay & Adam Curry 从在国外数百家公司进行的客户营销实施的经验中提炼出了如下经验。

（1）公司收入的 80% 来自顶端的 20% 的客户。

（2）20% 的客户带来的利润率能够达到 100%。

（3）90%以上的收入来自现有客户。

（4）大部分的营销预算经常被用在非现有客户上。

（5）5%～30%的客户在客户金字塔中具有升级潜力。

（6）客户金字塔中的客户升级2%，意味着销售收入增加10%，利润增加50%。

虽然这些经验也许并不完全准确，但是客户作为航空公司的主要利润来源，对航空公司提出了要求，航空公司必须不断地认识、发现、开发和满足客户需求，与客户建立一种稳定的关系。这一现实情况揭示了新时代客户分化的趋势，而这种趋势说明了进行客户价值分析的必要性。目前，各航空公司都已认识到这一关键因素，并将客户价值分析作为公司发展战略之一。

本案例将在航空公司客户数据的基础上，建立合理的客户价值模型，对客户进行分群，分析比较不同客户群的客户价值，为企业提供更精准的策略制定依据，帮助企业制定更加符合市场行情和企业现状的营销策略，为企业带来更多的利润。

9.1.2　数据说明

目前，某航空公司已积累了大量的会员档案信息和乘坐航班记录，以2014年3月31日为结束时间，抽取两年内有乘机记录的所有客户的详细数据。数据包含会员卡号、入会时间、性别、年龄、会员卡级别、工作地城市、工作地所在省份、工作地所在国家、观测窗口结束时间、观测窗口乘机积分、飞行公里数、飞行次数、飞行时间、乘机时间间隔、平均折扣率等特征，如表9-1所示。

表9-1　航空公司数据特征说明

	特征名称	特征说明
客户基本信息	MEMBER_NO	会员卡号
	FFP_DATE	入会时间
	FIRST_FLIGHT_DATE	第一次飞行日期
	GENDER	性别
	FFP_TIER	会员卡级别
	WORK_CITY	工作地城市
	WORK_PROVINCE	工作地所在省份
	WORK_COUNTRY	工作地所在国家
	AGE	年龄
乘机信息	FLIGHT_COUNT	观测窗口内的飞行次数
	LOAD_TIME	观测窗口的结束时间
	LAST_TO_END	最后一次乘机时间至观测窗口结束时长
	AVG_DISCOUNT	平均折扣率
	SUM_YR	观测窗口的票价收入
	SEG_KM_SUM	观测窗口的总飞行公里数
	LAST_FLIGHT_DATE	末次飞行日期
	AVG_INTERVAL	平均乘机时间间隔
	MAX_INTERVAL	最大乘机时间间隔

特征名称	特征说明
EXCHANGE_COUNT	积分兑换次数
EP_SUM	总精英积分
PROMOPTIVE_SUM	促销积分
PARTNER_SUM	合作伙伴积分
POINTS_SUM	总累计积分
POINT_NOTFLIGHT	非乘机的积分变动次数
BP_SUM	总基本积分

积分信息（对应表格左侧合并单元格）

9.1.3 分析目标

结合目前航空公司的数据情况，可以实现以下目标。

（1）借助航空公司客户数据，对客户进行分群。

（2）对不同的客户类别进行特征分析，比较不同类别客户的价值。

（3）对不同价值的客户类别提供个性化服务，制定相应的营销策略。

本案例的总体流程如图 9-1 所示，主要包括以下 4 个步骤。

（1）抽取航空公司 2012 年 4 月 1 日—2014 年 3 月 31 日的数据。

（2）对抽取的数据进行数据清洗、特征构建和标准化等操作。

（3）基于 RFM 模型，使用 K-Means 算法进行客户分群。

（4）针对模型结果得到不同价值的客户，采用不同的营销手段，提供定制化的服务。

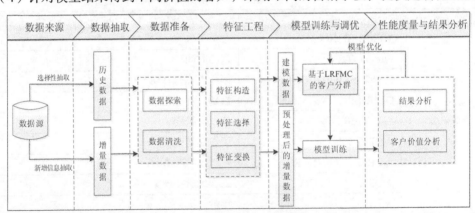

图 9-1 航空客运数据分析建模总体流程

9.2   数据准备

国内某航空公司提供的原始数据尚未经过处理，数据质量可能尚未达到可以直接用于建模的程度，可能存在缺失值、异常值等问题，这些问题会导致建立的模型不够精确。为尽可能地排除干扰因素，保证模型的可靠性，需要进行必要的数据准备。

9.2.1 数据探索

由于航空公司客户乘机记录信息数据量很大，因此在获取数据时，要对原始数据进行

截取，以 2014 年 3 月 31 日为结束时间，选取宽度为两年（2012 年 4 月 1 日—2014 年 3 月
31 日）的时间段作为分析观测窗口，抽取观测窗口内有乘机记录的所有客户的详细数据，
形成历史数据，共 62988 条记录。

截取数据后对数据进行探索，在数据探索过程中，发现数据中存在缺失值和异常值，
具体表现是票价为空值、票价为 0、折扣率为 0 或总飞行公里数为 0 的记录。这些值的存
在会对模型的建立产生不可忽视的影响，如模型的不确定性会变得更加显著，其蕴含的规
律更难把握，甚至导致模型输出的结果不可靠，因此在数据清洗过程中要重点对缺失值和
异常值进行处理。

9.2.2　数据清洗

在数据清洗过程中，因为原始数据量大，缺失值和异常值在数据集中占比较小，所以
需要对缺失值和异常值均进行删除处理，即丢弃票价为 0、平均折扣率为 0 或总飞行公里
数为 0 的记录，如代码 9-1 所示。

代码 9-1　数据清洗

```
In[1]:    import pandas as pd
          airline_data = pd.read_csv('../data/air_data.csv')
          print('原始数据的形状为: ', airline_data.shape)
          # 去除票价为空的记录
          index_not_na1 = airline_data['SUM_YR_1'].notnull()
          index_not_na2 = airline_data['SUM_YR_2'].notnull()
          index_not_na = index_not_na1 & index_not_na2
          airline_notnull = airline_data.loc[index_not_na, :]
          print('删除缺失记录后数据的形状为: ', airline_notnull.shape)

Out[1]:   原始数据的形状为:  (62988, 44)
          删除缺失记录后数据的形状为:  (62299, 44)

In[2]:    # 丢弃票价为 0，或平均折扣率为 0，或总飞行公里数为 0 的记录
          index1 = airline_notnull['SUM_YR_1'] == 0
          index2 = airline_notnull['SUM_YR_2'] == 0
          index3 = (airline_notnull['SEG_KM_SUM']== 0) | \
              (airline_notnull['avg_discount'] == 0)
          index_drop = airline_notnull.index[(index1 & index2) | index3]
          airline = airline_notnull.drop(index_drop, axis=0)
          airline.to_csv('../tmp/air_data_clean.csv')
          print('删除异常记录后数据的形状为: ', airline.shape)

Out[2]:   删除异常记录后数据的形状为:  (62044, 44)
```

9.3　特征工程

在建模之前需要对原始数据特征进行处理，筛选出更好的特征，才能获取更好的训练
数据，让建立的模型得到更加精确的结果。

9.3.1　特征构造

特征构造是指从原始数据中人工地构建一些具有实际意义的特征，本案例借助 RFM 模
型进行特征构造。

1. RFM 模型

RFM 模型是识别客户价值应用较为广泛的模型，RFM 模型的具体含义如下。

（1）R

R（Recency）指的是最近一次消费时间与截止时间的间隔，简称时间间隔。在通常情况下，最近一次消费时间与截止时间的间隔越短，顾客对即时提供的商品或服务也最有可能感兴趣。这也是消费时间间隔为 0 至 6 个月的顾客收到的沟通信息多于消费时间间隔为 1 年以上的顾客的原因。

最近一次消费时间与截止时间的间隔不仅能够为确定促销客户群体提供依据，还能够帮助得出企业发展的趋势。如果分析报告显示最近一次消费时间很近的客户在增加，则表示该公司是个稳步上升的公司。反之，最近一次消费时间很近的客户越来越少，则说明该公司需要找到问题所在，及时调整营销策略。

（2）F

F（Frequency）指顾客在某段时间内所消费的次数，简称消费频率。可以说消费频率越高的顾客，也是满意度越高的顾客，其忠诚度也就越高，顾客价值也就越大。增加顾客购买的次数意味着从竞争对手处争取市场占有率，赚取营业额。商家需要做的是通过各种营销方式，去不断地刺激顾客消费，提高他们的消费频率，提升顾客的复购率。

（3）M

M（Monetary）指顾客在某段时间内所消费的金额，简称消费金额。消费金额越大的顾客，消费能力自然也就越强，这就是所谓 "20%的顾客贡献了 80%的销售额" 的二八法则。而这批顾客也必然是商家在进行营销活动时需要特别照顾的群体，尤其是在商家前期资源不足的时候。不过需要注意一点，无论采用哪种营销方式，都应以不对顾客造成骚扰为大前提，否则营销只会产生负面效果。

在 RFM 模型理论中，时间间隔、消费频率、消费金额是判断客户价值最重要的特征，这 3 个特征对营销活动具有十分重要的意义，其中，时间间隔是最有力的特征。

2. RFM 模型解读

RFM 模型包括 3 个特征，无法用平面坐标图来展示，所以这里使用三维坐标系进行展示，如图 9-2 所示，x 轴表示 Recency，y 轴表示 Frequency，z 轴表示 Monetary。每个轴一般会分成 5 级来表示程度，1 为最小，5 为最大。需要特别说明的是，图 9-2 所示的 R 特征在 x 轴上，R 值越大，代表该类客户最近一次消费时间与截止时间的间隔越短，客户 R 维度上的质量越好。x 轴表示 R 特征，y 轴表示 F 特征，z 轴表示 M 特征，每个轴上划分 5 级，等同于将客户划分成 $5×5×5=125$ 种类型。这里划分为 5 级并不是严格的要求，一般是根据实际研究需求和顾客的总量进行划分的，对于是否等分的问题，取决于该维度上客户的分布规律。

由图 9-2 可以看出，左上角方框的客户 RFM 特征取值为 155。消费的近度值是比较小的，说明该类客户最近都没有来店消费，原因可能是最近比较忙或对现有的产品、服务不满意，或是找到了更好的商家。R 特征数值变小需要企业管理人员引起重视，说明该类客户可能流失，对企业造成损失。消费频率 F 的特征数值很高，说明客户很活跃，经常到商家消费。消费金额 M 的特征数值很高，说明该类客户具备一定的消费能力，为店里贡献了很多营业额。这类客户总体上比较优质，但是 R 特征的时间近度值较小，说明其往往是需要进行针对性营销优化的客户群体。

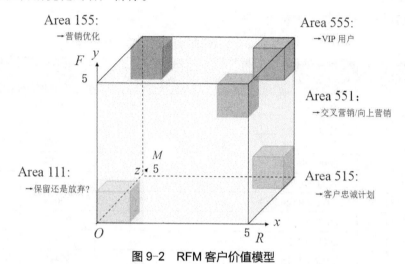

图 9-2　RFM 客户价值模型

同理，若客户 RFM 特征取值为 555，则可以判定该客户为最优质客户，即该类客户最近到商家进行了消费，消费频率很高，消费金额很大。该类客户往往是企业利益的主要贡献者，是需要重点关注与维护的客户。

3．特征构造

在 RFM 模型中，消费金额表示客户在一段时间内购买该企业产品金额的总和。然而航空票价受到多种因素（如距离、舱位等级）的影响，因此消费同样金额的不同客户对航空公司的价值可能是不同的。例如，一位购买长航线、低等级舱位票的旅客与一位购买短航线、高等级舱位票的旅客相比，后者对于航空公司而言价值可能更高。因此，RFM 模型中的消费金额这一特征并不适用于航空公司客户价值分析。

本案例在 RFM 模型的基础上，选择客户在一定时间内累计的飞行里程 M、客户在一定时间内乘坐舱位所对应的折扣系数的平均值 C。同时，因为航空公司会员入会时间的长短在一定程度上能够影响客户价值，所以在模型中增加客户关系长度 L，作为区分客户的另一特征。

9.3.2　特征选择

本案例选择客户关系长度 L、时间间隔 R、消费频率 F、飞行里程 M 和折扣系数的平均值 C 作为航空公司识别客户价值的特征，记为 LRFMC 模型。每个特征的具体含义如表 9-2 所示。

表 9-2　特征含义

L	R	F	M	C
会员入会时间距观测窗口结束的月数	客户最近一次乘坐公司飞机时间距观测窗口结束的月数	客户在观测窗口内乘坐公司飞机的次数	客户在观测窗口内的累计飞行里程	客户在观测窗口内乘坐时，舱位所对应的折扣系数的平均值

195

根据航空公司客户价值 LRFMC 模型，选择与 LRFMC 特征相关的 6 个特征：LOAD_TIME、FFP_DATE、LAST_TO_END、FLIGHT_COUNT、SEG_KM_SUM、AVG_DISCOUNT。

特征选择后的部分数据如表 9-3 所示。

表 9-3　特征选择后的数据

LOAD_TIME	FFP_DATE	LAST_ TO_END	FLIGHT_ COUNT	SEG_K M_SUM	AVG_ DIS COUNT
2014-03-31	2013-03-16	23	14	126850	1.02
2014-03-31	2012-06-26	6	65	184730	0.76
2014-03-31	2009-12-08	2	33	60387	1.27
2014-03-31	2009-12-10	123	6	62259	1.02
2014-03-31	2011-08-25	14	22	54730	1.36
2014-03-31	2012-09-26	23	26	50024	1.29
2014-03-31	2010-12-27	77	5	61160	0.94
2014-03-31	2009-10-21	67	4	48928	1.05
2014-03-31	2010-04-15	11	25	43499	1.33
2014-03-31	2007-01-26	22	36	68760	0.88

9.3.3　特征变换

由于选取的 L、R、F、M、C 特征在原始数据中并没有直接给出，因此需要根据原始数据特征进行特征变换，得到需要的特征，如式（9-1）～式（9-5）所示。

$$L = 观测窗口的结束时间 - 入会时间 = LOAD\_TIME - FFP\_DATE \qquad (9\text{-}1)$$

$$R = 最近一次乘机时间距观测窗口末端时长 = LAST\_TO\_END \qquad (9\text{-}2)$$

$$F = 观测窗口内的飞行次数 = FLIGHT\_COUNT \qquad (9\text{-}3)$$

$$M = 观测窗口内的总飞行公里数 = SEG\_KM\_SUM \qquad (9\text{-}4)$$

$$C = 平均折扣率 = AVG\_DISCOUNT \qquad (9\text{-}5)$$

根据式（9-1）～式（9-5）构建 L、R、F、M、C 特征，如代码 9-2 所示。

代码 9-2　构建 L、R、F、M、C 特征

```
In[1]:   import pandas as pd
         import numpy as np

         airline = pd.read_csv('../data/air_data.csv')
         # 选取需求特征
         airline_selection = airline[['FFP_DATE', 'LOAD_TIME', 'FLIGHT_COUNT',
                         'LAST_TO_END', 'avg_discount', 'SEG_KM_SUM']]
         # 构建 L 特征
         L = pd.to_datetime(airline_selection['LOAD_TIME']) - \
         pd.to_datetime(airline_selection['FFP_DATE'])
         L = L.astype('str').str.split().str[0]
         L = L.astype('int') / 30
         # 合并特征
         airline_features1 = pd.concat([L, airline_selection.iloc[:, 2:]],
         axis = 1)
```

```
airline_features1.columns = ['L', 'F', 'R', 'C', 'M']
airline_features                                             =
pd.DataFrame(np.zeros([len(airline_features1), 5]),
                         columns = ['L', 'R', 'F', 'M', 'C'])
for i in range(len(airline_features.columns)):
    airline_features.ix[:, airline_features.columns[i]] = \
    list(airline_features1.ix[:, airline_features.columns[i]])
print('构建的 L、R、F、M、C 特征前 5 行为: \n', airline_features.head())
```

Out[1]: 构建的 L、R、F、M、C 特征前 5 行为:
```
        L         R    F     M        C
0  90.200000     1   210  580717  0.961639
1  86.566667     7   140  293678  1.252314
2  87.166667    11   135  283712  1.254676
3  68.233333    97    23  281336  1.090870
4  60.533333     5   152  309928  0.970658
```

对 L、R、F、M、C 这 5 个特征对应的数据进行分析，发现数据分布不够均衡，取值范围差异较大，数据之间存在较大的量纲差异，如代码 9-3 所示。

代码 9-3　*L*、*R*、*F*、*M*、*C* 特征取值范围

```
In[2]:  # 查看特征取值范围
        explore = airline_features.describe(percentiles = [], include =
        'all')
        explore = explore.ix[['min', 'max'], :]
        print('L、R、F、M、C 5 个特征取值范围: \n', explore )
```

Out[2]: L、R、F、M、C 5 个特征取值范围:
```
        L          R      F       M       C
min   12.166667    1.0    2.0     368.0   0.0
max  114.566667  731.0  213.0  580717.0   1.5
```

因为数据之间量纲差异较大，直接将数据用于建立模型会导致模型可信度降低，所以在建立模型之前需要消除数据之间的量纲差异。利用标准差标准化方法处理数据间的量纲问题，如代码 9-4 所示。

代码 9-4　标准化 *L*、*R*、*F*、*M*、*C* 这 5 个特征

```
In[3]:  # 数据标准化
        from sklearn.preprocessing import StandardScaler
        air_scale = StandardScaler().fit_transform(airline_features)
        np.savez('../tmp/airline_scale.npz', air_scale)
        print('标准化后 L、R、F、M、C 5 个特征为: \n', air_scale[:5, :])
```

Out[3]: 标准化后 L、R、F、M、C 5 个特征为:
```
[[ 1.43571897 -0.94495516 14.03412875 26.76136996  1.29555058]
 [ 1.30716214 -0.9119018   9.07328567 13.1269701   2.86819902]
 [ 1.32839171 -0.88986623  8.71893974 12.65358345  2.88097321]
 [ 0.65848092 -0.41610151  0.78159082 12.54072306  1.99472974]
 [ 0.38603481 -0.92291959  9.92371591 13.89884778  1.3443455 ]]
```

9.4 模型训练

采用 K-Means 聚类算法对航空公司客户进行分群，需要预先给出 k 值，即需要事先指定聚类数目。本案例根据对业务的理解与分析，结合 Calinski-Harabasz 指数确定聚类数目 k，Calinski-Harabasz 指数越大，表示聚类效果越好。在建模过程中，k 取 Calinski-Harabasz 指数最大值对应的聚类数，如代码 9-5 所示。

代码 9-5　采用 K-Means 聚类算法对航空公司客户进行分群

```
In[1]:    from sklearn.cluster import KMeans  # 导入 K-Means 算法
          import matplotlib.pyplot as plt  # 导入画图库
          from sklearn import metrics  # 导入计算 Calinski-Harabasz 指数的库
          import pandas as pd
          import numpy as np

          airline_scale = np.load('../tmp/airline_scale.npz')['arr_0']
          # 利用 Calinski-Harabasz 指数确定聚类数目
          CH = []
          for i in range(3, 6):
              model = KMeans(n_clusters = i, n_jobs=4, random_state
          =123).fit(airline_scale)
              labels = model.labels_
              CH.append(metrics.calinski_harabaz_score(airline_scale,
          labels))
          k = CH.index(max(CH)) + 3  # 确定聚类中心数
          print('最佳聚类数目', k)

          # 绘制不同聚类数目与对应的 Calinski-Harabasz 指数折线图
          x = range(3, 6)  # x 为折线图中的横坐标
          plt.plot(x, CH, '-xr')
          plt.rcParams['font.sans-serif'] = ['SimHei']  # 用来正常显示中文
          标签
          plt.rcParams['axes.unicode_minus'] = False  # 用来正常显示负号
          plt.title('不同聚类数目对应的 Calinski-Harabasz 指数')
          # 构建模型
          kmeans_model = KMeans(n_clusters = k, n_jobs=4, random_state=123)
          fit_kmeans = kmeans_model.fit(airline_scale)  # 模型训练
          # 查看聚类中心
          print('聚类中心为: \n', kmeans_model.cluster_centers_)
          print('保留小数点后 4 位后聚类中心为: \n', np.round(kmeans_model.
          cluster_centers_, 4))
```

```
Out[1]:   最佳聚类数目 4
          聚类中心为:
          [[ 0.47925001 -0.79600209  2.43837805  2.38319597  0.38185938]
           [-0.30918478  1.65896733 -0.57205115 -0.53589827 -0.01831833]
           [ 1.13878373 -0.36669237 -0.09566679 -0.10486224  0.09569161]
           [-0.69613525 -0.40850722 -0.1696224  -0.16975693 -0.13429219]]
          保留小数点后 4 位后聚类中心为:
```

```
[[ 0.4793 -0.7960  2.4384  2.3832  0.3819]
 [-0.3092  1.6590 -0.5721 -0.5359 -0.0183]
 [ 1.1388 -0.3667 -0.0957 -0.1049  0.0957]
 [-0.6961 -0.4085 -0.1696 -0.1698 -0.1343]]
```

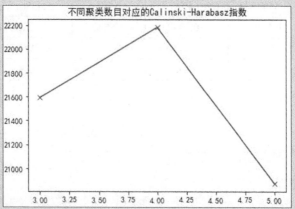

In[2]:
```
print('样本类别标签为', kmeans_model.labels_)  # 查看样本的类别标签
```

Out[2]: 样本类别标签为 [1 1 1 ... 3 2 2]

In[3]:
```
# 统计不同类别样本的数目
count_class = pd.Series(kmeans_model.labels_).value_counts()
print('最终每个类别的数目为: \n', count_class)
cluster_centers = pd.DataFrame(kmeans_model.cluster_centers_)
cluster_centers.to_csv('../tmp/cluster_centers.csv',index=False)
# 保存聚类中心
labels = pd.DataFrame(kmeans_model.labels_)
labels.to_csv('../tmp/labels.csv',index=False)  # 保存聚类类别标签
```

Out[3]:
```
最终每个类别的数目为:
3    26288
2    17253
1    12939
0     5563
dtype: int64
```

9.5 性能度量

本案例中的 K-Means 模型采用历史数据进行建模，随着时间的变化，分析数据的观测窗口在变化，航空公司客户的数据信息也在变化。因此，考虑到业务的实际情况，建议每个月运行一次该模型，通过聚类判断新增加的客户所属的客户群，同时分析新增客户特征的价值。如果新增客户数据的实际情况与判断结果差异较大，那么业务部门需要重点关注，查看出现差异的原因并确认模型的稳定性，如果模型稳定性变化较大，那么需要重新训练聚类模型。

9.5.1 结果分析

整理代码 9-5 所示的客户分群聚类结果，如表 9-4 所示。

表 9-4 客户分群聚类结果

聚类 类别	聚类 个数	聚类中心				
		ZL	ZR	ZF	ZM	ZC
客户群 1	5563	0.4793	−0.7960	2.4384	2.3832	0.3819
客户群 2	12939	−0.3092	1.6590	−0.5721	−0.5359	−0.0183
客户群 3	17253	1.1388	−0.3667	−0.0957	−0.1049	0.0957
客户群 4	26288	−0.6961	−0.4085	−0.1696	−0.1698	−0.1343

根据表 9-4 所示的聚类结果绘制雷达图，如代码 9-6 所示。

代码 9-6 绘制雷达图

```
In[1]:    import matplotlib.pyplot as plt
          import pandas as pd
          import numpy as np

          # 客户分群雷达图
          cluster_center = pd.read_csv('../tmp/cluster_centers.csv')
          labels = pd.read_csv('../tmp/labels.csv')
          cluster_center.columns = ['ZL', 'ZR', 'ZF', 'ZM', 'ZC']  # 将聚类
          中心放在数据框中
          cluster_center.index = labels.drop_duplicates().iloc[:, 0]  # 将
          样本类别作为数据框索引
          labels = ['ZL', 'ZR', 'ZF', 'ZM', 'ZC']
          lstype = ['-','--',':','-.']
          legen = ['客户群' + str(i + 1) for i in cluster_center.index]  # 客
          户群命名，作为雷达图的图例
          kinds = list(cluster_center.iloc[:, 0])

          # 由于雷达图要保证数据闭合，因此再添加 ZL 列，并转换为 np.array
          cluster_center              =              pd.concat([cluster_center,
          cluster_center[['ZL']]], axis=1)
          centers = np.array(cluster_center.iloc[:, 0:])
          # 分割圆周长，并让其闭合
          n = len(labels)
          angle = np.linspace(0, 2 * np.pi, n, endpoint = False)
          angle = np.concatenate((angle, [angle[0]]))

          # 绘图
          fig = plt.figure(figsize = (8, 6))
          ax = fig.add_subplot(111, polar = True)  # 以极坐标的形式绘制图形
          plt.rcParams['font.sans-serif'] = ['SimHei']  # 用来正常显示中文
          标签
          plt.rcParams['axes.unicode_minus'] = False  # 用来正常显示负号

          # 画线
          for i in range(len(kinds)):
              ax.plot(angle, centers[i], linestyle=lstype[i], linewidth=2,
          label=kinds[i])
          # 添加属性标签
          ax.set_thetagrids(angle * 180 / np.pi, labels)
          plt.title('客户特征分析雷达图')
          plt.legend(legen)
          plt.show()
```

Out[1]:

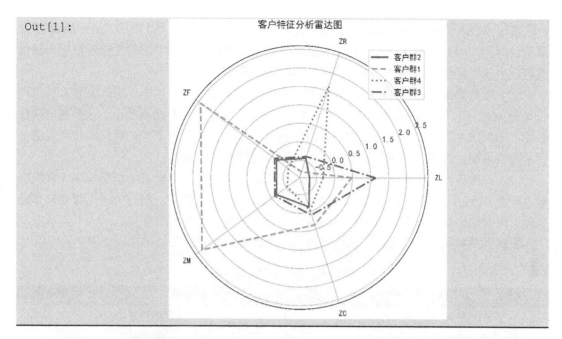

从代码 9-6 的结果可以看出，客户群 1 在特征 F、M 处的值最大，在特征 R 处的值最小，说明客户群 1 的消费频率和累计飞行里程较大，消费时间间隔较小，这类客户需要航空公司重点关注并与之保持良好关系，称 F、M、R 特征为客户群 1 的优势特征；客户群 2 在 L、C 特征处的值最小，说明客户群 2 入会时间较短、享受的平均折扣系数较小；客户群 3 在 R 特征处的值最大，在 F、M 特征处的值最小，说明客户群 3 的消费频率和累计飞行里程较小，消费时间间隔较大，这类客户可能只有在机票打折的时候才会乘坐航空公司的航班，称 F、M、R 特征为客户群 3 的弱势特征；客户群 4 在特征 L 处的值最大，说明客户群 4 入会时间较长。每个客户群的优势特征和弱势特征总结如表 9-5 所示。

表9-5 客户群特征描述

群类别	优势特征			弱势特征		
客户群 1	F	M	$\underline{R}$			
客户群 2				$\underline{L}$	$\underline{C}$	
客户群 3				$\underline{F}$	$\underline{M}$	R
客户群 4	L	**F**	**M**			

注：正常字体表示最大值，加粗字体表示次大值，带下划线的字体表示最小值。

9.5.2 客户价值分析

在前面内容中，对 RFM 模型进行了介绍，并提出时间间隔 R 取值小、消费频率 F 和消费金额 M 取值大的顾客更优质。结合 RFM 模型、代码 9-6 所示的雷达图和表 9-5，可将客户划分为 4 个类别：重要保持客户、重要挽留客户、一般客户、低价值客户。客户类别详细说明如下。

（1）**重要保持客户**。平均折扣系数 C 较高，时间间隔 R 较低，消费频率（乘机次数）

F 或累计飞行里程 M 较高。这类客户是航空公司最理想的客户，他们为航空公司带来了大部分的利润，但是这类客户所占比例比较小。航空公司应该优先考虑将营销资源投入到这类客户中，尽量使这类客户能够保持在公司的高质量消费。

（2）**重要挽留客户**。在过去的时间里平均折扣系数 C、消费频率（乘机次数）F 或飞行里程 M 较高，但是时间间隔 R 较高或消费频率（乘机次数）F 逐渐变小。这类客户存在较高的不确定性因素，航空公司应该提高警惕，采取一定的营销手段，延长客户在航空公司的消费周期，否则，这些不确定因素可能导致这类客户的流失。

（3）**一般与低价值客户**。平均折扣系数 C 较低，时间间隔 R 较高，消费频率（乘机次数）F 或飞行里程 M 较低，会员入会时间 L 较低。对于这类客户，航空公司不需要过多地关注，因为他们可能只有在机票打折的时候才会乘坐航空公司的航班。

根据客户类别特征描述，对模型得出的客户群进行客户群价值排名，如表 9-6 所示。

表 9-6　客户群价值排名

客户群	排名	排名含义
客户群 1	1	重要保持客户
客户群 2	3	一般客户
客户群 3	2	重要挽留客户
客户群 4	4	低价值客户

针对不同类别的客户群，航空公司应该采取不同的营销策略，对不同类型的客户群提供不同的产品和服务，稳定和延长重要保持客户的高水平消费，防范重要挽留客户的流失。

小结

本案例结合航空公司客户的会员乘机记录信息，重点介绍了 K-Means 聚类算法在客户价值分析中的应用。首先对原始数据进行探索，寻找数据特点，对原始数据进行清洗，处理缺失值和异常值。然后对 RFM 模型进行改进，构造 LRFMC 模型，进而构建特征集合。最后根据对业务的理解和分析，结合 Calinski-Harabasz 指数确定最佳聚类数目，利用 K-Means 聚类算法对航空公司客户进行分群，对聚类得出的客户群进行特征分析，划分客户类别，并给出一定的策略建议。

课后习题

为了推进信用卡业务良性发展，降低坏账风险，某省各大银行都进行了信用卡客户风险识别相关工作，建立了相应的客户风险识别模型。随着时间着推移，某银行因旧的风险识别模型不再适应业务发展需求，需要重新进行风险识别模型构建。目前，银行给出的数据说明如表 9-7 所示。针对信用卡原始数据进行数据清洗，并根据瑕疵户、逾期、呆账、强制停卡记录、退票、拒往记录特征构建历史行为特征；根据借款余额、个人月收入、个人月开销、家庭月收入和月刷卡额特征，构建出经济风险情况特征；根据职业、年龄和住家特征，构建出收入风险情况特征；标准化历史行为、经济风险情况和收入风险情况等特征。根据构建的三个特征对客户做聚类分群，结合业务对每个客户群进行特征分析，分析其风险，并对每个客户群进行排名。

表 9-7　信用卡信息数据说明表

特征名称	特征取值说明	示例
顾客编号		CDMS0000001
申请书来源	1.邮件 2.现场办卡 3.电访 4.亲签亲访 5.亲访 6.亲签 7.本行 VIP 8.其他	1
瑕疵户	1.是 2.否	2
逾期	1.是 2.否	1
呆账	1.是 2.否	2
借款余额	1.是 2.否	1
退票	1.是 2.否	2
拒往记录	1.是 2.否	1
强制停卡记录	1.是 2.否	2
张数	1.1 张 2.2 张 3.3 张 4.4 张 5.大于 4 张	5
频率	1.天天用 2.经常用 3.偶尔用 4.很少用 5.没有用	2
户籍地域	1.东北 2.中部 3.南部 4.东部	3
都市化程度	1.地级市 2.县级市（含县）3.村镇（含乡）	2
性别	1.女 2.男	1
年龄	1.15～19 岁 2.20～24 岁 3.25～29 岁 4.30～34 岁 5.35～39 岁 6.40～44 岁 7.45～49 岁 8.50～54 岁 9.55～59 岁	5
婚姻	1.未婚 2.已婚 3.其他	1
学历	1.小学及以下 2.初中 3.高中或中职 4.专科 5.大学及以上	2
职业	1.学生 2.管理职 3.专门职 4.技术职 5.事务职 6.销售职 7.劳务职 8.服务职 9.农林渔牧自营 10.商工服务自营（员工 9 人以下）11.自由业自营 12.经营者（员工 10 人以上）13.家庭主妇（没有兼副业）14.家庭主妇（兼副业）15.无职 16.其他	3
个人月收入	1.无收入 2.10000 元以下 3.10001～20000 元 4.20001～30000 元 5.30001～40000 元 6.40001～50000 元 7.50001～60000 元 8.60001 元以上	4
个人月开销	1.10000 元以下 2.10001～20000 元 3.20001～30000 元 4.30001～40000 元 5.40001 元以上	5
住家	1.租赁 2.宿舍 3.本人所有 4.父母所有 5.配偶所有 6.其他	2
家庭月收入	1.20000 元以下 2.20001～40000 元 3.40001～60000 元 4.60001～80000 元 5.80001～100000 元 6.100001 元以上	3
月刷卡额	1.20000 元以下 2.20001～40000 元 3.40001～60000 元 4.60001～80000 元 5.80001～100000 元 6.100001～150000 元 7.150001～200000 元 8.200001 以上	4
宗教信仰	1.宗教 1 2.宗教 2 3. 宗教 3 4. 宗教 4 5.宗教 5 6.宗教 6 7.其他	2

特征名称	特征取值说明	示例
持卡人共同居住的人口数	1.一人 2.二人 3.三人 4.四人 5.五人 6.六人 7.七人 8.八人 9.九人以上	2
家庭经济状况	1.上 2.中上 3.中 4.中下 5.下	1
血型	1.A 型 2.B 型 3.AB 型 4.O 型	1
星座	1.白羊座 2.金牛座 3.双子座 4.巨蟹座 5.狮子座 6.处女座 7.天秤座 8.天蝎座 9.射手座 10.摩羯座 11. 水瓶座 12. 双鱼座	1

第 10 章　广电大数据营销推荐

随着经济的不断发展，人们的生活水平显著提高，人们对生活品质的要求也在提高。我国坚持在发展中保障和改善民生，鼓励共同奋斗创造美好生活，不断实现人民对美好生活的向往。互联网技术的高速发展为人们提供了更多的娱乐渠道。其中，"三网融合"为人们在信息化时代利用网络等高科技手段获取所需的信息提供了极大的便利。下一代广播电视网（Next Generation Broadcasting, NGB）即广播电视网、互联网、通信网的"三网融合"，是一种有线与无线相结合、全程全网的广播电视网络，它不仅可以为用户提供高清晰的电视、数字音频节目，以及高速数据接入和语音等三网融合业务，也可为科教、文化、商务等行业搭建信息服务平台，使信息服务更加快捷方便。在"三网融合"的大背景下，广播电视运营商与众多的家庭用户实现了信息实时交互。这使利用大数据分析手段为用户提供智能化的产品推荐成为可能。本案例使用广电营销大数据，结合基于物品的协同过滤算法、Simple TagBased TF-IDF 算法和 Popular 流行度算法，构建推荐模型，比较不同模型的性能，从而为用户提供个性化的节目推荐。

学习目标

（1）了解广电大数据营销案例的背景、数据说明和分析目标。

（2）掌握常用的数据清洗方法，对收视行为、账单、收费、订单和用户状态数据进行数据清洗。

（3）掌握常用的数据探索方法，对数据进行分布分析、对比分析和贡献度分析。

（4）掌握常用的特征构造方法，构建用户画像标签。

（5）掌握聚类算法的应用方法，对客户进行价值分析，构建用户忠诚度标签。

（6）熟悉基于物品的协同过滤算法、Simple TagBased TF-IDF 算法和 Popular 流行度算法，构建推荐模型。

（7）掌握推荐系统的评价方法，对构建的推荐模型进行性能度量。

10.1　目标分析

本节主要介绍广电大数据营销推荐的相关背景、广电大数据中的数据说明，以及本案例的分析目标和相关流程。

10.1.1　背景

广播电视行业是指专业从事广电设备的生产、研究、销售的单位，主要包括摄、录、监、采、编、播、管、存等方面。伴随着互联网的快速发展，各种网络电视和视频应用（如爱奇艺、腾讯视频、乐视视频、芒果 TV 等）遍地开花，人们的电视观看行为正发生变化，由之前的传统电视媒介向计算机、手机、平板端的网络电视转化。

机器学习原理与实战

在这种新形势下，传统广播电视运营商明显地感受到了危机。此时，"三网融合"为传统广播电视运营商带来了发展机遇，特别是随着超清/高清交互数字电视的推广，广播电视运营商可以和家庭用户实现信息实时交互，家庭电视也逐步变成多媒体信息终端。

目前，某广播电视网络运营集团已建成完整覆盖各区（县级市）的有线传输与无线传输互为延伸、互为补充的广电宽带信息网络，实现了城区全程全网的双向覆盖，为广大市民提供有线数字电视、互联网接入服务、高清互动电视、移动数字电视、手机电视、信息内容集成等多样化、跨平台的信息服务。信息数据的传递过程如图 10-1 所示，每个家庭收看电视节目都需要机顶盒来完成收视节目的接收和交互行为（如点播行为、回看行为）的发送，并将交互行为数据发送至每个区域的光机设备（进行数据传递的中介），光机设备会汇集该区域的信息数据，再发送至数据中心进行整合、存储。

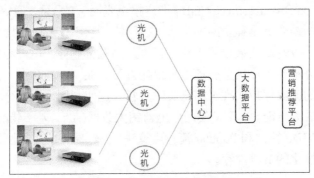

图 10-1　信息数据的传递过程

由于已建设的大数据平台积累了大量用户基础信息和用户收视行为的记录信息等数据，所以在此基础上进一步挖掘出数据价值、形成客户画像，可以提升客户体验，并实现精准的营销推荐。总而言之，智能营销推荐服务可以为用户提供个性化服务，改善用户浏览体验，提高用户黏度，从而使用户与企业之间建立稳定的交互关系，实现客户链式反应增值。

10.1.2　数据说明

大数据平台中存有用户的基础信息（安装地址等）、订单数据（产品订购、退订信息）、工单数据（报装、故障、投诉、咨询等工单信息）、收费数据（缴费、托收等各渠道支付信息）、账单数据（月租账单收入数据）、双向互动电视平台收视行为信息数据（直播、点播、回看、广告的收视数据）、用户上网设备的指标状态数据（上下行电平、信噪比、流量等），共 7 种数据。

本次抽取了 2000 个用户在 2018 年 5 月 12 日—2018 年 6 月 12 日的收视行为信息数据、账单数据、订单数据、收费数据及用户状态数据，并对 5 份数据表进行脱敏处理。各数据表及其特征说明如表 10-1 所示。

表 10-1　各数据表及其特征说明

表名	字段	含义
收视行为信息数据 （media_index）	phone_no	用户名
	duration	观看时长
	station_name	直播频道名称

续表

表名	字段	含义
收视行为信息数据 （media_index）	origin_time	开始观看时间
	end_time	结束观看时间
	res_name	设备名称
	owner_code	用户等级号
	owner_name	用户等级名称
	category_name	节目分类
	res_type	节目类型
	vod_title	节目名称（点播、回看）
	program_title	节目名称（直播）
账单数据 （mmconsume_billevents）	phone_no	用户名
	fee_code	费用类型
	year_month	账单时间
	owner_name	用户等级名称
	owner_code	用户等级号
	sm_name	业务品牌
	should_pay	应收金额
	favour_fee	返回金额
	terminal_no	地址编号
订单数据 （order_index）	phone_no	用户名
	owner_name	用户等级名称
	optdate	产品订购更新时间
	sm_name	业务品牌
	offername	销售品名称
	business_name	产品订购状态
	owner_code	用户等级号
	effdate	产品生效日期
	expdate	产品失效日期
收费数据 （mmconsume_payevents）	phone_no	用户名
	owner_name	用户等级名称
	payment_name	支付方式
	event_time	支付时间
	login_group_name	支付渠道
	owner_code	用户等级号
用户状态数据 （mediamatch_userevents）	phone_no	用户名
	owner_name	用户等级名称
	run_name	状态名称
	run_time	状态更新时间
	sm_name	业务品牌
	owner_code	用户等级号

除了表 10-1 所示的这 5 份数据之外，还需要用到电视频道直播时间及类型标签数据、电视节目类型数据这 2 份辅助表数据，如表 10-2 所示。

表 10-2　辅助表及特征说明

表名	字段	含义
电视频道直播时间及类型标签数据（table_livelabel.csv）	星期	星期
	开始时间	开始时间
	结束时间	结束时间
	频道	频道
	频道号	频道号
	栏目类型	栏目类型
	栏目内容.三级	栏目内容.三级
	语言	语言
	适用人群	适用人群
电视节目类型数据（table_TV.csv）	节目名称	节目名称
	类型	类型

10.1.3　分析目标

如何将丰富的电视产品与用户个性化需求实现最优匹配，是广电行业急需解决的重要问题。用户对电视产品的需求不同，在挑选、搜寻想要的信息过程中，需要花费大量的时间。这种情况的出现造成了用户的不断流失，对企业造成了巨大的损失。

广电项目的业务需求，即需要实现的目标如下。

（1）通过深入整合用户的相关行为信息来构建用户画像。

（2）利用电视产品信息数据，针对用户提供个性化精准推荐服务，有效提升用户的转化价值和生命周期价值。

广电大数据营销推荐的总体流程如图 10-2 所示，主要步骤如下。

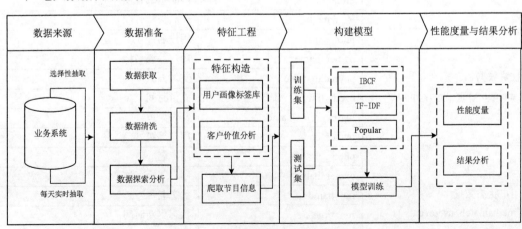

图 10-2　广电大数据营销推荐的总体流程

（1）抽取 2000 个用户在 2018 年 5 月 12 日—2018 年 6 月 12 日的收视行为数据、账单数据、订单数据、收费数据及用户状态数据。

（2）对抽取的数据进行数据清洗、数据探索分析、构建用户画像（特征构造）、客户价值分析、网络爬虫等操作。

（3）使用基于物品的协同过滤算法推荐模型、基于 Simple TagBased TF-IDF 算法的标签推荐模型和 Popular 流行度算法推荐模型进行模型训练。

（4）训练出推荐模型后进行模型评价及优化。

（5）根据模型的推荐结果所得到的不同价值客户的推荐产品，采用针对性的营销手段。

10.2　数据准备

本案例的目标是对用户进行营销推荐，但不同的是，为了更好地帮助用户从海量的产品中发现感兴趣的节目，在传统的协同过滤算法推荐上增加了用户画像的构建和基于标签数据的推荐方式。

由于数据中用户收视行为信息数据记录很多，如果不对数据进行分类处理，对所有记录直接采用推荐系统进行推荐，则会出现以下问题。第一，数据量太大意味着物品数与用户数很多，在模型构建用户与物品的稀疏矩阵时，可能出现设备内存空间不够的情况，并且模型计算消耗时间较长。第二，用户区别很大，不同类型的用户关注信息不一样，因此即使能够得到推荐结果，推荐效果也不够好。为了避免出现上述问题，需要对用户的兴趣爱好及需求进行分类（如图 10-3 所示），以用户观看的节目类型偏好进行分类，然后对每个类型中的内容进行推荐。

数据准备中主要包括数据获取、数据清洗、数据探索分析。

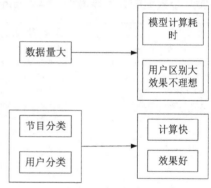

图 10-3　数据分类处理图

10.2.1　数据获取

以用户的访问时间为条件，选取一个月内（2018 年 5 月 12 日—2018 年 6 月 12 日）用户的收视行为信息数据、账单数据、订单数据、收费数据及用户状态数据作为原始数据集。由于每个用户的收视习惯以及兴趣爱好存在差异，所以此处对随机抽取 2000 个用户的收视行为信息数据进行分析，总共有 4246720 条记录，包括用户名、观看时长、直播频道名称、开始观看时间、结束观看时间、设备名称、用户等级号、用户等级名称、清晰度、节目地区、语言、节目分类等。

本案例以构建用户画像与基于物品的协同过滤推荐算法为主导，以其他推荐算法为辅，而为了让用户画像在不敏感的情况下尽可能地完整，除了推荐算法用到的用户与节目数据之外，还需要分析用户其他方面的数据集。因此，在数据抽取的过程中，尽量选择大量的数据，这样可以降低用户画像和推荐结果的随机性，更好地发掘长尾节目中用户感兴趣的节目。

10.2.2　数据清洗

本案例需要先在业务的基础上对原始数据集进行数据清洗，将原始数据处理成案例中所需要的应用数据。分别对表 10-1 所示的 5 份数据的处理方法如下。

1. 收视行为信息数据

在用户的收视行为信息数据（media_index）中存在直播频道名称（station_name）字段，其中含有"-高清"字段，如"江苏卫视-高清"。由于本案例中暂不分开考虑是否为高清频道，所以需要将直播频道名称中的"-高清"替换为空。

从业务角度来分析，该广电运营商主要面向的对象是众多的普通家庭，而收视行为信息数据中会存在特殊线路和政企类的用户，即用户等级号（owner_code）为 02、09、10 的数据与用户等级名称（owner_name）为 EA 级、EB 级、EC 级、ED 级、EE 级的数据。因为特殊线路主要起到演示、宣传等作用，这部分数据对于分析用户行为意义不大，并且会影响分析结果的准确性，所以需要将这部分数据删除。而政企类数据暂时不进行营销推荐，同样也需要删除。

在收视行为信息数据中存在同一用户开始观看时间（origin_time）和结束观看时间（end_time）重复的记录数据，而且观看的节目不同，如图 10-4 所示，这可能是数据收集设备导致的。经过与广电运营商的业务人员沟通之后，默认保留第一条收视记录，因此需要基于数据中开始观看时间（origin_time）和结束观看时间（end_time）的记录进行去重。

phone no	duration	station name	origin_time	end time	es name nan	er c	owner name HC级	category name nan	res type 0	od titl nan	program title
16899254053	395000	广州少儿	2018-05-15 19:22:08	2018-05-15 19:28:43	nan	0	HC级	nan	0	nan	对听某万全
16899254053	395000	广州少儿	2018-05-15 19:22:08	2018-05-15 19:28:43	nan	0	HC级	nan	0	nan	神兵小将
16899254053	86000	广东少儿	2018-05-15 19:28:43	2018-05-15 19:30:09	nan	0	HC级	nan	0	nan	快乐酷宝
16899254053	86000	广东少儿	2018-05-15 19:28:43	2018-05-15 19:30:09	nan	0	HC级	nan	0	nan	小桂英语
16899254053	31000	金鹰卡通	2018-05-15 19:30:19	2018-05-15 19:30:50	nan	0	HC级	nan	0	nan	人气暴暴
16899254053	31000	金鹰卡通	2018-05-15 19:30:19	2018-05-15 19:30:50	nan	0	HC级	nan	0	nan	布布奇趣
16899254053	24000	广州少儿	2018-05-15 19:30:50	2018-05-15 19:31:14	nan	0	HC级	nan	0	nan	好桥架势堂
16899254053	24000	广州少儿	2018-05-15 19:30:50	2018-05-15 19:31:14	nan	0	HC级	nan	0	nan	神兵小将
16899254053	33000	优漫卡通	2018-05-15 19:31:35	2018-05-15 19:32:08	nan	0	HC级	nan	0	nan	动画天地

图 10-4　重复的收视数据

在收视行为信息数据中存在跨夜的记录数据，如开始观看时间和结束观看时间分别为 2018-05-12 23:45:00 和 2018-05-13 00:31:00，如图 10-5 所示。为了方便后续用户画像的构建（需要与辅助数据做关联匹配），这样的数据的记录需要分为两条。

phone no	duration	station_name	origin time	end time	res name	owner code	owner name
16804352137	2760000	中央4台-高清	2018-05-12 23:45:00	2018-05-13 00:31:00	nan	0	HC级
16831205333	420000	动漫秀场-高清(...	2018-05-12 23:45:00	2018-05-12 23:52:00	nan	0	HC级
16805324716	107000	翡翠台	2018-05-12 23:45:00	2018-05-12 23:46:47	nan	0	HC级
16805470896	2760000	中央4台-高清	2018-05-12 23:45:00	2018-05-13 00:31:00	nan	0	HC级
16802692146	180000	重庆卫视-高清	2018-05-12 23:45:00	2018-05-12 23:48:00	nan	0	HC级
16804346622	2760000	中央4台-高清	2018-05-12 23:45:00	2018-05-13 00:31:00	nan	0	HC级
16802302192	900000	广州生活	2018-05-12 23:45:00	2018-05-13 00:00:00	nan	0	HC级
16806165491	97000	翡翠台	2018-05-12 23:45:00	2018-05-12 23:46:37	nan	0	HC级
16805391989	218000	翡翠台	2018-05-12 23:45:00	2018-05-12 23:48:38	nan	0	HC级
16802262365	600000	广东影视	2018-05-12 23:45:00	2018-05-12 23:55:00	nan	0	HC级
16804234647	83000	翡翠台	2018-05-12 23:45:00	2018-05-12 23:46:23	nan	0	HC级
16801789881	2760000	中央4台-高清	2018-05-12 23:45:00	2018-05-13 00:31:00	nan	0	HC级
16801764388	2760000	中央4台-高清	2018-05-12 23:45:00	2018-05-13 00:31:00	nan	nan	HE级

图 10-5　跨夜的收视数据

在对用户收视行为信息数据进行分析时发现，存在用户的观看时间极短的现象，如

图 10-6 所示，这部分观看时间过短可能是因为用户在观看中换频道。经过与广电运营商的业务人员沟通之后，选择观看时长小于 4 秒作为时间极短的判断阈值，将小于阈值的数据称为异常行为数据，统一进行删除处理。

phone no	duration	station name	origin time	end time	res name	owner code	owner name
16802375309	44000	西藏卫视	2018-05-20 10:30:14	2018-05-20 10:30:58	nan	0	HC级
16802375309	27000	中央纪录-高清	2018-05-20 08:06:46	2018-05-20 08:07:13	nan	0	HC级
16802375309	440000	澳亚卫视	2018-05-20 07:33:09	2018-05-20 07:40:29	nan	0	HC级
16802375309	40000	山西卫视	2018-05-20 10:52:04	2018-05-20 10:52:44	nan	0	HC级
16802375309	669000	广东影视	2018-05-18 20:24:42	2018-05-18 20:35:51	nan	0	HC级
16802375309	31000	广东影视	2018-05-18 20:36:26	2018-05-18 20:36:57	nan	0	HC级
16802375309	420000	珠江电影	2018-05-18 20:52:16	2018-05-18 20:59:16	nan	0	HC级
16802375309	1110000	珠江电影	2018-05-19 13:55:59	2018-05-19 14:14:29	nan	0	HC级
16802375309	88000	广东影视	2018-05-15 20:41:36	2018-05-15 20:43:04	nan	0	HC级
16802375309	1456000	广东影视	2018-05-15 19:26:00	2018-05-15 19:50:16	nan	0	HC级
16802375309	73000	吉林卫视-高清	2018-05-15 13:18:10	2018-05-15 13:19:23	nan	0	HC级
16802375309	1578000	中央5台-高清	2018-05-18 09:00:00	2018-05-18 09:26:18	nan	0	HC级
16802375309	405000	深圳卫视-高清	2018-05-16 06:54:27	2018-05-16 07:01:12	nan	0	HC级
16802375309	64000	中央5台-高清	2018-05-14 10:45:58	2018-05-14 10:47:02	nan	0	HC级
16802375309	104000	中央5台-高清	2018-05-14 11:08:36	2018-05-14 11:10:20	nan	0	HC级
16802375309	68000	中央5台-高清	2018-05-15 09:58:52	2018-05-15 10:00:00	nan	0	HC级
16802375309	1000	西藏卫视	2018-05-16 10:05:00	2018-05-16 10:05:01	nan	0	HC级

图 10-6　异常行为数据

此外，还存在用户较长时间观看同一频道的现象，这部分观看时间过长可能是用户在收视行为结束后，未能及时关闭机顶盒或其他原因造成的。这类用户在广电运营大数据平台的数据记录中，未进行收视互动的情况下，节目开始观看时间和结束观看时间的单位秒为 00，即整点（秒）播放。经过与广电运营商的业务人员沟通之后，选择将直播收视数据中开始观看时间和结束观看时间的单位秒为 00 的记录删除。

最后，发现数据有下次观看的开始观看时间小于上一次观看的结束观看时间的记录，这种异常数据的产生是由于数据收集设备异常导致的，需要进行删除处理。

综合上述业务数据处理方法，具体处理步骤如下，其实现如代码 10-1 所示。

（1）将直播频道名称（station_name）中的"-高清"替换为空。

（2）删除特殊线路的用户，即用户等级号（owner_code）为 02、09、10 的数据。

（3）删除政企用户，即用户等级名称（owner_name）为 EA 级、EB 级、EC 级、ED 级、EE 级的数据。

（4）基于数据中开始观看时间（origin_time）和结束观看时间（end_time）的记录去重。

（5）隔夜处理，将跨夜的收视数据分成两天即两条收视数据。

（6）删除累计连续观看同一个频道小于 4 秒的记录。

（7）删除直播收视数据中开始观看时间和结束观看时间的单位秒为 00 的收视数据。

（8）删除下次观看记录的开始观看时间小于上一次观看记录的结束观看时间的记录。

代码 10-1　处理收视行为信息数据

```
In[1]:  import pandas as pd
        media = pd.read_csv('../data/media_index.csv', encoding='gbk',
                            header='infer', error_bad_lines=False)
```

```python
# 将 "-高清" 替换为空
media['station_name'] = media['station_name'].str.replace('-高清', '')

# 过滤特殊线路、政企用户
media = media.ix[(media.owner_code != 2) & (media.owner_code != 9) &
                 (media.owner_code != 10), :]
print('查看过滤后的特殊线路的用户:', media.owner_code.unique())
  # 查看是否去除完成
media = media.ix[(media.owner_name !='EA 级') & (media.owner_name !='EB 级') &
                 (media.owner_name !='EC 级') & (media.owner_ name!='ED 级') &
                 (media.owner_name !='EE 级'), :]
print('查看过滤后的政企用户:', media.owner_name.unique())

# 对开始时间进行拆分
# 检查数据类型
type(media.ix[0, 'origin_time'])
# 转化为时间类型
media['end_time'] = pd.to_datetime(media['end_time'])
media['origin_time'] = pd.to_datetime(media['origin_time'])
# 提取秒
media['origin_second']=media['origin_time'].dt.second
media['end_second'] = media['end_time'].dt.second
# 筛选数据
ind1 = (media['origin_second']==0) & (media['end_second'] == 0)
media1 = media.ix[~ind1, :]
# 基于开始时间和结束时间的记录去重
media1.end_time = pd.to_datetime(media1.end_time)
media1.origin_time = pd.to_datetime(media1.origin_time)
media1 = media1.drop_duplicates(['origin_time', 'end_time'])

# 隔夜处理
# 去除开始时间、结束时间为空值的数据
media1 = media1.loc[media1.origin_time.dropna().index, :]
media1 = media1.loc[media1.end_time.dropna().index, :]
# 创建星期特征列
media1['星期'] = media1.origin_time.apply(lambda x: x.weekday()+1)
dic = {1:'星期一', 2:'星期二', 3:'星期三', 4:'星期四', 5:'星期五', 6:'星期六', 7:'星期日'}
for i in range(1, 8):
    ind = media1.loc[media1['星期']==i, :].index
    media1.loc[ind, '星期'] = dic[i]
# 查看有多少观看记录是隔天的，隔天的进行隔天处理
a = media1.origin_time.apply(lambda x :x.day)
b = media1.end_time.apply(lambda x :x.day)
sum(a != b)
media2 = media1.loc[a !=b, :].copy()   # 需要做隔天处理的数据
def geyechuli_xingqi(x):
    dic = {'星期一':'星期二','星期二':'星期三','星期三':'星期四','星期四
            ':'星期五', '星期五':'星期六','星期六':'星期日','星期日':
            '星期一'}
    return x.apply(lambda y: dic[y.星期], axis=1)
media1.loc[a !=b, 'end_time'] = media1.loc[a !=b, 'end_time'].
apply(lambda x:
```

```
    pd.to_datetime('%d-%d-%d 23:59:59'%(x.year, x.month, x.day)))
media2.loc[:,                     'origin_time']             =
pd.to_datetime(media2.end_time.apply(lambda x:
    '%d-%d-%d 00:00:01'%(x.year, x.month, x.day)))
media2.loc[:, '星期'] = geyechuli_xingqi(media2)
media3 = pd.concat([media1, media2])
media3['origin_time1'] = media3.origin_time.apply(lambda x:
    x.second + x.minute * 60 + x.hour * 3600)
media3['end_time1'] = media3.end_time.apply(lambda x:
    x.second + x.minute * 60 + x.hour * 3600)
media3['wat_time'] = media3.end_time1 - media3.origin_time1 # 构
建观看总时长特征

# 清洗时长不符合的数据
# 剔除下次观看的开始时间小于上一次观看的结束时间的记录
media3 = media3.sort_values(['phone_no', 'origin_time'])
media3 = media3.reset_index(drop=True)
a = [media3.ix[i+1, 'origin_time'] < media3.ix[i, 'end_time'] for
i in range(len(media3)-1)]
a.append(False)
aa = pd.Series(a)
media3 = media3.loc[~aa, :]
# 去除小于 4 秒的记录
media3 = media3.loc[media3['wat_time']> 4, :]
media3.to_csv('../tmp/media3.csv',  na_rep='NaN',  header=True,
index=False)

# 查看连续观看同一频道的时长是否大于 3h
# 发现这 2000 个用户不存在连续观看大于 3h 的情况
media3['date'] = media3.end_time.apply(lambda x :x.date())
media_group = media3['wat_time'].groupby([media3['phone_no'],
                                          media3['date'],
                                          media3['station_
name']]).sum()
media_group = media_group.reset_index()
media_g = media_group.loc[media_group['wat_time'] >= 10800, ]
media_g['time_label'] = 1
o  =  pd.merge(media3,  media_g,  left_on=['phone_no',  'date',
'station_name'],
                right_on =['phone_no', 'date', 'station_name'],
how= 'left')
oo = o.loc[o['time_label']==1, :]
```

Out[1]: 查看过滤后的特殊线路的用户: [0. nan 5.]

查看过滤后的政企用户: ['HC 级' 'HE 级' 'HB 级']

2. 账单数据与收费数据

对于账单数据（mmconsume_billevents）与收费数据（mmconsume_payevents），只需要删除特殊线路和政企类的用户即可，具体步骤如下，实现如代码 10-2 所示。

（1）删除特殊线路的用户，即用户等级号（owner_code）为 02、09、10 的数据。

（2）删除政企用户，即用户等级名称（owner_name）为 EA 级、EB 级、EC 级、ED 级、EE 级的数据。

213

代码 10-2　处理账单数据与收费数据

```
In[2]:  billevents   =   pd.read_csv('../data/mmconsume_billevents.csv',
        encoding='gbk', header='infer')
        billevents.columns = ['phone_no', 'fee_code', 'year_month', 'owner_
        name',
                             'owner_code', 'sm_name', 'should_pay',
        'favour_ fee',
                             'terminal_no']
        # 基于处理账单数据过滤特殊线路、政企用户
        billevents = billevents.ix[(billevents.owner_code != 2)&
                                   (billevents.owner_code != 9)&
                                   (billevents.owner_code != 10), :]
        print('查看过滤后的特殊线路的用户:', billevents.owner_code.unique())
        billevents = billevents.loc[(billevents.owner_name !='EA级')&
                                    (billevents.owner_name !='EB级')&
                                    (billevents.owner_name !='EC级')&
                                    (billevents.owner_name !='ED级')&
                                    (billevents.owner_name !='EE级'), :]
        print('查看过滤后的政企用户:', billevents.owner_name.unique())
        billevents.to_csv('../tmp/billevents2.csv', na_rep='NaN', header=
        True, index=False)

        payevents = pd.read_csv('../data/mmconsume_payevents.csv', sep=',',
                                encoding='gbk', header='infer')
        payevents.columns  =  ['phone_no', 'owner_name', 'event_time',
        'payment_ name',
                             'login_group_name', 'owner_code']
        # 基于消费数据过滤特殊线路、政企用户
        payevents = payevents.ix[(payevents.owner_code != 2
                                 )&(payevents.owner_code != 9
                                 )&(payevents.owner_code != 10), :]
        # 去除特殊线路数据
        payevents.owner_code.unique() #查看是否去除完成
        payevents = payevents.loc[(payevents.owner_name != "EA级"
                                 )&(payevents.owner_name != "EB级"
                                 )&(payevents.owner_name != "EC级"
                                 )&(payevents.owner_name != "ED级"
                                 )&(payevents.owner_name != "EE级"), :]
        payevents.owner_name.unique() # 查看是否去除完成
        payevents.to_csv('../tmp/payevents2.csv', na_rep='NaN', header=
        True, index=False)
Out[2]:  查看过滤后的特殊线路的用户: [nan 0. 5. 1.]
:        查看过滤后的政企用户: ['HE级' 'HC级' 'HB级']
```

3. 订单数据

根据订单数据（order_index）特有的产品方面的特征，除了需要删除特殊线路和政企类的用户之外，还需要保留产品订购状态（business_name）为正常、主动暂停、欠费暂停、主动销户 4 种情况之一的数据。同时需要保证用户购买的产品订购更新时间（optdate）最大且当前时间仍在产品有效日期内。最后，需要基于用户名（phone_no）、销售品名称（offername）特征对数据进行去重，因为用户可能多次购买同样的产品，所以数据中只保留

一条记录即可。

综合上述订单数据处理方法，具体步骤如下，实现如代码 10-3 所示。

（1）删除特殊线路的用户，即用户等级号（owner_code）为 02、09、10 的数据。

（2）删除政企用户，即用户等级名称（owner_name）为 EA 级、EB 级、EC 级、ED 级、EE 级的数据。

（3）产品订购状态（business_name）只保留正常、主动暂停、欠费暂停、主动销户这 4 种，其他不保留。

（4）选择产品订购更新时间（optdate）最大，并且产品生效日期（effdate）≤当前时间≤产品失效日期（expdate）的数据。

（5）基于用户名（phone_no）、销售品名称（offername）特征对数据进行去重。

代码 10-3　处理订单数据

```
In[3]:    order = pd.read_csv('../data/order_index.csv', encoding='gbk',
                              header='infer', error_bad_lines=False)
          # 过滤特殊线路、政企用户
          order = order.ix[(order.owner_code != 2)&(order.owner_code != 9)&
                          (order.owner_code != 10), :]
          print('查看过滤后的特殊线路的用户:', order.owner_code.unique())
          order=order.loc[(order.owner_name !='EA级')&(order.owner_name !='EB
          级')&
                          (order.owner_name !='EC级')&(order.owner_
          name!='ED级')&
                          (order.owner_name !='EE级'), :]
          print('查看过滤后的政企用户:', order.owner_name.unique())

          # 产品订购状态应只保留正常、主动暂停、欠费暂停、主动销户4种
          order = order.loc[(order.business_name == '正常状态')|
                  (order.business_name == '主动暂停')|
                  (order.business_name == '欠费暂停状态')|
                  (order.business_name == '主动销户'), :]
          order.business_name.unique()
          # 取 optdate 最大且 effdate<=当前时间<=expdate 的数据
          order['optdate'] = pd.to_datetime(order.optdate)
          order['effdate'] = pd.to_datetime(order.effdate)
          order['expdate'] = pd.to_datetime(order.expdate)
          import time
          sj = time.ctime()
          sj = pd.to_datetime(sj)
          order1 = order.ix[(order['effdate']<=sj)&(order['expdate']>=sj), :]
          order1 = order1.sort_values(by=['phone_no', 'optdate'])  # 以用户
          号及订单时间排序
          # 根据字段 phone_no、offername 去重
          isduplicated    =    order1.duplicated(['phone_no', 'optdate',
          'offername'], keep='last')
          order2 = [order1.ix[i, ] for i in list(order1.index) if
          isduplicated[i] == False]
          order2 = pd.DataFrame(order2)  # 转为数据框
          order2.to_csv('../tmp/order2.csv', na_rep='NaN', header=True,
          index=False)

Out[3]:   查看过滤后的特殊线路的用户: [nan 0. 5. 1.]
          查看过滤后的政企用户: ['HE级' 'HC级' 'HB级']
```

4. 用户状态数据

用户状态数据（mediamatch_userevents）中主要包含用户的目前状态特征，需要删除特殊线路和政企类的用户，且保留用户状态为正常、主动暂停、欠费暂停、主动销户 4 种情况之一的数据，具体步骤如下，实现如代码 10-4 所示。

（1）删除特殊线路的用户，即用户等级号（owner_code）为 02、09、10 的数据。

（2）删除政企用户，即用户等级名称（owner_name）为 EA 级、EB 级、EC 级、ED 级、EE 级的数据。

（3）用户状态名称（run_name）只保留正常、主动暂停、欠费暂停、主动销户这 4 种，其他不保留。

代码 10-4　处理用户状态数据

```
In[4]:    userevents = pd.read_csv('../data/mediamatch_userevents.csv',
                                    encoding='gbk', header='infer')
          userevents.columns = ['phone_no', 'owner_name', 'run_name',
          'run_time',
                            'sm_name', 'owner_code']
          # 过滤特殊线路、政企用户
          userevents = userevents.ix[(userevents.owner_code != 2)&
                                      (userevents.owner_code != 9)&
                                      (userevents.owner_code != 10), :]
          print('查看过滤后的特殊线路的用户:', userevents.owner_code.unique())
          userevents = userevents.loc[(userevents.owner_name != 'EA级')&
                                       (userevents.owner_name != 'EB级')&
                                       (userevents.owner_name != 'EC级')&
                                       (userevents.owner_name != 'ED级')
          &(userevents.owner_name !='EE级'), :]
          print('查看过滤后的政企用户:', userevents.owner_name.unique())

          # 用户状态名称应只保留正常、主动暂停、欠费暂停、主动销户 4 种
          userevents = userevents.loc[(userevents.run_name !='创建'), :]
          userevents.run_name.unique()
          userevents.to_csv('../tmp/userevents2.csv', na_rep='NaN', header=
          True, index=False)

Out[4]:   查看过滤后的特殊线路的用户: [nan  0.  5.  1.]
          查看过滤后的政企用户: ['HE级' 'HC级' 'HB级']
```

10.2.3　数据探索分析

根据原始数据的特点，在数据探索过程中利用图形可视化分析所有用户收视行为信息数据中的规律，得到用户的观看总时长分布，付费频道与点播、回看的周观看时长分布，工作日与周末的观看时长比例及分布，频道贡献度分布和排名前 15 的频道名称。

1. 分布分析

分布分析是用户在特定指标下的频次、总额等的归类展现，它可以展现出单个用户对产品（电视）的依赖程度，从而分析出客户观看电视的总时长、购买不同类型的产品数量等情况，帮助运营人员了解用户的当前状态，如观看时长（20 小时以下、20～50 小时、50

小时以上等区间）、观看次数（5万次以下、5万~10万次、10万次以上）等用户的分布情况。

（1）用户观看总时长

从业务的角度来分析，需要先了解用户的观看总时长分布情况。本案例中计算了所有用户在一个月内的观看总时长并排序，从而对用户观看总时长分布进行柱状图可视化，如代码10-5所示。

代码10-5 用户观看总时长分布

```
In[5]:    import pandas as pd
          import matplotlib.pyplot as plt
          media3 = pd.read_csv('../tmp/media3.csv', header='infer')
          # 用户观看总时长
          m = pd.DataFrame(media3['wat_time'].groupby([media3['phone_no']]).
          sum())
          m = m.sort_values(['wat_time'])
          m = m.reset_index()
          m['wat_time'] = m['wat_time'] / 3600
          plt.rcParams['font.sans-serif'] = ['SimHei']  # 设置字体为SimHei,
          显示中文
          plt.rcParams['axes.unicode_minus'] = False  # 设置正常显示符号
          plt.figure(figsize=(8, 4))
          plt.bar(m.index,m.iloc[:,1])
          plt.xlabel('观看用户（排序后）')
          plt.ylabel('观看时长（单位：小时）')
          plt.title('用户观看总时长')
          plt.show()
```

Out[5]:

由代码10-5中结果的分布图可以看出，大部分用户的观看总时长集中在100~300小时。

（2）付费频道与点播、回看的周观看时长

周观看时长是指所有用户在一个月内分别在星期一至星期日的观看总时长。业务上，付费频道与点播、回看行为的观看时长是相关人员比较关心的部分，因此需要对所有用户的周观看时长，以及观看付费频道与点播、回看的用户周观看时长分别进行折线图可视化，

机器学习原理与实战

如代码 10-6 所示。

代码 10-6 付费频道与点播回看周观看时长分布

```
In[6]:    import re
          # 周观看时长分布
          n = pd.DataFrame(media3['wat_time'].groupby([media3['星期']]).
          sum())
          n = n.reset_index()
          n = n.loc[[0, 2, 1, 5, 3, 4, 6], :]
          n['wat_time'] = n['wat_time'] / 3600
          plt.figure(figsize=(8, 4))
          plt.plot(range(7), n.iloc[:, 1])
          plt.xticks([0, 1, 2, 3, 4, 5, 6],
                         ['星期一', '星期二', '星期三', '星期四', '星期五', '
          星期六', '星期日'])
          plt.xlabel('星期')
          plt.ylabel('观看时长（单位：小时）')
          plt.title('周观看时长分布')
          plt.show()
```

Out[6]:

周观看时长分布

```
In[7]:    # 付费频道与点播、回看的周观看时长分布
          media_res = media3.ix[media3['res_type'] == 1, :]
          ffpd_ind =[re.search('付费', str(i)) !=None for i in media3.ix[:,
          'station_name']]
          media_ffpd = media3.ix[ffpd_ind, :]
          z = pd.concat([media_res, media_ffpd], axis=0)
          z = z['wat_time'].groupby(z['星期']).sum()
          z = z.reset_index()
          z = z.loc[[0, 2, 1, 5, 3, 4, 6], :]
          z['wat_time'] = z['wat_time'] / 3600
          plt.figure(figsize=(8, 4))
          plt.plot(range(7), z.iloc[:, 1])
          plt.xticks([0, 1, 2, 3, 4, 5, 6],
                          ['星期一', '星期二', '星期三', '星期四', '星期五', '星
          期六', '星期日'])
          plt.xlabel('星期')
          plt.ylabel('观看时长（单位：小时）')
          plt.title('付费频道与点播、回看的周观看时长分布')
          plt.show()
```

Out[7]:

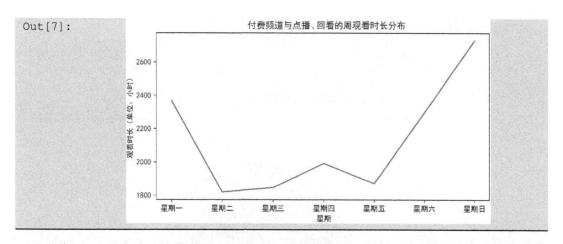

由代码 10-6 中结果的分布图可以看出，在周观看时长分布图中，用户这个月内在星期日与星期一的观看总时长明显高于其他时段；在付费频道与点播、回看的周观看时长分布图中，周末两天与星期一的付费频道与点播、回看时长明显高于其他时段，说明在节假日，用户对电视的依赖度会提高，且更偏向于点播回看的观看方式。

2. 对比分析

对比分析是指把两个相互联系的指标进行比较，从数量上展示和说明研究对象规模的大小、水平的高低、速度的快慢和各种关系是否协调，特别适合于指标间的横纵向比较以及时间序列的比较分析。在对比分析中，选择合适的对比标准是十分关键的步骤。只有选择了合适的对比标准，才能做出客观的评价；当选择了不合适的对比标准时，评价可能得出错误的结论。

对比分析主要有两种形式：静态对比和动态对比。静态对比是指在同一时间条件下对不同总体指标进行比较，如不同部门、不同地区、不同国家的比较，也称为"横比"；动态对比是指在同一总体条件下对不同时期指标数据的比较，也称为"纵比"。

本案例将工作日（5 天）与周末（2 天）进行了划分，使用饼图展示所有用户观看总时长的占比分布（计算观看总时长时需要除以天数），并对所有用户在工作日和周末的观看总时长的分布使用柱状图进行对比，如代码 10-7 所示。

代码 10-7　工作日与周末的观看时长对比

```
In[8]:    # 工作日与周末的观看时长比例
          ind = [re.search('星期六|星期日', str(i)) != None for i in media3['
          星期']]
          freeday = media3.ix[ind, :]
          workday = media3.ix[[ind[i]==False for i in range(len(ind))], :]
          m1 = pd.DataFrame(freeday['wat_time'].groupby([freeday['phone_no']]).
          sum())
          m1 = m1.sort_values(['wat_time'])
          m1 = m1.reset_index()
          m1['wat_time'] = m1['wat_time'] / 3600
          m2 = pd.DataFrame(workday['wat_time'].groupby([workday['phone_no']]).
          sum())
          m2 = m2.sort_values(['wat_time'])
          m2 = m2.reset_index()
          m2['wat_time'] = m2['wat_time'] / 3600
```

```
w = sum(m2['wat_time']) / 5
f = sum(m1['wat_time']) / 2
plt.figure(figsize=(6, 6))
plt.pie([w, f], labels=['工作日', '周末'], explode=[0.1, 0.1],
autopct='%1.1f%%')
plt.title('工作日与周末观看时长比例图')
plt.show()
```

Out[8]:

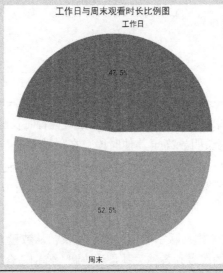

In[9]:

```
plt.figure(figsize=(12, 6))
plt.subplot(121) # 参数为: 行, 列, 第几项  subplot(numRows, numCols,
plotNum)
plt.bar(m1.index, m1.iloc[:, 1])
plt.xlabel('观看用户（排序后）')
plt.ylabel('观看时长（单位: 小时）')
plt.title('周末用户观看总时长')
plt.subplot(122)
plt.bar(m2.index, m2.iloc[:, 1])
plt.xlabel('观看用户（排序后）')
plt.ylabel('观看时长（单位: 小时）')
plt.title('工作日用户观看总时长')
plt.show()
```

Out[9]:

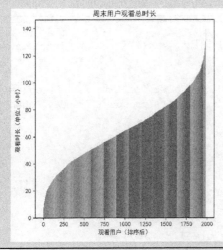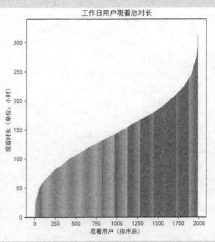

由代码 10-7 中的结果可以看出，周末的观看时长占观看总时长的 52.5%，而工作日观看时长的占比为 47.5%；周末用户观看的时长集中在 20～80 小时，工作日用户观看的时长集中在 50～200 小时。虽然比例图中的周末与工作日的比例相差不大，但是分布图中工作日的观看总时长仍比周末的观看总时长高，并且两者的分布图形状相似。

3. 贡献度分析

贡献度分析又称帕累托分析，它的原理是帕累托法则，又称"二八定律"。同样的投入放在不同的地方会产生不同的效益。例如，对一个公司而言，80%的利润常常来自 20%最畅销的产品，而其他 80%的产品只产生了 20%的利润。对所有收视频道的观看时长与观看次数进行贡献度分析，如代码 10-8 所示。

代码 10-8　所有收视频道的观看时长与观看次数贡献度分析

```
In[10]:    # 所有收视频道的观看时长与观看次数
           media3.station_name.unique()
           pindao = pd.DataFrame(media3['wat_time'].groupby([media3.station_
           name]).sum())
           pindao = pindao.sort_values(['wat_time'])
           pindao = pindao.reset_index()
           pindao['wat_time'] = pindao['wat_time'] / 3600
           pindao_n = media3['station_name'].value_counts()
           pindao_n = pindao_n.reset_index()
           pindao_n.columns=['station_name', 'counts']
           a = pd.merge(pindao, pindao_n, left_on='station_name', right_on
           ='station_name', how='left')
           fig, left_axis=plt.subplots()
           right_axis = left_axis.twinx()
           left_axis.bar(a.index, a.iloc[:, 1])
           right_axis.plot(a.index, a.iloc[:, 2], 'r.-')
           left_axis.set_ylabel('观看时长（单位：小时）')
           right_axis.set_ylabel('观看次数')
           left_axis.set_xlabel('频道号（排序后）')
           plt.xticks([])
           plt.title('所有收视频道的观看时长与观看次数')
           plt.tight_layoutl
           plt.show()
```

Out[10]:

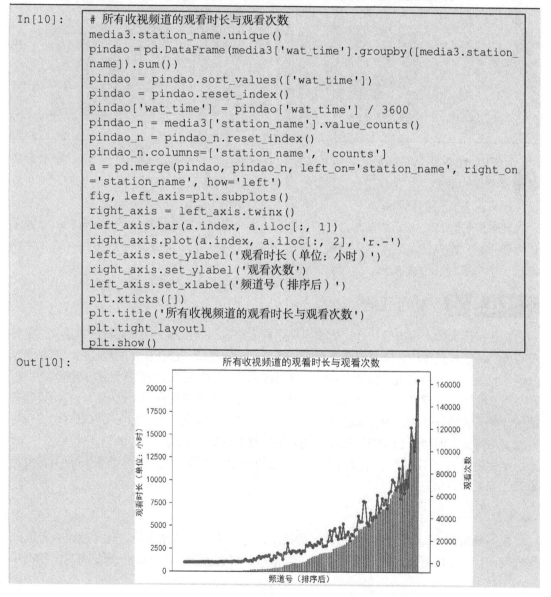

```
In[11]:      # 收视前15的频道的观看时长
             plt.figure(figsize=(15, 8))
             plt.bar(range(15), pindao.iloc[124:139, 1])
             plt.xticks(range(15), pindao.iloc[124:139, 0])
             plt.xlabel('频道名称')
             plt.ylabel('观看时长（单位：小时）')
             plt.title('收视前15的频道的观看时长')
             plt.show()
```

Out[11]:

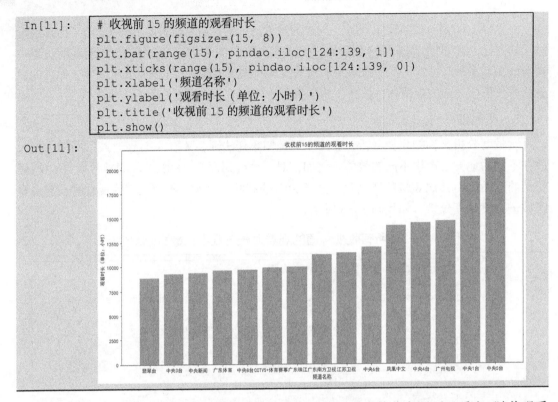

由代码 10-8 中结果的所有收视频道的观看时长与观看次数分布图可以看出，随着观看各频道次数的增多，观看时长也在增加，且后面近 28% 的频道带来了 80% 的观看时长贡献度（稍有偏差，但特征明显）。

其中排名前 15 的频道为翡翠台、中央 3 台、中央新闻、广东体育、中央 8 台、CCTV5 + 体育赛事、广东珠江、广东南方卫视、江苏卫视、中央 6 台、凤凰中文、中央 4 台、广州电视、中央 1 台、中央 5 台。

10.3　特征工程

特征工程大体上可以分为 3 个方面：一是特征构造，二是特征选择或特征提取，三是特征变换。特征构造往往需要结合业务情况，需要一定的经验。特征选择或特征提取都是为了从原始特征中找出最有效的特征，它们之间的区别是，特征提取强调通过特征转换的方式得到一组具有明显物理或统计意义的特征，而特征选择是从特征集合中挑选一组具有明显物理或统计意义的特征子集，两者都能帮助减少特征的维度、数据冗余。特征提取有时能发现更有意义的特征，而特征选择的过程经常能表现出每个特征对于模型构建的重要性。

本案例在特征工程中主要应用了特征构造构建用户画像。此外，本案例还利用爬虫技术获取到了节目信息。

10.3.1　特征构造

在一般情况下，机器学习中的特征构造是经过一系列的数据变化、转换或组合等方式形成特征。特征的好坏取决于数据中所包含信息的好坏。熵（Entropy，熵值越高，数据中所包含的信息越多）、方差（Variance，方差越大，数据中所包含的信息越多）、分离映射（Projection for better separation，最高的方差所对应的映射包含更多信息）、特征对类别的关联（Feature to class association，关联性大小）等，都可以解释数据中所包含的该特征的信息。

本案例通过对广电业务的理解，为每个标签的实现制定了相应的规则。在建立用户画像的标签库后，本案例对标签特征进行构造，并分别对用户收视行为信息数据、账单数据、订单数据、收费数据及用户状态数据中可以实现的用户标签进行描述。

1. 用户标签库

立足于广电业务的角度，需要采用现有数据建立出用户的标签库，如图 10-7 所示。

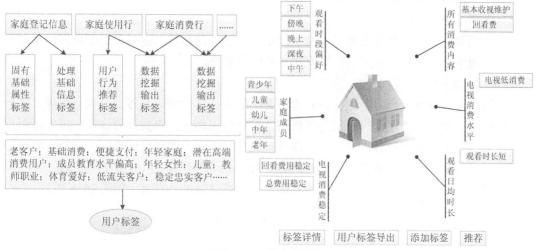

图 10-7　用户标签库

给用户贴标签是大数据营销中常用的做法。所谓"标签"，就是浓缩精练的、带有特定含义的一系列词语，用于描述真实的用户自身带有的特征，方便企业做数据的统计分析。借助用户标签，企业可实现差异化推荐、精细化画像等精准营销工作。

标签库的建立需要注意以下 3 点。

（1）标签库的建立是以树状结构的形式向外辐射的，尽量遵循 MECE 原则：标签之间相互独立、完全穷尽，尤其是一些有关用户的分类，要能覆盖所有用户，但又不交叉。

（2）标签分成不同的层级和类别，一是方便管理数千个标签，让散乱的标签体系化；二是维度并不孤立，标签之间互有关联；三是为标签建模提供标签子集。

（3）以不同的维度去构建标签库，能更好地为用户提供服务，例如，用户层面可以提供业务、产品、消费品，更好地实现推荐。

2. 建立用户画像标签库

整个案例需要生成以家庭为单位的用户画像，广电的政企用户和特殊线路用户暂不纳入用户画像考虑。用户画像中标签的计算方式大体有以下 4 种。

（1）固有基础信息标签

固有基础信息包括用户的基础信息、订购数据、收费数据等，这些信息能够反映用户的基础消费状况、用户订购产品的时间长度等基础信息。

（2）通过基础信息处理得到的标签

有些基础信息不能直接提取出标签，但是经过处理后即可得到有用的标签，例如：根据账单数据可以推断出家庭在电视方面的支出状况，居住在高端小区的用户有可能会被贴上"高消费用户""潜在高消费用户"的标签。

（3）通过用户行为推测的标签

用户行为是构建家庭客户标签库的主要指标，用户点播、直播、回看的收视数据和收看时间段与时长等用户行为都可以用于构建标签，例如：某个家庭经常点播体育类节目，那么这个家庭可能会被贴上"体育""男性"的标签；如果某个家庭经常观看儿童类节目，那么这个家庭中有可能有儿童。

用户的每一个行为特征都可以用来进行推测，以添加标签，这些标签根据用户行为的变化不断地生产、更新，这也是标签库的主要标签来源。

（4）数据挖掘建模输出的标签

对用户进行聚类分析，最终会得到不同客户群体，每个群体将被划分成一个类，贴上对应的标签。例如，建立客户价值分析模型，输出价值得分，根据得分高低，可以将用户划分或给其贴上重要保持客户、重要发展客户、一般客户、重要挽留客户、低价值客户等标签。这是根据数据主要使用方向分类出的结果，不同的需求可以分类出不同的结果。

通过以上标签建立与计算方式，用户标签库主要分为 3 个方面，如图 10-8 所示。

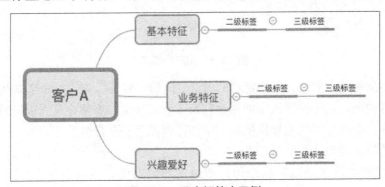

图 10-8　用户标签库示例

①基本特征。用户的基本特征指广电运营商所提供的服务内容决定的固有特征，如表 10-3 所示。因为数据的敏感问题，所以本案例对地址、宽带等数据不进行介绍和处理。

表 10-3　用户基本特征

编号	二级标签	三级标签
1	家庭成员	儿童、中年、青年、老年、男性、女性
2	消费内容	基本收视维护、互动电视信息、节目、互动电视点播
3	家庭消费水平	家庭低消费、家庭中等消费、家庭高消费
4	最近支付方式	现金缴费，微信、支付宝、翼支付等支付方式，POS 机，人行代扣，人行托收
5	最近缴费渠道	营业厅、电子渠道、客服中心、人行代收

②业务特征。业务是运营部门为满足用户对电视的需求而提供的通信能力。任何一种业务都具有本身的业务特色，体现在用户使用业务时所感受到的最基本的业务单元中。业务特色也被称为业务特征，用于表示向用户提供的业务能力。

通常，一个业务由一个或几个业务特征组成。此外，我们还可以选择所需要的其他业务特征来加强某种业务，提供更丰富的能力。对本案例业务而言，其可以在基本电视业务的基础上增加一些满足用户要求的性能或一些具有特色的业务，具体如表 10-4 所示。

表 10-4 业务特征

编号	二级标签	三级标签
1	业务品牌	数字电视、互动电视
2	机顶盒名称	用户相应机顶盒名称
3	电视消费水平	电视超低消费、电视低消费、电视中等消费、电视高消费
4	销售品名称	用户相应消费的销售品
5	电视当前方式	套餐、单一
6	电视依赖度	电视依赖度高、电视依赖度中、电视依赖度低
7	电视入网程度	新用户、中等用户、老用户
8	电视消费趋势	总费用递增、总费用不稳定、总费用递减、总费用稳定；回看费用递增、回看费用不稳定、回看费用递减、回看费用稳定；点播费用递增、点播费用不稳定、点播费用递减、点播费用稳定
9	用户忠诚度	重要保持客户、重要发展客户、重要挽留客户、一般客户、低价值客户
10	付费频道月均收视时长	付费频道无收视、付费频道月均收视时长短、付费频道月均收视时长中、付费频道月均收视时长长
11	点播、回看月均收视时长	点播、回看无收视，点播、回看月均收视时长短，点播、回看月均收视时长中，点播、回看月均收视时长长

③兴趣爱好特征。用户的兴趣爱好在用户收视行为信息数据的频道及节目中可以总结得出，包括体育节目偏好、关心时政新闻、喜爱综艺、喜爱电视剧、观看时间段偏好等相关特征，如表 10-5 所示。

表 10-5 兴趣爱好特征

编号	二级标签	三级标签
1	电视爱好类别	回看爱好者、点播爱好者
2	体育偏好	足球；保龄球；冰上运动；高尔夫；格斗；篮球；排球；乒乓球；赛马；赛车；台球；体操；体育新闻；田径；网球；象棋；游泳；羽毛球；自行车；瑜伽；橄榄球；马拉松；射击
3	财经偏好	财经
4	生活偏好	生活
5	电影偏好	电影
6	综艺偏好	综艺
7	剧场偏好	剧场
8	教育偏好	教育

编号	二级标签	三级标签
9	新闻偏好	新闻
10	观看时间段偏好（工作日）	凌晨、早晨、上午、中午、下午、傍晚、晚上、深夜
11	观看时间段偏好（周末）	凌晨、早晨、上午、中午、下午、傍晚、晚上、深夜

3. 构造特征标签

依据建立的用户标签库和相关的数据构造对应的特征，相关数据包括用户收视行为信息、账单、订单、收费和用户状态，最后还通过客户价值分析构造用户忠诚度标签。

（1）用户收视行为信息数据

针对用户收视行为信息数据（media_index）构造相关的标签，具体规则如表 10-6 所示。

表 10-6   用户收视行为信息数据相关标签构造规则

标签名称	规则
家庭成员	先对电视频道直播时间及类型标签数据进行隔夜处理，将收视记录分为 4 类，一类是后半段匹配，一类是全部匹配，一类是前半段匹配，一类是中间段匹配；最后，4 类情况的数据合并，计算所有用户的总收视时长 AMT 与每个用户观看各类型节目的总收视时长 MT，若 $MT \div AMT \geqslant 0.16$，则贴上该家庭成员标签
电视依赖度	计算用户的收视行为次数总和 N 与总收视时长 AMT。若 $N \leqslant 10$，则电视依赖度低；若 $AMT \div N \leqslant 50min$，则电视依赖度中；若 $AMT \div N > 50min$，则电视依赖度高
机顶盒名称	过滤设备名称（res_name）为空的记录，根据用户名与设备名称进行去重，最后确定标签
付费频道月均收视时长	在用户收视行为信息数据中，频道名称中含有"（付费）"字样的则为付费频道数据，计算各用户的收视时长。若无数据，则付费频道无收视；若付费频道月均收视时长 < 1h，则付费频道月均收视时长短；若 1h≤付费频道月均收视时长≤2h，则付费频道月均收视时长中；若付费频道月均收视时长 > 2h，则付费频道月均收视时长长
点播、回看月均收视时长	用户收视行为信息数据中节目类型（res_type）为 1 的是点播、回看数据，计算各用户的收视时长。若无数据，则点播、回看无收视；若点播、回看月均收视时长 < 3h，则点播、回看月均收视时长短；若 3h≤点播、回看月均收视时长≤10h，则点播、回看月均收视时长中；若点播、回看月均收视时长 > 10h，则点播、回看月均收视时长长
体育偏好	在用户收视行为信息数据中，节目类型（res_type）为 1 的节目名称（vod_title）与节目类型（res_type）为 0 的节目名称（program_title）包含下列字段，计算其收视时长，若收视时长大于阈值，则贴上对应标签。 足球：足球、英超、欧足、德甲、欧冠、国足、中超、西甲、亚冠、法甲、杰出球胜、女足、十分好球、亚足、意甲、中甲、足协、足总杯。 冰上运动：KHL、NHL、冰壶、冰球、冬奥会、花滑、滑冰、滑雪、速滑。 高尔夫：LPGA、OHL、PGA 锦标赛、高尔夫、欧巡总决赛。 格斗：搏击、格斗、昆仑决、拳击、拳王。 篮球：CBA、NBA、篮球、龙狮时刻、男篮、女篮。 排球：女排、排球、男排。 乒乓球：乒超、乒乓、乒联、乒羽。 赛车：车生活、劲速天地、赛车。 体育新闻：今日睇弹、竞赛快讯、世界体育、体坛点击、体坛快讯、体育晨报、体育世界、体育新闻。

标签名称	规则
体育偏好	橄榄球：NFL、超级碗、橄榄球。 网球：ATP、澳网、费德勒、美网、纳达尔、网球、中网。 游泳：泳联、游泳、跳水。 羽毛球：羽超、羽联、羽毛球、羽乐无限。 自行车、象棋、体操、保龄球、斯诺克、台球、赛马
财经偏好 生活偏好 电影偏好 娱乐偏好 教育偏好 新闻偏好	在用户收视行为信息数据中，节目类型（res_type）为 1 的节目分类（category_name）与节目类型（res_type）为 0 的直播频道名称（station_name）包含下列字段，计算其收视时长，若收视时长大于阈值，则贴上对应标签。 财经：证券、财经、理财、财富、经济。 生活：健身、生活、宠物、钓鱼、美食、靓妆、围棋、健康、垂钓、环保。 教育：童画、课堂、教育、中考、高考、学习、英语、课程、宝贝、读书、百科、科普、早教、讲堂、培训、竞赛。 新闻：CNTV、法制、央视、法治、新闻。 综艺：动漫、综艺。 电影：电影
剧场偏好	在用户收视行为信息数据中，节目类型（res_type）为 1 的节目名称（vod_title）与节目类型（res_type）为 0 的节目名称（program_title）和电视节目类型数据的节目名称匹配，得到合并后有类型的数据记录，计算用户各类型节目的收视时长，若收视时长大于阈值，则贴上剧场标签
观看时间段偏好（工作日）	分别计算 00:00～06:00、06:00～09:00、09:00～11:00、11:00～14:00、14:00～16:00、16:00～18:00、18:00～22:00、22:00～23:59 各时段的总收视时长，并贴上对应的凌晨、早晨、上午、中午、下午、傍晚、晚上、深夜标签，选择降序排序后前 3 的观看时间段偏好标签
观看时间段偏好（周末）	与观看时间段偏好（工作日）相同

统计近 3 个月的各节目类型收视时长，通过与广电运营商进行沟通，规定各类型节目时长判断阈值，如表 10-7 所示。

表 10-7　各类型节目时长判断阈值

节目类型	时长阈值（h）
足球	1
保龄球	0.01
冰上运动	0.58
高尔夫	0.05
格斗	0.08
篮球	0.05
排球	0.04
乒乓球	0.1
赛马	0.02

节目类型	时长阈值（h）
赛车	0.04
台球	0.07
体操	0.01
体育新闻	0.43
网球	0.13
象棋	0.01
游泳	0.02
羽毛球	0.13
自行车	0.01
橄榄球	0.01
马拉松	0.01
射击	0.01
财经	0.76
生活	0.10
电影	0.53
综艺	2.9
剧场	1.15
教育	0.19
新闻	2.66

用户收视行为信息数据中相关标签构造的实现方法如代码 10-9 所示。

代码 10-9　用户收视行为信息数据中相关标签构造

```
In[1]:    import pandas as pd
          import numpy as np
          media3  =  pd.read_csv('../tmp/media3.csv',  header='infer',
          error_bad_lines=False)

          # 构建家庭成员标签
          live_label  =  pd.read_csv('../data/table_livelabel.csv',
          encoding='gbk')
          # 时间列存在很多种写法，而且存在隔天的情况
          live_label.开始时间 = pd.to_datetime(live_label.开始时间)
          # 将时间列变成 datetime 类型，以比较大小
          live_label.结束时间 = pd.to_datetime(live_label.结束时间)
          live_label['origin_time1'] = live_label.开始时间.apply(lambda x:
               x.second + x.minute * 60 + x.hour * 3600)
          live_label['end_time1'] = live_label.结束时间.apply(lambda x:
               x.second + x.minute * 60 + x.hour * 3600)
          print('查看星期:', live_label.星期.unique())
          # 有些节目跨夜，需进行隔夜处理
          def geyechuli_xingqi(x):
               dic = {'星期一':'星期二', '星期二':'星期三', '星期三':'星期四', '
```

```
星期四':'星期五', '星期五':'星期六', '星期六':'星期日', '星期日':'星期
一'}
    return x.apply(lambda y: dic[y.星期], axis=1)
ind1 = live_label.结束时间 < live_label.开始时间
label1 = live_label.loc[ind1, :].copy()
# 日期可以变，后面以 end_time 比较
live_label.loc[ind1, '结束时间'] = pd.Timestamp('2018-06-07
23:59:59')
live_label.loc[ind1, 'end_time1'] = 24 * 3600
label1.iloc[:, 1] = pd.Timestamp('2018-06-07 00:00:00')
label1.iloc[:, -2] = 0
label1.iloc[:, 0] = geyechuli_xingqi(label1)
label = pd.concat([live_label, label1])
label = label.reset_index(drop = True)  # 恢复默认索引

data_pindao = media3.copy()
label_ = label.loc[:, ['星期', 'origin_time1', 'end_time1', '频道
', '适用人群']]
label_.columns = ['星期', 'origin_time1', 'end_time1', 'station_name',
'适用人群']
media_ = data_pindao.loc[:, ['phone_no', '星期', 'origin_time1',
                        'end_time1', 'station_name', ]]
family_ = pd.merge(media_, label_, how = 'left', on=['星期',
'station_name'])
f = np.array(family_.loc[:, ['origin_time1_x', 'end_time1_x',
                        'origin_time1_y', 'end_time1_y']])

# label 中的栏目记录分为 4 类：一类是只看了后半截，一类是全部都看了，
# 一类是只看了前半截，一类是看了中间一截
n1 = np.apply_along_axis(lambda x:
    (x[0] > x[2])&(x[0] < x[3])&(x[1] >= x[3]) , 1, f)  # 1是行，
2 是列
n2 = np.apply_along_axis(lambda x:
    ((x[0] <= x[2])&(x[1] >= x[3])) , 1, f)
n3 = np.apply_along_axis(lambda x:
    ((x[1] > x[2])&(x[1] < x[3])&(x[0] <=x [2])), 1, f)
n4 = np.apply_along_axis(lambda x:
    ((x[0] > x[2])&(x[1] < x[3])), 1, f)
da1 = family_.loc[n1, :].copy()
da1['wat_time'] = da1.end_time1_y - da1.origin_time1_x
da2 = family_.loc[n2, :].copy()
da2['wat_time'] = da2.end_time1_y - da2.origin_time1_y
da3 = family_.loc[n3, :].copy()
da3['wat_time'] = da3.end_time1_x - da3.origin_time1_y
da4= family_.loc[n4, :].copy()
da4['wat_time'] = da4.end_time1_x - da4.origin_time1_x
sd = pd.concat([da1, da2, da3, da4])
grouped = pd.DataFrame(sd['wat_time'].groupby([sd['phone_no'],
sd['适用人群']]).sum())
grouped1                                                    =
pd.DataFrame(data_pindao['wat_time'].groupby([data_pindao['phon
e_no']]).sum())
phone_no = []
for i in range(len(grouped)):
    id = grouped.index[i][0]
```

```
        if id in grouped1.index.unique():
            shang = grouped['wat_time'][i] / grouped1[grouped1.index==id]
            if shang.values > 0.16:
                phone_no.append(grouped.index[i][0])
        else:
            continue
grouped2 = grouped.reset_index()

# 找出满足 0.16 标准的用户的家庭成员
aaa = pd.DataFrame(np.zeros([0, 3]), columns = grouped2.columns)
for k in phone_no:
    aaa = pd.concat([aaa, grouped2.ix[grouped2.iloc[:, 0]== k, :]],
axis=0)
a = [aaa.ix[aaa['phone_no'] == k, '适用人群'].tolist() for k in
aaa['phone_no'].unique()]
a = pd.Series([pd.Series(a[i]).unique() for i in range(len(a))])
a = pd.DataFrame(a)
b = pd.DataFrame(aaa['phone_no'].unique())
c = pd.concat([a, b], axis=1)
c.columns = ['家庭成员', 'phone_no']
grouped1 = grouped1.reset_index()
users_label = pd.merge(grouped1, c, left_on='phone_no', right_on
='phone_no', how='left')

# 构建电视依赖度标签
di = media3.phone_no.value_counts().values < 10
users_label['电视依赖度'] = 0
users_label.loc[di, '电视依赖度'] = '低'
zhong_gao = [i for i in users_label.index if i not in di]
num = media3.phone_no.value_counts()
for i in zhong_gao:
    if (users_label.loc[i, 'wat_time'] / num.iloc[i]) <= 3000:
        users_label.loc[i, '电视依赖度'] = '中'
users_label.loc[users_label.电视依赖度 == 0, '电视依赖度'] = '高'

# 构建机顶盒名称标签
jidinghe = media3.ix[media3['res_type'] == 1, :]
jdh = jidinghe.res_name.groupby(jidinghe.phone_no).unique()
jdh = jdh.reset_index()
jdh.columns = ['phone_no', '机顶盒名称']
users_label = pd.merge(users_label, jdh, left_on='phone_no',
right_on ='phone_no', how='left')

# 观看时间段偏好（周末）
media_watch = media3.loc[:, ['phone_no', 'origin_time',
'end_time', 'res_type',
                            '星期', 'wat_time']]
media_f1 = media_watch.ix[media_watch['星期'] == '星期六', :]
media_f2 = media_watch.ix[media_watch['星期'] == '星期日', :]
media_freeday = pd.concat([media_f1, media_f2], axis=0)
media_freeday = media_freeday.reset_index(drop = True)  # 恢复默认
索引
'''
```

由于观看时间段偏好（工作日）与观看时间段偏好（周末）的计算方式相似，
所以此处不再列出观看时间段偏好（工作日）的计算代码

```
'''
# 分割日期和时间，用空格分开
T1 = [str(media_freeday.ix[i, 1]).split(' ') for i in list
(media_freeday.index)]
media_freeday['origin_time'] = [' '.join(['2018/06/09', T1[i][1]])
for i in media_freeday.index]
media_freeday['origin_time'] = pd.to_datetime(media_freeday
['origin_time'],
            format = '%Y/%m/%d %H:%M')
point = ['2018/06/09 00:00:00', '2018/06/09 06:00:00', '2018/06/09
09:00:00',
         '2018/06/09 11:00:00', '2018/06/09 14:00:00', '2018/06/09
16:00:00',
         '2018/06/09 18:00:00', '2018/06/09 22:00:00', '2018/06/09
23:59:59']
lab = ['凌晨', '早晨', '上午', '中午', '下午', '傍晚', '晚上', '深夜
']
sjd_num = pd.DataFrame()
for k in range(0, 8):
    kk = (media_freeday['origin_time'] >= point[k]) & \
    (media_freeday['origin_time'] < point[k+1])
    sjd = media_freeday.ix[kk==True, ['phone_no', 'wat_time']]
    sjd_new                                                     =
sjd.groupby('phone_no').sum().sort_values('wat_time')
    sjd_new['时间段偏好（周末）'] = lab[k]
    sjd_num = pd.concat([sjd_num, sjd_new], axis=0)
sjd_num = sjd_num.reset_index()  # 增加索引
sjd_num = sjd_num.sort_values('phone_no')  # 以用户名排序
sjd_num = sjd_num.reset_index(drop = True)  # 增加默认索引
# 保留前3的标签
users = sjd_num['phone_no'].unique()
sjd_num_new = pd.DataFrame()
for m in users:
    gd = sjd_num.ix[sjd_num['phone_no'] == m, :]
    if len(gd)>3:
        gd = gd.sort_values('wat_time').iloc[::-1, :]
        gd = gd.iloc[:3, :]
    else:
        continue
    sjd_num_new = pd.concat([sjd_num_new, gd], axis=0)
sjd_label = sjd_num_new['时间段偏好（周末）'].groupby(sjd_num_new
['phone_no']).sum()
sjd_label = sjd_label.reset_index()  # 增加索引
users_label = pd.merge(users_label, sjd_label, left_on='phone_no',
                       right_on ='phone_no', how='left')

# 构建付费频道月均收视时长标签
import re
ffpd_ind =[re.search('付费', str(i)) !=None for i in media3.ix[:,
'station_name']]
media_ffpd = media3.ix[ffpd_ind, :]
ffpd                                                            =
media_ffpd['wat_time'].groupby(media_ffpd['phone_no']).sum()
ffpd = ffpd.reset_index()  # 增加索引
```

```
ffpd['付费频道月均收视时长'] = 0
for i in range(len(ffpd)):
    if ffpd.iloc[i, 1] < 3600:
        ffpd.iloc[i, 2] = '付费频道月均收视时长短'
    elif 3600 <= ffpd.iloc[i, 1] <= 7200:
        ffpd.iloc[i, 2] = '付费频道月均收视时长中'
    else:
        ffpd.iloc[i, 2] = '付费频道月均收视时长长'
ffpd = ffpd.loc[:, ['phone_no', '付费频道月均收视时长']]
users_label = pd.merge(users_label, ffpd, left_on='phone_no',
                    right_on ='phone_no', how='left')
ffpd_ind = [str(users_label.iloc[i, 6]) == 'nan' for i in
users_label.index]
users_label.ix[ffpd_ind, 6] = '付费频道无收视'

# 构建点播、回看月均收视时长标签
media_res = media3.ix[media3['res_type'] == 1, :]
res = media_res['wat_time'].groupby(media_res['phone_no']).sum()
res = res.reset_index()  # 增加索引
res['点播、回看月均收视时长'] = 0
for i in range(len(res)):
    if res.iloc[i, 1] < 10800:
        res.iloc[i, 2] = '点播、回看月均收视时长短'
    elif 10800 <= res.iloc[i, 1] <= 36000:
        res.iloc[i, 2] = '点播、回看月均收视时长中'
    else:
        res.iloc[i, 2] = '点播、回看月均收视时长长'
res = res.loc[:, ['phone_no', '点播、回看月均收视时长']]
users_label = pd.merge(users_label, res, left_on='phone_no',
                    right_on ='phone_no', how='left')
res_ind = [str(users_label.iloc[i, 7]) == 'nan' for i in
users_label.index]
users_label.ix[res_ind, 7] = '点播、回看无收视'

# 体育偏好
media3.loc[media3['program_title'] == 'a', 'program_title'] = \
media3.loc[media3['program_title']=='a', 'vod_title']
program = [re.sub('\(.*', '', i) for i in media3['program_title']]
# 去除集数
program = [re.sub('.*月.*日', '', str(i)) for i in program]  # 去
除日期
program = [re.sub('^ ', '', str(i)) for i in program]  # 前面的空格
program = [re.sub('\\d+$', '', i) for i in program]  # 去除结尾数字
program = [re.sub('【.*】', '', i) for i in program]  # 去除方括号
内容
program = [re.sub('第.*季.*', '', i) for i in program]  # 去除季数
program = [re.sub('广告|剧场', '', i) for i in program]  # 去除广
告、剧场字段
media3['program_title'] = program
ind = [media3.loc[i, 'program_title'] != '' for i in media3.index]
media_ = media3.loc[ind, :]
media_ = media_.drop_duplicates()  # 去重
media_.to_csv('../tmp/media4.csv', na_rep='NaN', header=True,
index=False)
```

```
sports_ziduan = ['足球|英超|欧足|德甲|欧冠|国足|中超|西甲|亚冠|法甲|杰
出球胜\
                |女足|十分好球|亚足|意甲|中甲|足协|足总杯', '保龄球',
                'KHL|NHL|冰壶|冰球|冬奥会|花滑|滑冰|滑雪|速滑',
                'LPGA|OHL|PGA 锦标赛|高尔夫|欧巡总决赛', '搏击|格斗|昆
仑决|拳击\
                |拳王', 'CBA|NBA|篮球|龙狮时刻|男篮|女篮', '女排|排球|
男排',
                '乒超|乒乓|乒联、乒羽', '赛马', '车生活|劲速天地|赛车',
                '斯诺克|台球', '体操', '今日睇弹|竞赛快讯|世界体育|体坛
点击|\
                体坛快讯|体育晨报|体育世界|体育新闻',
                'ATP|澳网|费德勒|美网|纳达尔|网球|中网', '象棋', '泳联|
游泳|跳水',
                '羽超|羽联|羽毛球|羽乐无限', '自行车', 'NFL|超级碗|橄榄
球',
                '马拉松', '飞镖|射击']
sports_mingzi = ['足球', '保龄球', '冰上运动', '高尔夫', '格斗', '篮
球', '排球',
                '乒乓球', '赛马', '赛车', '台球', '体操', '体育新闻', '
网球',
                '象棋', '游泳', '羽毛球', '自行车', '橄榄球', '马拉松',
'射击']
sports_yuzhi = [1, 0.01, 0.58, 0.05, 0.08, 0.05, 0.04, 0.1, 0.02,
0.04, 0.07,
                0.01, 0.43, 0.13, 0.01, 0.02, 0.13, 0.01, 0.01, 0.01,
0.01]
sports_label = pd.DataFrame()
for k in range(len(sports_yuzhi)):
    sports = media_.ix[[re.search(sports_ziduan[k],
                                   str(i)) !=None for i in
media_.ix[:, 'program_title']], :]
    sports['wat_time'] = sports['wat_time']/3600
    sports1 = sports['wat_time'].groupby(sports['phone_no']).sum()
    sports1 = sports1.reset_index()  # 增加索引
    sports1['体育偏好'] = 0
    for x in range(len(sports1)):
        if sports1.iloc[x, 1] >= sports_yuzhi[k]:
            sports1.iloc[x, 2] = sports_mingzi[k]
        else:
            continue
    sports_label = pd.concat([sports_label, sports1], axis=0)
sports_label = sports_label.ix[sports_label['体育偏好'] != 0, :]
sports_label_new = sports_label['体育偏好'].groupby(sports_label
['phone_no']).sum()
sports_label_new = sports_label_new.reset_index()  # 增加索引
users_label = pd.merge(users_label, sports_label_new, left_on=
'phone_no',
                                   right_on ='phone_no', how='left')

# 剧场偏好
table_TV = pd.read_csv('../data/table_TV.csv', encoding='utf-8')
table_TV.columns = ['program_title', '剧场类型']
media_TV  =  media_.loc[:,  ['phone_no',  'program_title',
'wat_time']]
TV_merge = pd.merge(media_TV, table_TV, left_on='program_title',
                    right_on ='program_title', how='left')
TV_merge = TV_merge.ix[[str(TV_merge['剧场类型'])[i]) != 'nan' \
```

```
                              for i in range(len(TV_merge))], :]
TV_merge['wat_time'] = TV_merge['wat_time']/3600
TV_merge1 = pd.DataFrame(TV_merge['wat_time'].groupby([
        TV_merge['phone_no'], TV_merge['剧场类型']]).sum())
TV_merge1 = TV_merge1.reset_index()  # 增加索引
TV_merge1['剧场偏好'] = 0
for x in range(len(TV_merge1)):
    if TV_merge1.iloc[x, 2] >= 1.15:
        TV_merge1.iloc[x, 3] = TV_merge1.iloc[x, 1]
    else:
        continue
TV_label = TV_merge1.ix[TV_merge1['剧场偏好'] != 0, :]
TV_label1 = TV_label['剧场偏好'].groupby([TV_label['phone_no']]).
sum()
TV_label1 = TV_label1.reset_index()   # 增加索引
users_label = pd.merge(users_label, TV_label1, left_on='phone_no',
                       right_on ='phone_no', how='left')
users_label.to_csv('../tmp/users_label1.csv', na_rep='NaN',
                   header=True, index=False)
'''
由于财经偏好、生活偏好、电影偏好、综艺偏好、教育偏好、新闻偏好和剧场偏好的计
算方式相似，所以此处不再列出财经偏好、生活偏好、电影偏好、综艺偏好、教育偏好、
新闻偏好的计算代码
'''
```

Out[1]:　查看星期：['星期一' '星期二' '星期三' '星期四' '星期五' '星期六' '星期日']

（2）账单数据

针对账单数据（mmconsume_billevents）构造相关的标签，具体规则如表 10-8 所示。

表 10-8　账单数据相关标签构造规则

标签名称	规则
消费内容	若费用类型（fee_code）为 0J、0B、0R、0Y，则是基本收视维护；若费用类型为 0X，则是互动电视信息；若费用类型为 0T，则是节目；若费用类型为 0D，则是点播；若费用类型为 0H，则是回看。 说明：由于是处理近 3 个月的账单数据，所以从时间上说，只会有 3 条记录，输出的时候，如果记录有重复的，那么保持唯一记录即可
家庭消费水平	以地址编号（terminal_no）为准，计算对应所有用户名的 3 个月的消费金额。计算方法为应收金额（should_pay）减去返回金额（favour_fee）。若消费金额>220 元，则为家庭高消费；若 100 元≤消费金额≤220 元，则为中消费；若消费金额<100，则为低消费
电视消费水平	本次数据中一个地址只对应一个用户名，因此电视消费水平的金额与家庭消费水平的金额相同。若消费金额≥66.5 元，则为电视高消费；若 46.5 元≤消费金额<66.5 元，则为中消费；若 26.5 元≤消费金额<46.5 元，则为低消费；若消费金额<26.5 元，则为超低消费
电视爱好类别	根据费用类型（fee_code）分别统计点播、回看 3 个月的费用和 3 个月的总费用。若回看费用÷总费用≥20%，则为回看爱好者；若点播费用÷总费用≥20%，则为点播爱好者
电视消费趋势	分别计算各用户近 3 个月每月的总费用。消费趋势计算公式如下： 若（$X_{i+2}-X_{i+1}$）*（$X_{i+1}-X_i$）>0 且 $X_{i+2}-X_{i+1}$>0，则费用递增；若（$X_{i+2}-X_{i+1}$）*（$X_{i+1}-X_i$）<0，则费用不稳定；若（$X_{i+2}-X_{i+1}$）*（$X_{i+1}-X_i$）>0 且 $X_{i+2}-X_{i+1}$<0，则费用递减；若（$X_{i+2}-X_{i+1}$）*（$X_{i+1}-X_i$）=0，则费用稳定。其中 X_i 为当月总费用，i 分别取值为 1，2，3

在账单数据表中，一个地址编号代表一个家庭用户，因为一个家庭中可能办理多个电视用户名，所以计算消费金额时需要分为家庭消费水平和电视消费水平，用于区分家庭与单个用户；另外，广电运营商有返现的销售策略，因此计算费用时需要用应收金额减去返回金额。账单数据相关标签构造的实现方法如代码 10-10 所示。

代码 10-10　账单数据相关标签构造

```
In[2]:    users_label = pd.read_csv('../tmp/users_label1.csv', header='infer')
          billevents2 = pd.read_csv('../tmp/billevents2.csv', header='infer')
          # 消费内容
          # 基于消费内容和用户名，对数据进行去重
          print('查看费用类型：', billevents2.fee_code.unique())
          fee1 = ['0B', '0T', '0D', '0H', '0X', '0R']
          fee2 = ['基本收视维护费', '节目费', '互动电视点播费', '回看费', '互动电
          视信息费',
                      '基本收视维护费']
          billevents3 = pd.DataFrame()
          for m in range(6):
              fee_gd = billevents2.ix[[billevents2.fee_code[i] == fee1[m]
          for i in billevents2.index], :]
              fee_gd['fee_code'] = fee2[m]
              billevents3 = pd.concat([billevents3, fee_gd], axis = 0)
          isduplicated = billevents3.duplicated(['fee_code', 'phone_no'],
          keep='first')
          billevents4 = [billevents3.ix[i, ] for i in list(billevents3.index)
          if isduplicated[i]==False]
          billevents4 = pd.DataFrame(billevents4)        # 转为数据框
          billevents_label = pd.DataFrame(billevents4['fee_code'].
                                                  groupby(billevents4
          ['phone_no']).sum())
          billevents_label = billevents_label.reset_index() # 增加索引
          billevents_label.columns = ['phone_no', '消费内容']
          users_label = pd.merge(users_label, billevents_label, left_on=
          'phone_no',
                                      right_on ='phone_no', how='left')

          # 家庭消费水平
          bill_family = billevents2.copy()
          bill_family['fee_pay'] = bill_family.should_pay - bill_family.
          favour_fee
          family1 = pd.DataFrame(bill_family['fee_pay'].groupby([bill_family
          ['phone_no'],
                                                  bill_family
          ['terminal_no']])
          family1 = family1.reset_index() # 增加索引
          family1['家庭消费水平'] = 0
          for i in range(len(family1)):
              if family1.iloc[i, 2] < 100:
                  family1.iloc[i, 3] = '家庭消费水平低'
              elif 100 <= family1.iloc[i, 2] <= 220:
                  family1.iloc[i, 3] = '家庭消费水平中'
              else:
                  family1.iloc[i, 3] = '家庭消费水平高'
```

```
family2 = family1.loc[:, ['phone_no', '家庭消费水平']]
users_label = pd.merge(users_label, family2, left_on='phone_no',
                       right_on ='phone_no', how='left')


# 电视消费水平
# 由于phone_no与terminal_no 一一对应，所以家庭消费水平与电视消费水平一样
family1['电视消费水平'] = 0
for i in range(len(family1)):
    if (family1.iloc[i, 2]/3) < 26.5:
        family1.iloc[i, 4] = '电视消费水平超低'
    elif 26.5 <= (family1.iloc[i, 2]/3) < 46.5:
        family1.iloc[i, 4] = '电视消费水平低'
    elif 46.5 <= (family1.iloc[i, 2]/3) < 66.5:
        family1.iloc[i, 4] = '电视消费水平中'
    else:
        family1.iloc[i, 4] = '电视消费水平高'
family3 = family1.loc[:, ['phone_no', '电视消费水平']]
users_label = pd.merge(users_label, family3, left_on='phone_no',
                       right_on ='phone_no', how='left')、


# 电视爱好类别
bill_family = bill_family.reset_index(drop = True)
bill_dianbo = bill_family.ix[[bill_family.fee_code[i] == '0D' for
i in bill_family.index], :]
fee_dianbo = bill_dianbo['fee_pay'].groupby(bill_dianbo['phone_
no']).sum()
fee_dianbo = fee_dianbo.reset_index()
bill_huikan = bill_family.ix[[bill_family.fee_code[i] == '0H' for
i in bill_family.index], :]
fee_huikan = bill_huikan['fee_pay'].groupby(bill_huikan['phone_
no']).sum()
fee_huikan = fee_huikan.reset_index()
family1 = family1.sort_values(by=['phone_no']) # 以用户名排序
family4 = pd.merge(family1, fee_dianbo, left_on='phone_no',
right_on ='phone_no', how='left')
family5 = pd.merge(family1, fee_huikan, left_on='phone_no',
right_on ='phone_no', how='left')
family4['电视爱好类别'] = ''
family4.ix[family4.fee_pay_y/family4.fee_pay_x > 0.2, '电视爱好类
别'] = '点播爱好者'
family5['电视爱好类别'] = ''
family5.ix[family5.fee_pay_y/family5.fee_pay_x > 0.2, '电视爱好类
别'] = '回看爱好者'
family6 = pd.concat([family4, family5], axis=0)
family7 = family6['电视爱好类别'].groupby(family6['phone_no']).sum()
family7 = family7.reset_index()
users_label = pd.merge(users_label, family7.loc[:, ['phone_no', '
电视爱好类别']],
                           left_on='phone_no', right_on ='phone_
no',how='left')

# 电视消费趋势
bill_xf = billevents2.copy()
bill_xf['fee_pay'] = bill_xf.should_pay - bill_xf.favour_fee
bill_xf1                                                         =
```

```
pd.DataFrame(bill_xf['fee_pay'].groupby(bill_xf['phone_no']).sum())
bill_xf1['电视消费趋势'] = ''
for i in bill_xf1.index:
    a = bill_xf.ix[bill_xf['phone_no'] == i, :]
    a['year_month'] = a['year_month'].astype('datetime64')
    b = [a['year_month'].iloc[n].month for n in range(len(a))]
    c1 = a.ix[[b[m] == 4 for m in range(len(b))], :]
    c2 = a.ix[[b[m] == 5 for m in range(len(b))], :]
    c3 = a.ix[[b[m] == 6 for m in range(len(b))], :]
    d1 = c1['fee_pay'].groupby(c1['phone_no']).sum()
    d2 = c2['fee_pay'].groupby(c2['phone_no']).sum()
    d3 = c3['fee_pay'].groupby(c3['phone_no']).sum()
    if (d1.values>=d2.values)&(d2.values>=d3.values):
        bill_xf1.loc[i, '电视消费趋势'] = '费用递减'
    elif (d1.values<=d2.values)&(d2.values<=d3.values):
        bill_xf1.loc[i, '电视消费趋势'] = '费用递增'
    else:
        bill_xf1.loc[i, '电视消费趋势'] = '费用不稳定'
bill_xf1 = bill_xf1.reset_index()
users_label = pd.merge(users_label, bill_xf1.loc[:, ['phone_no',
'电视消费趋势']],
                                left_on='phone_no', right_on ='phone_
no', how= 'left')
users_label.to_csv('../tmp/users_label2.csv', na_rep='NaN', header=
True, index=False)
```

Out[2]: 查看费用类型：['0B' '0Y' '0D' '0T' '0H' '0W' '0X' '0F' '0R']

（3）订单数据

针对订单数据（order_index）构造相关标签，具体规则如表 10-9 所示。

表 10-9　订单数据相关标签构造规则

标签名称	规则
销售品名称	根据用户名、产品订购更新时间、产品名称去重，提取出销售品的名称
电视当前方式	用销售品名称（offername）字段来确定标签：含有"互动+"字段的为套餐，否则为单一

订单数据中相关标签构造的实现方法如代码 10-11 所示。

代码 10-11　订单数据相关标签构造

```
In[3]:  import pandas as pd
import os
users_label = pd.read_csv('../tmp/users_label2.csv', sep=',',
header='infer')
order2 = pd.read_csv('../tmp/order2.csv', sep=',', header='infer',
error_bad_lines=False)
# 销售品名称
order_offername = pd.DataFrame(order2['offername'].groupby(order2
['phone_no']).last())
order_offername = order_offername.reset_index()
order_offername.columns = ['phone_no', '销售品名称']
users_label = pd.merge(users_label, order_offername, left_on=
```

```
'phone_no',
                                right_on ='phone_no', how='left')

# 电视当前方式
import re
users_label['电视当前方式'] = '单一'
ind1 = [re.search('互动\+', str(i)) != None for i in users_label['
销售品名称']]
users_label.ix[ind1, '电视当前方式'] = '套餐'
users_label.to_csv('../tmp/users_label3.csv', na_rep='NaN', header=
True, index=False)
print('查看订单数据相关标签:', users_label[['销售品名称', '电视当前方式
']][0:5])
```

Out[3]: 查看订单数据相关标签:

	销售品名称	电视当前方式
0	支持单片点播权限(按片付费)	单一
1	互动包	单一
2	支持单片点播权限(按片付费)	单一
3	支持单片点播权限(按片付费)	单一
4	支持单片点播权限(按片付费)	单一

（4）收费数据

针对收费数据（mmconsume_payevents）构造相关标签，具体规则如表 10-10 所示。

表 10-10　收费数据相关标签构造规则

标签名称	规则
最近支付方式	对用户分组取支付方式（payment_name）进行判断：现金；POS 机；支付宝；微信；翼支付；人行代扣；人行托收
最近缴费渠道	根据支付渠道（login_group_name）进行判断：交费易；客服中心；BOSS 后台；营业厅；分公司

收费数据中相关标签构造的实现方法如代码 10-12 所示。

代码 10-12　收费数据相关标签构造

```
In[4]:  import pandas as pd
users_label = pd.read_csv('../tmp/users_label3.csv', header='infer')
payevents = pd.read_csv('../tmp/payevents2.csv', encoding='gbk',
header='infer')
# 最近支付方式
payevents_pay = pd.DataFrame(payevents['payment_name'].
                                    groupby(payevents
['phone_no']).last())
payevents_pay = payevents_pay.reset_index()
payevents_pay.columns = ['phone_no', '最近支付方式']
users_label  = pd.merge(users_label, payevents_pay, left_on=
'phone_no',
                                right_on ='phone_no', how='left')

# 最近缴费渠道
payevents_login = pd.DataFrame(payevents['login_group_name'].
                        groupby(payevents['phone_no']).last())
```

```
payevents_login = payevents_login.reset_index()
payevents_login.columns = ['phone_no', '最近缴费渠道']
users_label = pd.merge(users_label, payevents_login, left_on=
'phone_no',
                        right_on ='phone_no', how='left')
users_label.to_csv('../tmp/users_label4.csv',        na_rep='NaN',
header=True, index=False)
print('查看收费数据中相关标签:\n', users_label[['最近支付方式', '最近
缴费渠道']][0:5])
```

Out[4]:　查看收费数据中相关标签:
　　　　最近支付方式　　最近缴费渠道
　0　　翼支付　　交易费
　1　　翼支付　　交易费
　2　　翼支付　　交易费
　3　　现金　　H 营业厅操作点
　4　　翼支付　　交易费

（5）用户状态数据

针对用户状态数据（mediamatch_userevents）进行相关标签构造，具体规则如表 10-11
所示。

表 10-11　用户状态数据相关标签构造规则

标签名称	规则
电视入网时长	统计各用户的入网时间，找出当前时间与用户入网的最早时间，相减得到 T（单位:年）。若 $T \geqslant 6$，则为老用户；若 $T \leqslant 3$，则为新用户；若 $3 < T < 6$，则为中等用户
业务品牌	根据业务品牌（sm_name）提取互动电视或数字电视

用户状态数据中相关标签构造的实现方法如代码 10-13 所示。

代码 10-13　用户状态数据相关标签构造

```
In[5]:    import pandas as pd
          import time
          users_label = pd.read_csv('../tmp/users_label4.csv', header='infer')
          userevents = pd.read_csv('../tmp/userevents2.csv', header='infer')
          # 电视入网时长
          user_time                                                          =
          pd.DataFrame(userevents['run_time'].groupby(userevents['phone_
          no']).first())
          user_time = user_time.reset_index()
          user_time['run_time'] = pd.to_datetime(user_time.run_time)
          sj = time.ctime()
          sj = pd.to_datetime(sj)
          user_time['电视入网时长'] = ''
          for i in user_time.index:
              sc = sj.year - user_time.ix[i, 'run_time'].year
              if sc >= 6:
                  user_time.ix[i, '电视入网时长'] = '老用户'
              elif 3 < sc < 6:
                  user_time.ix[i, '电视入网时长'] = '中等用户'
              else:
```

```
                    user_time.ix[i, '电视入网时长'] = '新用户'
users_label = pd.merge(users_label, user_time.loc[:, ['phone_no',
'电视入网时长']]),
                            left_on='phone_no',  right_on ='phone_
no', how='left')

# 业务品牌
user_sm = pd.DataFrame(userevents['sm_name'].groupby(userevents
['phone_no']).last())
user_sm = user_sm.reset_index()
users_label = pd.merge(users_label, user_sm, left_on='phone_no',
                            right_on='phone_no', how='left')
users_label.to_csv('../tmp/users_label5.csv',     na_rep='NaN',
header=True, index=False)
print('查看用户状态数据中相关标签:\n', users_label[['电视入网时长',
'sm_name']][0:5])
```

Out[5]:　　查看用户状态数据中相关标签:
　　　　电视入网时长 sm_name
0　　老用户　　互动电视
1　　老用户　　互动电视
2　　老用户　　互动电视
3　　老用户　　互动电视
4　　老用户　　互动电视

（6）客户价值分析

在用户标签体系中，按照业务需求，通过增加用户忠诚度标签来实现客户价值分析，并通过客户分类来区分低价值客户和高价值客户，企业针对不同价值的客户制订优化的个性化服务方案，采取不同营销策略。

用户忠诚度标签的添加采用的是 K-Means 聚类算法，将用户分为重要保持客户、重要发展客户、重要挽留客户、一般客户和低价值客户。与其他行业不同，本案例虽然主要是运用用户的收视行为信息数据和消费数据，但立足于业务的角度，区分用户的依据会偏向于收视行为信息数据，如收视时长、频率等。

9.3.1 小节介绍了 RFM 模型。本案例基于该模型，将客户入网后的时间长度 L、观看时间间隔 R、观看总次数 F、消费金额 M 和观看总时长 C 作为广电识别客户价值的关键特征，如表 10-12 所示，记为 LRFMC 模型。

表 10-12　LRFMC 模型

模型	L	R	F	M	C
LRFMC 模型	用户入网时间距观测窗口结束的时长	用户最近一次观看电视的时间距观测窗口结束的时长	用户在观测窗口内观看电视的总次数	用户在 3 个月内累计的消费金额	用户在观测窗口内观看电视的总时长

使用 K-Means 聚类算法对客户数据进行分群，分成 5 类（需要结合对业务的理解与分析确定客户的类别数量）。客户价值分析的实现方法如代码 10-14 所示。

代码 10-14　客户价值分析

```
In[6]:    import pandas as pd
          import time
          media3 = pd.read_csv('../tmp/media3.csv', header='infer', error_
          bad_lines=False)
          billevents2 = pd.read_csv('../tmp/billevents2.csv', header='infer',
          error_bad_lines=False)
          userevents2 = pd.read_csv('../tmp/userevents2.csv', header=
          'infer', error_bad_lines=False)

          # 构造特征
          # 观看总次数 F
          media_f = media3['phone_no'].value_counts()
          media_f = media_f.reset_index()
          media_f.columns = ['phone_no', '观看总次数']
          # 观看总时长 C
          media_c = media3['wat_time'].groupby(media3['phone_no']).sum()
          media_c = media_c.reset_index()
          media_rfm = pd.merge(media_f, media_c, left_on='phone_no',
          right_on ='phone_no',
                                          how='left')
          # 距最近一次观看的时间间隔 R
          media_r = media3['origin_time'].groupby(media3['phone_no']).last()
          media_r = media_r.reset_index()
          sj = time.ctime()
          sj = pd.to_datetime(sj)
          r = pd.Series([sj - pd.to_datetime(media_r.iloc[i, 1]) for i in
          media_r.index])
          r = pd.to_datetime(r)
          r = r.apply(lambda x: x.second + x.minute * 60 + x.hour * 3600 +
          x.day * 3600 * 24)
          media_rfm = pd.concat([media_rfm, r], axis=1)
          # 入网时长 L
          media_l                                                        =
          userevents2['run_time'].groupby(userevents2['phone_no']).first
          ()
          media_l = media_l.reset_index()
          l = pd.Series([sj - pd.to_datetime(media_l.iloc[i, 1]) for i in
          media_l.index])
          l = pd.to_datetime(l)
          l = l.apply(lambda x: x.second + x.minute * 60 + x.hour * 3600 +
          x.day * 3600 * 24)
          media_rfm = pd.concat([media_rfm, l], axis=1)
          # 消费总金额 M
          billevents2['fee_pay'] = billevents2.should_pay - billevents2.
          favour_fee
          media_m = pd.DataFrame(billevents2['fee_pay'].groupby(billevents2
          ['phone_no']).sum())
          media_m = media_m.reset_index()
          media_rfm = pd.merge(media_rfm, media_m, left_on='phone_no',
          right_on ='phone_no',
                                          how='left')

          media_rfm = media_rfm.dropna()  # 去除任何有空值的行
```

```
# 标准化
from sklearn.cluster import KMeans
from sklearn.preprocessing import StandardScaler
stdScaler = StandardScaler().fit(media_rfm.iloc[:, 1:6])
rfm_std = stdScaler.transform(media_rfm.iloc[:, 1:6])

# K-Means 聚类，共分为 5 类
kmeans = KMeans(n_clusters=5, random_state=123).fit(rfm_std) # 构
建并训练模型

from sklearn.manifold import TSNE
import matplotlib.pyplot as plt
# 中文和负号正常显示
plt.rcParams['font.sans-serif'] = 'SimHei'
plt.rcParams['axes.unicode_minus'] = False

# 使用 TSNE 进行数据降维，降成两维
tsne = TSNE(n_components=2, init='random', random_state=177).
fit(rfm_std)
df = pd.DataFrame(tsne.embedding_) # 将原始数据转换为 DataFrame
df['labels'] = kmeans.labels_ # 将聚类结果存储进 df 数据表
# 提取不同标签的数据
df1 = df[df['labels'] == 0]
df2 = df[df['labels'] == 1]
df3 = df[df['labels'] == 2]
df4 = df[df['labels'] == 3]
df5 = df[df['labels'] == 4]
# 绘制图形
fig = plt.figure(figsize=(9, 6)) # 设定空白画布，并制定大小
# 用不同的颜色表示不同数据
plt.plot(df1[0], df1[1], 'bo', df2[0], df2[1], 'r*', df3[0],
df3[1], 'gD',
            df4[0], df4[1], 'kH', df5[0], df5[1], 'y+')
plt.legend([0,1,2,3,4])
plt.show() # 显示图片

# 绘制雷达图
import numpy as np
N = len(kmeans.cluster_centers_[0])
# 设置雷达图的角度，用于平分切开一个圆面
angles = np.linspace(0, 2*np.pi, N, endpoint=False)
angles = np.concatenate((angles, [angles[0]])) # 为了使雷达图的一
圈封闭起来
# 绘图
fig = plt.figure(figsize=(7, 7))
ax = fig.add_subplot(111, polar=True) # 这里一定要设置为极坐标格式
sam = ['r-', 'o-', 'g-', 'b-', 'p-'] # 样式
lstype=['-', ':', '--', '-.', '-.']
lab = []
```

```
for i in range(len(kmeans.cluster_centers_)):
    values = kmeans.cluster_centers_[i]
    feature = ['F', 'C', 'R', 'L', 'M']
    # 为了使雷达图的一圈封闭起来，需要下面的步骤
    values = np.concatenate((values, [values[0]]))
    ax.plot(angles, values, sam[i], linestyle=lstype[i]
linewidth=2) # 绘制折线图
    ax.fill(angles, values, alpha=0.25) # 填充颜色
    ax.set_thetagrids(angles * 180 / np.pi, feature) # 添加每个
特征的标签
    ax.set_ylim(-2, 6) # 设置雷达图的范围
    plt.title('客户群特征分布图') # 添加标题
    ax.grid(True) # 添加网格线
    lab.append('客户群' + str(i))
plt.legend(lab)
plt.show() # 显示图形


# 加入到标签表
media_rfm = pd.concat([media_rfm, df['labels']], axis=1)
kmeans.cluster_centers_ # K-Means 的聚类结果
media_rfm.ix[media_rfm['labels'] == 0, 'labels'] = '重要发展客户'
media_rfm.ix[media_rfm['labels'] == 1, 'labels'] = '低价值客户'
media_rfm.ix[media_rfm['labels'] == 2, 'labels'] = '重要挽留客户'
media_rfm.ix[media_rfm['labels'] == 3, 'labels'] = '重要保持客户'
media_rfm.ix[media_rfm['labels'] == 4, 'labels'] = '一般客户'
users_label = pd.read_csv('../tmp/users_label5.csv', header='infer')
users_label = pd.merge(users_label, media_rfm.loc[:, ['phone_no',
'labels']],
                        left_on='phone_no', right_on ='phone_no',
how='left')
users_label.to_csv('../tmp/users_label6.csv', na_rep='NaN', header=
True, index=False)
```

Out[6]:

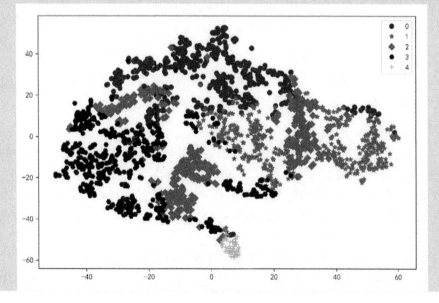

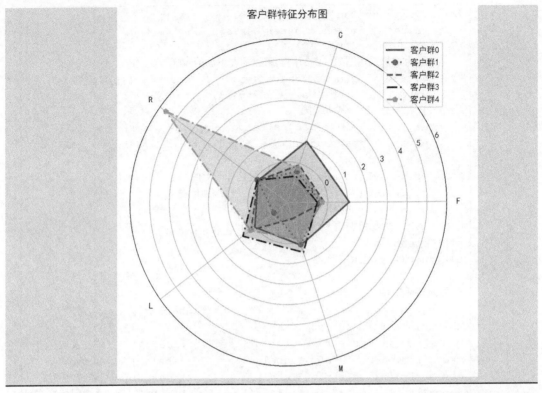

客户群特征分布图

根据代码 10-14 中结果的客户群特征分布雷达图，结合业务进行特征分析，通过比较各个特征在客户群间的大小，对某一个群的特征进行评价。如客户群 2 的 C、F 特征值最大，而 R、M 特征值相比其他客户群不算最小，因此可以说 C、F、M、R 在客户群 2 是优势特征，以此类推，C、F、M、L 在客户群 3 上是弱势特征，从而可以总结出每个群的优势特征和弱势特征。客户群 0 到客户群 4 依次为重要挽留客户、重要发展客户、重要保持客户、低价值客户、一般客户。

综合 10.3.1 小节中特征构造的用户画像，形成客户的标签表，其中包括 5 个基本特征、11 个业务特征、4 个兴趣爱好特征。

10.3.2　节目信息的获取

对于本案例，因为在后续的协同过滤模型构建中会出现该算法的缺点（冷启动问题），所以除了已经有的数据，还需要从外部获取数据。

1．冷启动

冷启动在推荐系统中表示该系统累积数据量过少，无法为新用户进行个性化推荐，这是产品推荐的一大难题。冷启动问题一般可以分为以下 3 类。

（1）用户冷启动，即如何为新用户进行个性化推荐。当新用户到来时，由于没有新用户的行为数据，所以无法根据用户的历史行为预测用户感兴趣的内容，从而无法进行个性化推荐。

（2）物品冷启动，即如何将新的物品推荐给可能对它感兴趣的用户。

（3）系统冷启动，即如何在一个新开发的网站上（还没有用户，也没有用户行为，只有一些物品的信息）设计个性化推荐系统，从而在网站刚发布时就让用户体验到个性化推荐服务。

本案例主要需要解决用户冷启动与物品冷启动问题。通过爬虫获取一些新的产品标签数据，从而用于构建基于 TF-IDF 的标签推荐模型，可以有效地解决冷启动问题。

2. 节目信息获取及修正

对于一些实时的节目信息，可能之前的直播中还未出现。例如，世界杯只有在一定时间内会有直播，但是只要获取到该节目的标签，就可以为后面的标签用户推荐、提供节目内容，如图 10-9 所示。

game class	game intro	st time	tv name
排球	女排国家联赛，或称世界女排联赛（FIVB?Volleyball?Women's?Na...	02:40	2018世界女排联赛三、四名决赛
田径	国际田径钻石联赛成立于2010年，是国际田联推出的一个全新系列赛...	04:05	2018国际田联钻石联赛洛桑站
足球	2018年俄罗斯世界杯（英语：2018?FIFA?World?Cup，俄语：Чемп...	05:30	2018俄罗斯世界杯半决赛比赛集锦
足球	2018年俄罗斯世界杯（英语：2018?FIFA?World?Cup，俄语：Чемп...	06:00	2018俄罗斯世界杯半决赛比赛集锦
生活	中央电视台体育频道《健身动起来》—集欣赏性、教学性、娱乐性、...	06:30	健身动起来
体育 新闻	《体育晨报》是中央电视台体育频道的一个特色栏目，播出时间为每...	07:00	体育晨报
网球	温布尔登网球锦标赛（英语：The?Championships, ?Wimbledon) ...	08:04	2018温布尔登网球赛女单决赛
足球	2018年俄罗斯世界杯（英语：2018?FIFA?World?Cup，俄语：Чемп...	09:34	俄罗斯世界杯特别节目-2018足球道路5
足球	2018年俄罗斯世界杯（英语：2018?FIFA?World?Cup，俄语：Чемп...	10:05	实况录像-2018年俄罗斯世界杯 决赛 法国-克罗地亚

图 10-9　实时的节目信息

通过网络爬虫得到的节目标签并不统一，这对分析造成了一定的困难。因此需要对标签进行修正，去除重复标签，合并相似标签，将标签修改为项目标签库的标签名，例如：爬取的数据中发现贴有"其他"标签的都为飞镖类节目，则可将其修改为"射击"；"拳击"可修改为"格斗"；"体育 生活"可修改为"生活"（如图 10-10 所示）。

花样滑冰	花样滑冰项...	09:52	实况录像-2018中国花样滑冰俱乐部联赛揭幕...
体育	《体坛快讯...	10:50	体坛快讯-5资讯(1)
篮球	中国国家女...	11:00	实况录像-2018年中国女篮系列赛之国际女篮锦...
体育 生活	《棋牌乐》...	01:35	顶级赛事-棋牌乐
足球	世界杯预选...	02:35	2019年男篮世界杯预选赛- 中国队-韩国队
排球	女排国家联...	04:00	2018年世界女排联赛-总决赛(中国队-荷兰队)
足球	2018年俄罗...	05:30	赛事集锦(高清体育)-2018-348-2018年俄罗斯...
足球	2018年俄罗...	06:00	俄罗斯世界杯特别节目-2018足球道路13
生活	中央电视台...	06:30	健身动起来
体育 新闻	《体育晨报...	07:00	体育晨报
足球	2018年俄罗...	08:05	2018年俄罗斯世界杯-1/8决赛(C1-D2)
其他	世界职业飞...	09:52	实况录像-2018飞镖大师赛上海站 精选1
足球	2018年俄罗...	10:50	实况录像-2018年俄罗斯世界杯 进球精彩1
篮球	中国国家女...	11:00	实况录像-2018年中国女篮系列赛之国际女篮锦...
足球	世界杯预选...	01:35	2019年男篮世界杯预选赛-新西兰队-中国队
拳击	世界职业拳...	03:05	实况录像-2018年世界职业拳王争霸赛 精选9

图 10-10　修正前的节目信息标签

爬虫获取数据的实现方法如代码 10-15 所示。节目信息标签修正的代码在 10.4.2 小节的代码 10-17 中。

代码 10-15　爬虫获取实时节目信息的数据

```
In[7]:    from bs4 import BeautifulSoup
          import requests
          import time
          # 准备翻页处理
          url = 'https://www.tvmao.com/program/CCTV-CCTV5-w1.html'
          # 根据 URL 的特点构造连续 7 页的 CCTV5 的 URL
          urls = ['https://www.tvmao.com/program/CCTV-CCTV5-w{}.html'.
          format(str(i)) \
                      for i in range(1, 8)]

          st_times = []
          tv_names = []
          links_l = []
          header = {'User-Agent':'Mozilla/5.0 (Windows NT 10.0; WOW64)
          AppleWebKit/537.36 \
                      (KHTML, like Gecko) Chrome/57.0.2987.98 Safari/537.36
          LBBROWSER'}
          for url in urls:
              time.sleep(3) # 设置每隔 3 秒请求一次浏览器
              wb_data = requests.get(url, headers=header) # 请求服务器
              soup = BeautifulSoup(wb_data.text, 'html.parser') # 解析网页
              # 电视节目开始的时间
              st_times += [st_time.get_text() for st_time in soup.select
          ('div.over_hide span.am')]
              # 电视节目的名称
              tv_names += [tv_name.get_text() for tv_name in soup.select
          ('div.over_hide span.p_show')]
              links_l += ['https://www.tvmao.com' + link.get('href') for
          link in \
                          soup.select('div.over_hide span.p_show a')]

          # 通过循环获取跳转页面里面的节目分类和简介
          game_class = []
          game_intro = []
          for in_url in links_l:
              in_wb_data = requests.get(in_url, headers = header)
              in_soup = BeautifulSoup(in_wb_data.text, 'html.parser')
              if in_url.__contains__('tvcolumn'):# 判断
                  game_class.append(in_soup.select('tr td')[3].get_text())
                  game_intro.append(in_soup.select('div.lessmore.clear
          p')[0].get_text())
              else:
                  game_class.append(in_soup.select('tr td span')[1].get_text())
                  game_intro.append(in_soup.select('article
          p')[0].get_text())
          # 创建数据框
          import pandas as pd
          data = {
              'st_time' : st_times,
              'tv_name' : tv_names,
```

```
        'game_class' : game_class,
        'game_intro' : game_intro
}
df = pd.DataFrame(data)
df.to_csv('../tmp/cctv5_spider.csv', index=False, sep=',') # 保
存数据
print('查看获取的前 5 条数据:\n', df[:, :5])
```

Out[7]:　　查看获取的前 5 条数据:
　　　st_time ...   game_intro
0　01:20　...　国际田径钻石联赛成立于 2010 年,是国际田联推出的一个全新系
列赛事, 作为原有国际田联黄金联赛
1　02:35　...　ATP 世界巡回赛总决赛（ATP World Tour Finals),旧称网
球大师杯赛, 是一...
2　04:00　...　欧洲冠军联赛（英语: UEFA Champions League),简称冠军
杯、欧冠, 是欧洲足...
3　05:30　...　本栏目是缩微版的《天下足球》。集国际足球最新时讯之大成,记
录了您最有兴趣、最希望了解的内容,...
4　06:00　...　国际田径钻石联赛成立于 2010 年,是国际田联推出的一个全新系
列赛事, 作为原有国际田联黄金联赛...
5　07:30　...　中央电视台体育频道《健身动起来》——集欣赏性、教学性、娱
乐性、互动性于一体的大众健身栏目。

10.4　模型构建

在实际应用中，构造推荐系统时，并不是采用单一的某种推荐方法进行推荐的。为了实现较好的推荐效果，大部分情况下都结合多种推荐方法将推荐结果进行组合，最后得出最终推荐结果。组合在推荐结果时，可以采用串行或并行的方法。采用并行组合方法进行推荐系统流程图如图 10-11 所示。

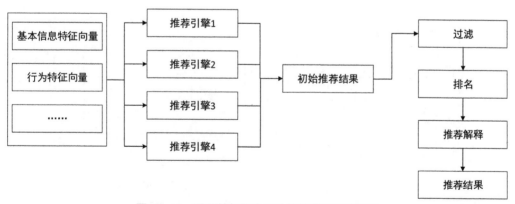

图 10-11　采用并行组合方法的推荐系统流程图

通过分析项目的实际情况可知，项目目标长尾节目丰富，用户个性化需求强烈，推荐结果实时变化明显。结合原始数据中节目数明显小于用户数的特点，项目采用基于物品的协同过滤推荐系统对用户进行个性化推荐，以其推荐结果作为推荐系统结果的重要部分。因为基于物品的协同过滤推荐系统是利用用户的历史行为为用户进行推荐的，所以推荐结果可以更容易令用户信服。推荐视图如图 10-12 所示。

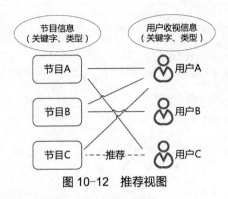

图 10-12　推荐视图

10.4.1　基于物品的协同过滤算法的推荐模型

推荐系统是根据物品的相似度和用户的历史行为来对用户的兴趣度进行预测并推荐的，因此评价模型需要用到一些评价指标。为了得到评价指标，一般将数据集分成两部分：大部分数据作为模型训练集，小部分数据作为测试集。通过训练集得到的模型，在测试集上进行预测，再统计出相应的评价指标，通过各个评价指标的值可以知道预测效果的好与坏。

在实际数据中，物品数目过多，建立的用户-物品矩阵与物品相似度矩阵将是很庞大的矩阵。采用一个简单的示例（如图 10-13 所示），在用户-物品矩阵的基础上采用 Jaccard 相似系数的方法，计算出物品相似度矩阵。通过物品相似度矩阵与测试集的用户行为，计算用户的兴趣度，获得推荐结果，进而计算出各种评价指标。

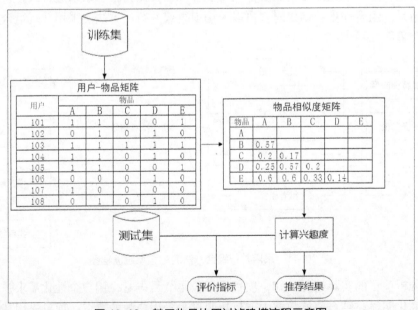

图 10-13　基于物品协同过滤建模流程示意图

用户收视行为信息数据中可提取用户名与节目名称两个特征。由于本案例数据量较大，所以选取 500000 条记录数据，构建基于物品的协同过滤模型，相似度计算用余弦相似度（夹角余弦）实现，如代码 10-16 所示。

代码 10-16 构建基于物品的协同过滤推荐模型

```
In[1]:    import pandas as pd
          media = pd.read_csv('../tmp/media4.csv', header='infer')

          # 协同过滤算法
          m = media.loc[:, ['phone_no', 'program_title']]
          n = 500000
          media2 = m.iloc[:n, :]
          media2['value'] = 1
          from sklearn.model_selection import train_test_split
          # 将数据划分为训练集和测试集
          media_train, media_test = train_test_split(media2, test_size=0.2,
          random_state=123)

          # 长表转宽表，即用户-物品矩阵
          mat1          =          media_train.pivot_table(index='phone_no',
          columns='program_title') # 透视表
          mat1.columns = [i[1] for i in mat1.columns]
          mat1.fillna(0, inplace=True) # 0 填充
          df_matrix1 = mat1
          df_matrix1 = df_matrix1 / df_matrix1.sum(axis=0) * 5    # 0 到 5
          之间

          from sklearn.metrics.pairwise import pairwise_distances
          # 计算余弦相似度
          #metric 可以设置欧几里得距离/曼哈顿距离/余弦夹角（euclidean/manhattan/
          cosine）
          item_similarity = 1 - pairwise_distances(df_matrix1.T, metric=
          'cosine')

          # 对角线设为 0
          a = range(item_similarity.shape[0])
          item_similarity[a, a] = 0
          item_similarity = pd.DataFrame(item_similarity)
          item_similarity.index = item_similarity.columns = df_matrix1.
          columns

          # 测试集上预测评分高的前五名推荐
          phone_test = media_test.phone_no.unique()
          result1 = pd.DataFrame()
          for i in range(len(phone_test)):
              res1 = pd.DataFrame({'phone':[phone_test[i]] * 5,
                                'program':(df_matrix1.iloc[i] * item_
          similarity). sum(axis=1)
                                .sort_values(ascending=False).index[:
          5].tolist()})
              result1 = result1.append(res1)
          print('预测评分高的前五名推荐\n', result1)

Out[1]:   预测评分高的前五名推荐
                    phone            program
          0   16801378701     转播中央台新闻联播
          1   16801378701         天气预报
          2   16801378701         归去来
          3   16801378701         下午
```

4	16801378701	动画片
..	...	...
0	16801373382	转播中央台新闻联播
1	16801373382	天气预报
2	16801373382	中国新闻
3	16801373382	综艺喜乐汇
4	16801373382	新闻直播间

10.4.2 基于 Simple TagBased TF-IDF 算法的标签推荐模型

为了达成最好的推荐方式，本案例将个性化推荐算法与非个性化推荐算法组合，选择了两种个性化算法和一种非个性化算法进行相应的建模并进行模型评价与分析。这两种个性化算法为 Simple TagBased TF-IDF 算法、基于物品的协同过滤算法。基于 Simple TagBased TF-IDF 算法的标签推荐模型每次都会挑选出与用户看过节目的标签类似的节目，并把挑选出的节目推荐给当前用户。非个性化算法为 Popular 流行度算法，Popular 流行度算法是按照节目的流行度向用户推荐用户没有产生过观看行为的最热门的节目。

如今，信息量与日俱增，让人眼花缭乱，用户如何在纷繁复杂的信息中有效地搜索到自己喜欢的信息变得尤为重要，而标签可以很好地解决这一问题。标签是联系用户和信息的纽带，也是反映信息特征的重要数据来源。用户可以根据自己的兴趣爱好，搜索具有特定标签的数据，进一步缩小需要搜索的范围，更准确、迅速地定位到自己所喜欢的信息。

1. Simple TagBased TF-IDF 算法

用户可以用标签描述自己对物品的看法，因此标签成为联系用户和物品的纽带。标签数据是反映用户兴趣的重要数据源，如何利用用户的标签数据提高用户个性化推荐结果的质量，是推荐系统研究的重要问题。

广电行业可以基于标签数据进行节目推荐。一个用户观看节目行为的数据一般由一个三元组的集合表示，其中记录 (u, i, b) 表示用户 u 观看了具有标签 b 的节目 i。当然，用户的真实观看节目行为远远比三元组表示的要复杂，如用户观看节目的时间、用户的特征数据、节目的特征数据等都包括在内。为了简化模型，只考虑上面定义的三元组形式的数据，即用户的每一次观看节目行为都用一个三元组（用户、节目、标签）来表示。

根据用户观看节目行为数据，使用 Simple TagBased TF-IDF 算法对用户进行推荐，该算法的描述如下。

（1）统计每个用户最常观看的节目所具有的标签。

（2）对于每个标签，统计拥有该标签且观看人数最多的节目。

（3）对于每一个用户，首先找到用户偏好的标签，再找到具有这些标签的最热门节目并将其推荐给用户。

用户 u 对节目 i 的兴趣公式如式（10-1）所示。

$$p(u,i)=\sum_b n_{u,b} n_{b,i} \tag{10-1}$$

其中，n_u 是用户 u 所有观看节目所具有的标签集合，n_i 是节目 i 所具有的标签集合，$n_{u,b}$ 是用户观看具有该标签节目的次数，$n_{b,i}$ 是具有该标签的节目个数。

2. 借助 Simple TagBased TF-IDF 算法的思想对模型进行修正

由于是基于标签的推荐，所以不考虑对观看节目收视时长的计算，但是需要对标签的观看次数进行修正。

对用户观看节目行为数据使用观看时间进行加权。记录 (u, i, b) 表示用户 u 观看了具有标签 b 的节目 i，在每条记录 (u, i, b) 中加入时间因素，以时间长度对每个标签 b 施加权重，如式（10-2）所示。

$$n'_{u,b} = \left\lceil \frac{\text{time}}{60} \right\rceil \cdot n_{u,b} \tag{10-2}$$

$\left\lceil \dfrac{\text{time}}{60} \right\rceil \cdot n_{u,b}$ 表示对用户观看具有该标签节目的次数 $n_{u,b}$ 按时间长度向上取整进行加权。式（10-2）倾向于给热门标签对应的物品很大的权重，因此不能反映用户个性化的兴趣，从而减弱了推荐结果的新颖性。针对这个问题，对式（10-2）进行改进，考虑标签 b 被不同用户的使用次数，如式（10-3）所示。

$$\hat{n}'_{u,b} = \frac{n'_{u,b}}{\log(1 + n'_b)} \tag{10-3}$$

其中，n'_b 表示标签 b 被多少个不同的用户使用过。如果认为同一个物品上的不同标签具有某种相似度，那么当两个标签同时出现在很多物品的标签集合中时，可以认为这两个标签具有较大的相似度。模型修正后的形式如式（10-4）所示。

$$p(u, i) = \sum_b \frac{n_{u,b}}{\log(1 + n'_b)} n_{b,i} \tag{10-4}$$

3. 构建基于 Simple TagBased TF-IDF 算法的标签推荐模型

当用户观看某个节目时，标签系统希望用户能够给这个节目打上高质量的标签，这样才能促进标签系统的良性循环。因此，很多标签系统都设计了标签推荐模块，给用户推荐标签。

模型修正使用 10.3.2 小节中获取到的节目信息数据，并用处理好的用户收视行为信息数据自定义建立基于 Simple TagBased TF-IDF 算法的标签推荐模型。推荐指数的计算采用修正后的公式，表示用户对标签的兴趣度。具体实现如代码 10-17 所示。

代码 10-17　构建基于 Simple TagBased TF-IDF 算法的标签推荐模型

```
In[2]:    import pandas as pd
          import re
          # 读取爬取的数据
          cctv_5 = pd.read_csv('../tmp/cctv5_spider.csv', sep=',')
          # 根据数据的特征修改类型
          cctv_5.game_class.unique()
          cctv_5.game_class = [re.sub('花样滑冰', '冰上运动', str(i)) for i in
          cctv_5.game_class]
          cctv_5.game_class = [re.sub('体育 生活', '生活', str(i)) for i in
          cctv_5.game_class]
          cctv_5.game_class = [re.sub('体育 新闻', '体育新闻', str(i)) for i in
          cctv_5.game_class]
          cctv_5.game_class = [re.sub('其他', '射击', str(i)) for i in
```

```
cctv_5.game_class]
cctv_5.game_class = [re.sub('拳击', '格斗', str(i)) for i in
cctv_5.game_class]

# Simple TagBased TF-IDF 算法的模型
# 提取出收视表中有体育类标签的数据
media1 = pd.read_csv('../tmp/media4.csv', header='infer')
sports_ziduan = ['足球|英超|欧足|德甲|欧冠|国足|中超|西甲|亚冠|法甲|杰
出球胜|女足|\
                 十分好球|亚足|意甲|中甲|足协|足总杯', '保龄球',
'KHL|NHL|冰壶|冰球|\
                 冬奥会|花滑|滑冰|滑雪|速滑', 'LPGA|OHL|PGA 锦标赛|高尔夫\
                 |欧巡总决赛', '搏击|格斗|昆仑决|拳击|拳王', 'CBA|NBA|
篮球|龙狮时刻\
                 男篮|女篮', '女排|排球|男排', '乒超|乒乓|乒联、乒羽', '
赛马',
                 '车生活|劲速天地|赛车', '斯诺克|台球', '体操',
                 '今日睇弹|竞赛快讯|世界体育|体坛点击|体坛快讯|体育晨报|
体育世界\
                 体育新闻', 'ATP|澳网|费德勒|美网|纳达尔|网球|中网',
                 '象棋', '泳联|游泳|跳水', '羽超|羽联|羽毛球|羽乐无限',
'自行车',
                 'NFL|超级碗|橄榄球', '马拉松', '飞镖|射击']
sports_mingzi = ['足球', '保龄球', '冰上运动', '高尔夫', '格斗', '篮
球', '排球'
                 , '乒乓球', '赛马', '赛车', '台球', '体操', '体育新
闻', '网球',
                 '象棋', '游泳', '羽毛球', '自行车', '橄榄球', '马拉松
', '射击']
sports_data = pd.DataFrame()
for k in range(len(sports_mingzi)):
    sports = media1.ix[[re.search(sports_ziduan[k], str(i)) !=
None for i in \
                       media1.ix[:, 'program_title']], :]
    sports['wat_time'] = sports['wat_time'] / 3600
    sports['体育偏好'] = sports_mingzi[k]
    sports_data = pd.concat([sports_data, sports], axis=0)

# 计算各用户每个体育偏好标签的时长
group1 = pd.DataFrame(sports_data['wat_time'].groupby(
        [sports_data['phone_no'], sports_data['体育偏好']]).
sum())
group1 = group1.reset_index()
# 计算各用户每个体育偏好标签的次数
sports_data['counts'] = 1
group2 z = pd.DataFrame(sports_data['counts'].groupby(
        [sports_data['phone_no'], sports_data['体育偏好']]).sum())
group2 = group2.reset_index()
# 将数据合并
group = pd.merge(group1, group2, left_on=['phone_no', '体育偏好'],
                right_on =['phone_no', '体育偏好'], how='left')
# 对用户观看时间进行加权
group['weight_counts'] = group.counts * round(group.wat_time, 2)
# 对用户观看具有该标签节目的次数进行加权
import math
```

```
label_c = group.体育偏好.value_counts()  # 每个用户拥有的标签数
label_c = label_c.reset_index()
new_group = pd.DataFrame()
for i in label_c.index:
    no = label_c.iloc[i, 0]
    weight = math.log(1 + label_c.iloc[i, 1])
    g = group.loc[group.体育偏好 == no, :]
    g['weight_label1'] = g.weight_counts / weight
    new_group = pd.concat([new_group, g], axis=0)
# 将每个用户按偏好标签的指数排序
new_ = new_group.sort_values(['phone_no', 'weight_label1'],
ascending=False)

guess = 0
while True:
    input_no = int(input('Please input one phone_no that is in
group:'))
    guess += 1
    recommend_list = []
    if input_no in list(new_.phone_no):        # 检查是否为已存在的用户号
        n = new_.loc[new_.phone_no == input_no, '体育偏好']
        for k in n.values:
            recommend_list.extend(cctv_5.loc[cctv_5['game_
class'] == k, 'tv_name'])
        print('It is only %d,phone_no is %D. \nRecommend_list is
\n' % (guess, input_no),
                pd.DataFrame(recommend_list[:20],
columns=['program']))
    elif input_no == 0:
        print('Stop recommend!')
        break
    else:
        print('Please input phone_no that is in group:')
'''
当输入 16899545095 时，即可为用户名为 16899545095 的用户推荐推荐指数排名前
20 的节目。当输入 0 时，即可结束为用户进行推荐
'''
```

```
Out[2]:  Please input one phone_no that is in group:16899545095
         It is only 1,phone_no is 16899545095.
         Recommend_list is

                                                       program
         0              2018 年世界女排锦标赛-第二阶段 F 组 (中国队-俄罗斯队)
         1              国际足球赛场-12-13 赛季欧冠决赛 多特蒙德-拜仁慕尼黑
         2              2020 年一场比赛-17-2012 年欧洲杯揭幕战 波兰-希腊
         3              2019/2020 意大利足球甲级联赛-第 27 轮 (博洛尼亚-尤文图斯)
         4      实况录像-2019/2020 意大利足球甲级联赛第 27 轮 博洛尼亚-尤文图斯
         (录播)
         5              国际足球赛场-14-15 赛季欧冠决赛 尤文图斯-巴塞罗那
         6              2020 年一场比赛-2016 年欧洲杯四分之一决赛 波兰-葡萄牙
         7              2019/2020 英格兰足球超级联赛-第 31 轮 (利物浦-水晶宫)
         8      实况录像-2019/2020 英格兰足球超级联赛第31轮 利物浦-水晶宫 (录播)
         9              2019/2020 英格兰足球超级联赛- 第 31 轮 (切尔西-曼彻斯特城)
         10             国际足球赛场-19-20 赛季意甲联赛第 27 轮 亚特兰大-拉齐奥
         11             国际足球赛场-17-18 赛季欧冠决赛 皇家马德里-利物浦
         12     实况录像-2019/2020 英格兰足球超级联赛第31轮 切尔西-曼城
```

```
13          国际足球赛场-18-19赛季欧冠决赛 托特纳姆热刺-利物浦
14          2020年一场比赛-20-2012年欧洲杯 西班牙-意大利
15          实况录像-2019年ATP男子网球年终总决赛 单打决赛
16   2019/2020赛季中国男子篮球职业联赛 复赛第一阶段常规赛-(山西汾酒股份-
苏州肯帝亚)
17   2019/2020赛季中国男子篮球职业联赛 复赛第一阶段常规赛-(辽宁本钢-时代
中国广州)
18   2019/2020赛季中国男子篮球职业联赛 复赛第一阶段常规赛-(八一南昌-青岛
国信双星)
19   2019/2020赛季中国男子篮球职业联赛 复赛第一阶段常规赛-(苏州肯帝亚-
北京控股)

Please input one phone_no that is in group:0
Stop recommend!
```

针对每个用户进行推荐，标签推荐模型推荐推荐指数排名前20的节目。

10.4.3 Popular 流行度推荐模型

对于既不具有点播信息，收视信息又过少（甚至没有）的用户，可以使用Popular流行度推荐模型，为这些用户推荐最热门的前 N 个节目，等用户收视行为信息数据收集到一定数量时，再切换为个性化推荐。具体实现如代码 10-18 所示。

代码 10-18 Popular 流行度推荐模型

```python
In[3]:    import pandas as pd
          media1 = pd.read_csv('../tmp/media4.csv', header='infer')

          # 流行度模型
          from sklearn.model_selection import train_test_split
          # 将数据划分为训练集和测试集
          media1_train, media1_test = train_test_split(media1, test_size=
          0.2, random_state=1234)

          # 将节目按热度排名
          program = media1_train.program_title.value_counts()
          program = program.reset_index()
          program.columns = ['program', 'counts']

          recommend_dataframe = pd.DataFrame
          m = 3000
          while True:
              input_no = int(input('Please input one phone_no that is not in
          group:'))
              if input_no == 0:
                  print('Stop recommend!')
                  break
              else:
                  recommend_dataframe = pd.DataFrame(program.iloc[:m, 0],
          columns=['program'])
                  print('Phone_no is %D. \nRecommend_list is \n' % (input_no),
                      recommend_dataframe)
          '''
          当输入 16801274792 时，即可为用户名为 16801274792 的用户推荐最热门的前 N
          个节目。当输入 0 时，即可结束为用户进行推荐
          '''
```

```
Out[3]:  Please input one phone_no that is not in group:16801274792
         Phone_no is 16801274792.
         Recommend_list is
              program
         0      七十二家房客
         1      新闻直播间
         2       中国新闻
         3      综艺喜乐汇
         4        归去来
         ...
         2995    战后之战
         2996  东方金曲大赏
         2997     妈咪侠
         2998    我中国少年
         2999    环球纪实

         [3000 rows x 1 columns]

         Please input one phone_no that is not in group:0
         Stop recommend!
```

当针对每个用户进行推荐时，**Popular** 流行度推荐模型可推荐流行度（热度）排名前 20 的节目。

10.5　性能度量

评价一个推荐系统的好与不好一般从用户、商家、节目 3 个方面进行整体考虑。好的推荐系统能够满足用户的需求，推荐用户感兴趣的节目。同时，推荐的节目中不能全部是热门的节目，还需要用户反馈意见以帮助完善推荐系统。因此，好的推荐系统不仅能预测用户的行为，而且能帮助用户发现其可能会感兴趣却不易被发现的节目，这样可以帮助商家发掘长尾节目中的节目，并推荐给可能会对它们感兴趣的用户。

在实际应用中，主要有 3 种评价推荐效果的实验方法，即离线测试、用户调查和在线测试。

离线测试是通过从实际系统中提取数据集，采用各种推荐算法对数据进行测试，获得各个算法的评价指标，离线测试不需要真实用户参与。因为离线测试的指标和实际商业指标存在差距，如预测准确率和用户满意度之间会存在很大差别，高预测准确率不等于高用户满意度，因此在推荐系统投入实际应用之前，需要利用测试的推荐系统进行用户调查。

用户调查是利用测试的推荐系统调查真实用户，观察并记录用户的行为，并让用户回答一些相关的问题，通过分析用户的行为和反馈信息，判断测试推荐系统的好坏。

在线测试是直接将系统投入实际应用中，通过不同的评价指标比较不同推荐算法的结果，最终判断推荐系统的好坏。

本案例采用离线的数据集构建模型，因此模型评价采用离线测试的方法获取评价指标。评价指标的公式如表 10-13 所示。

如果有评分数据并需要预测用户对某个物品的评分，那么可以采用表 10-13 中预测准确度的评价指标，包括均方根误差（RMSE）和平均绝对误差（MAE）。其中 r_{ui} 代表用户 u 对物品 i 的实际评分，$\hat{r}_{ui}$ 代表推荐算法预测的评分，N 代表实际参与评分的物品总数。

表 10-13　评价指标公式

评价指标	指标 1	指标 2	指标 3
预测准确度	$\text{RMSE} = \sqrt{\dfrac{1}{N}\sum(r_{ui} - \hat{r}_{ui})^2}$	$\text{MAE} = \sqrt{\dfrac{1}{N}\sum\|r_{ui} - \hat{r}_{ui}\|}$	
分类准确度	$\text{precesion} = \dfrac{\text{TP}}{\text{TP} + \text{FP}}$	$\text{recall} = \dfrac{\text{TP}}{\text{TP} + \text{FN}}$	$\text{F1} = \dfrac{2\text{PR}}{\text{P} + \text{R}}$

对于分类问题，如喜欢与不喜欢、是否观看等，采用分类准确度，其中的评价指标有准确率和召回率。准确率（P，precesion）表示用户对一个系统推荐的产品感兴趣的可能性。召回率（R，recall）表示一个用户喜欢的产品被推荐的概率。F1 指标表示综合考虑准确率与召回率因素，更好地评价算法的优劣。对于分类准确度相关评价指标公式的说明如表 10-14 所示。

表 10-14　分类准确度的评价指标公式说明

		预测		合计
		被推荐物品数（正）	未被推荐物品数（负）	
实际	用户喜欢物品数（正）	TP	FN	TP+FN
	用户不喜欢物品数（负）	FP	TN	FP+TN
合计		TP+FP	TN+FN	

除了上述评价指标外，还有真正率 TPR=TP/(TP+FN)（正样本预测结果数占正样本实际数的比重，即召回率）、假正率指标 FPR=FP/(FP+TN)（被预测为正的负样本结果数占负样本实际数的比重）。

由于本案例用户的行为是二元选择，所以对模型进行评价的指标为分类准确度指标，具体实现如代码 10-19 所示。代码 10-19 是接续代码 10-16 构建的模型进行模型评价的。

代码 10-19　基于物品的协同过滤推荐模型评价

```
In[1]:    # 接续代码 10-16
          mat2 = media_test.pivot_table(index='phone_no', columns='program_
          title')  # 透视表
          mat2.columns = [i[1] for i in mat2.columns]
          df_matrix2 = mat2
          df_matrix2 = df_matrix2 / df_matrix2.sum(axis=0) * 5      # 0 和 5 之间

          # 计算推荐准确率
          # 在 df_matrix2 中只要不为 0 则是观看过该节目
          result1['real_program'] = 0
          result1['T/F'] = 'NaN'
          for i in range(df_matrix2.shape[0]):
              if df_matrix2.index[i] in list(result1['phone']):
                  index = df_matrix2.iloc[i, :].notnull()
                  index = index.reset index()
                  wp = index.loc[index.iloc[:, 1], 'index']
                  wp1 = result1.loc[result1['phone'] == df matrix2.
          index[i], :].program
                  cunzai = wp1.isin(list(wp))
                  result1.loc[result1['phone']  ==  df_matrix2.index[i],
          'real_program'] = wp1[cunzai]
                  result1.loc[result1['phone'] == df_matrix2.index[i],
```

```
'T/F'] = cunzai
        else:
            continue

precesion = sum(result1.loc[:, 'T/F'] == True) / len(result1)

# 计算召回率
program = pd.DataFrame()
for i in range(len(phone_test)):
    program1 = media.loc[media.phone_no == phone_test[i],
'program_title']
    program = pd.concat([program, program1])
# 推荐个数为 5 个，会影响召回率
recall = sum(result1.loc[:, 'T/F'] == True) / len(program.iloc[:,
0].unique())
print('协同过滤的准确率为：', precesion, '\n', '协同过滤的召回率为：',
recall)
```

Out[1]:　协同过滤的准确率为：0.2477815699658703
　　　　　协同过滤的召回率为：0.06703601108033241

　　随着建模数据量的增加，基于物品的协同过滤算法模型的准确率与召回率会越来越高。因为建模数据时效性的限制，所以基于 Simple TagBased TF-IDF 算法标签推荐模型的推荐数据是实时（2018 年 8 月份）爬取获得的，但是目前的原始数据是 2018 年 5 月份的。节目与用户行为信息变化较大，标签推荐模型评价需要采用在线调查评价方法进行验证。

　　Popular 流行度推荐算法可以获得原始数据中热度前 3000 的节目，计算推荐的准确率与召回率。随着时间、节目、用户收视行为的变化，流行度也需要实时排序，具体实现如代码 10-20 所示。代码 10-20 是接续代码 10-18 构建的模型进行模型评价的。

代码 10-20　Popular 流行度推荐模型评价

```
In[2]:    # 接续代码 10-18
recommend_dataframe = recommend_dataframe
import numpy as np
phone_no = media1_test['phone_no'].unique()
real_dataframe = pd.DataFrame()
pre = pd.DataFrame(np.zeros((len(phone_no), 3)), columns=
['phone_no', 'pre_num', 're_num'])
for i in range(len(phone_no)):
    real = media1_test.loc[media1_test['phone_no'] == phone_no[i],
'program_title']
    a = recommend_dataframe['program'].isin(real)
    pre.iloc[i, 0] = phone_no[i]
    pre.iloc[i, 1] = sum(a)
    pre.iloc[i, 2] = len(real)
    real_dataframe = pd.concat([real_dataframe, real])

real_program = np.unique(real_dataframe.iloc[:, 0])
# 计算推荐准确率
precesion = (sum(pre['pre_num'] / m)) / len(pre)  # m 为推荐个数，
为 3000

# 计算召回率
```

```
recall = (sum(pre['pre_num'] / pre['re_num'])) / len(pre)
print('流行度推荐的准确率为: ', precesion, '\n', '流行度推荐的召回率为:
', recall)
```

Out[2]: 流行度推荐的准确率为: 0.05591213950368874
流行度推荐的召回率为: 0.5220406674388113

　　比较基于物品的协同过滤算法模型与 Popular 流行度算法模型的性能，可以发现，协同过滤算法推荐效果优于 Popular 流行度算法。当用户收视数据量增加时，协同过滤算法的推荐效果会越来越好，基于物品的协同过滤算法模型相对较"稳定"。对于 Popular 流行度算法，推荐节目个数增加，模型的准确率在下降而召回率在逐步上升。

10.6　结果分析

　　在协同过滤推荐过程中，两个节目相似是因为它们共同出现在很多用户的兴趣列表中，也可以说每个用户的兴趣列表都对节目的相似度产生贡献。但是，并不是每个用户的贡献度都相同。通常不活跃的用户或是新用户，或是收视次数少的老用户。在实际分析中，一般认为新用户倾向于浏览热门节目，而老用户会逐渐开始浏览冷门的节目。

　　当然，除了个性化推荐列表，还有另一个重要的推荐应用就是相关推荐列表。有过网购经历的用户都知道，当在电子商务平台购买一个商品时，系统会在商品信息下方展示相关的商品。这些商品通常分为两类：一种是购买了这个商品的用户也经常购买的其他商品，另一种是浏览过这个商品的用户经常购买的其他商品。这两种相关推荐列表的区别是，使用了不同用户行为计算节目的相似性。

　　综合本案例各个部分的分析结论，对电视产品的营销推荐有以下 5 点建议。

　　（1）内容多元化。以套餐的形式将节目多元化组合，可以满足不同观众的喜好，提高观众对电视产品的感兴趣程度，提高用户观看节目的积极性，有利于附加产品的推广销售。

　　（2）按照家庭用户标签打包。根据家庭成员和兴趣偏好类型的组合，针对不同家庭用户推荐不同的套餐，例如，针对有儿童、老人的家庭和针对独居青年推荐不同的套餐，前者包含动画、戏曲等节目内容，后者以流行节目、电影、综艺、电视剧为主。这样不但贴合用户需要，还能使产品推荐更为容易。

　　（3）流行度推荐与个性化推荐结合。既向用户推荐其感兴趣的信息，又推荐当下流行的节目，这样可以提高推荐的准确率。

　　（4）节目库智能归类。对于节目库做智能归类，增加节目标签，从而更好地完成节目与用户之间的匹配。节目库的及时更新也有利于激发用户的观看热情，提高产品口碑。

　　（5）实时动态更新用户收视的兴趣偏好标签。随着用户观看记录数据的实时更新，用户当前的兴趣偏好也会变化，实时更新可以更好地顾及每一位用户的需求，做出更精准的推荐。

小结

　　本章结合广电大数据营销推荐的案例，重点介绍了在数据可视化、用户画像构造的辅助下，协同过滤算法、Simple TagBased TF-IDF 算法和 Popular 流行度算法在实际案例中的应用。首先对用户收视行为信息数据等数据进行分析与处理，再采用不同推荐算法对处理好的数据进行建模分析，最后通过模型评价与结果分析，发现不同算法的优缺点，同时对算法的缺点提出了改进的方法并实现。结合上机实验，有助于读者更好地理解各算法的原理和处理过程。

课后习题

MovieLens 是由美国明尼苏达大学计算机科学与工程学院的 GroupLens 项目组在 1997 年创建的一个非商业性质的、以研究为目的实验性站点，目的是收集个性化建议的研究数据。MovieLens 是一个基于网络的推荐系统和虚拟社区，根据用户的电影喜好、会员电影评分和电影评论的协同过滤，推荐电影供用户观看。

该数据集中包含 943 名用户对 1664 部电影的评分，用户对自己感兴趣的电影都进行了评分，且评分都在 1～5 分，超出规定范围的评分都被视为异常值，需要对数据进行清洗与转换。对于预处理后的数据，采用 Popular、基于物品的协同过滤算法、基于用户的协同过滤算法 3 种算法，实现对电影的智能推荐，并对不同算法构建的模型进行模型预测与评价，最后根据预测结果进行对比。

第 ⑪ 章 基于 TipDM 数据挖掘建模平台实现航空公司客户价值分析

第 9 章介绍了使用 Python 来实现航空公司客户价值分析的案例，本章将介绍另一种工具——TipDM 数据挖掘建模平台，通过该平台实现航空公司客户价值分析。相较于传统的 Python 解析器，TipDM 数据挖掘建模平台具有流程化、去编程化等特点，满足没有编程基础的用户使用数据分析技术的需求。TipDM 大数据挖掘建模平台帮助读者更加便捷地掌握数据分析相关技术的操作，落实科教兴国战略、人才强国战略、创新驱动发展战略。

学习目标

（1）了解 TipDM 数据挖掘建模平台的相关概念和特点。
（2）熟悉使用 TipDM 数据挖掘建模平台配置航空公司客户价值分析案例的总体流程。
（3）掌握使用 TipDM 数据挖掘建模平台获取数据的方法。
（4）掌握使用 TipDM 数据挖掘建模平台进行描述性统计分析的操作。
（5）掌握使用 TipDM 数据挖掘建模平台进行数据清洗、数据筛选和数据标准化的操作。
（6）掌握使用 TipDM 数据挖掘建模平台构建模型的操作。

11.1 平台简介

TipDM 数据挖掘建模平台是由广东泰迪智能科技股份有限公司自主研发、基于 Python 引擎、用于数据分析的开源平台。平台提供数量丰富的数据分析组件，用户可在没有编程基础的情况下，通过拖曳的方式进行操作，将数据输入/输出、数据预处理、挖掘建模、模型评估等环节通过流程化的方式进行连接，帮助用户快速建立数据分析工程，提升数据处理的效能。平台的界面如图 11-1 所示。

图 11-1 平台界面

第⑪章　基于 TipDM 数据挖掘建模平台实现航空公司客户价值分析

本章将以航空公司客户价值分析案例为例，介绍使用平台实现案例的流程。在介绍之前，需要引入平台的几个概念。

（1）**组件**：将建模过程涉及的输入/输出、数据探索及预处理、建模、模型评估等算法分别进行封装，每一个封装好的算法模块称为组件。

（2）**工程**：为实现某一数据分析目标，将各组件通过流程化的方式进行连接，整个数据分析流程称为一个工程。

（3）**模板**：用户可以将配置好的工程通过模板的方式分享给其他用户，其他用户可以使用该模板创建一个无须配置组件便可运行的工程。

TipDM 数据挖掘建模平台主要有以下几个特点。

（1）平台算法基于 Python 引擎，用于数据分析。Python 是目前最为流行的用于数据分析的语言之一，高度契合行业需求。

（2）平台已对所有用户实现开源，用户可在本地部署平台，或对平台进行二次开发，满足个人使用需求。

（3）用户可在没有 Python 编程基础的情况下，使用直观的拖曳式图形界面构建数据分析流程，无须编程。

（4）平台提供公开可用的数据分析示例工程，一键创建，快速运行；支持挖掘流程每个节点的结果，无须预览。

（5）平台提供十大类、数十种算法组件，包括数据预处理、统计分析、分类、聚类、关联、推荐等常用数据分析算法，支持查看算法组件源代码（需本地化部署），同时提供 Python 脚本与 SQL 脚本，快速粘贴代码即可运行。

（6）平台提供算法组件自定义功能（需本地化部署），用户可将个人本地编写的代码配置到平台当中，成为算法组件。

下面将对平台的【首页】【数据源】【工程】【系统组件】4 个模块进行介绍，并对平台的本地化部署方式进行介绍。

11.1.1　首页

登录到平台后，用户即可看到【首页】模块中系统提供的示例工程（模板），如图 11-1 所示。

【模板】部分主要用于常用数据分析与建模案例的快速创建和展示。通过【模板】部分，用户可以创建一个无须导入数据及配置参数就能够快速运行的工程。同时，用户可以将自己搭建的数据分析工程生成为模板，显示在【首页】模块，供其他用户一键创建。

11.1.2　数据源

【数据源】模块主要用于数据分析工程的数据导入与管理，根据具体情况，用户可选择【CSV 文件】或者【SQL 数据库】。【CSV 文件】支持从本地导入 CSV 类型的数据，如图 11-2 所示；【SQL 数据库】支持从 DB2、SQL Server、MySQL、Oracle、PostgreSQL 等关系型数据库导入数据，如图 11-3 所示。

数据上传成功后，用户可以使用数据源分享功能，如图 11-4 所示，将搭建工程涉及的数据分享给其他用户。其他用户可在【共享数据源】选项卡内查看到分享给自己的数据（如图 11-5 所示），并使用该数据进行数据分析。

图 11-2　数据来源于 CSV 文件

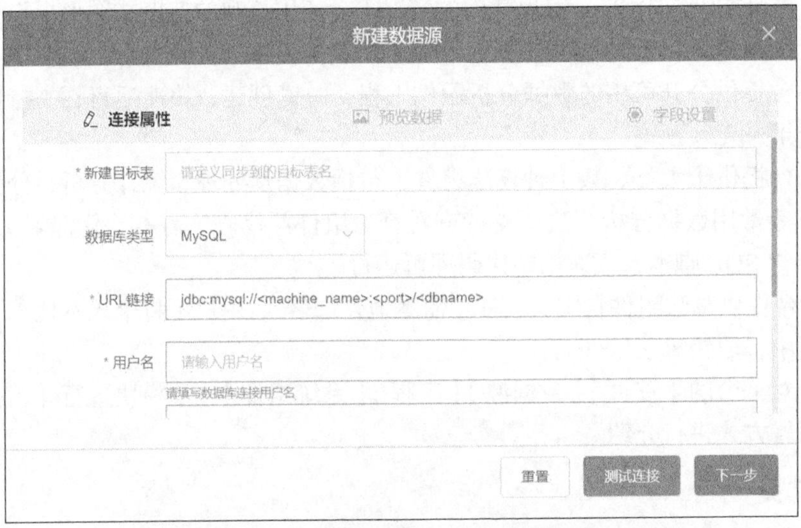

图 11-3　数据来源于 SQL 数据库

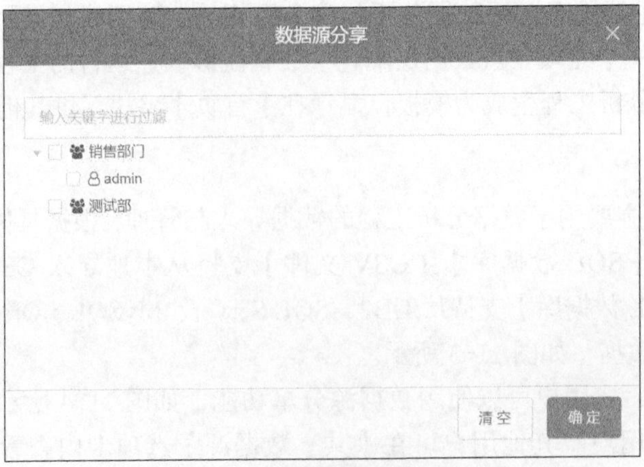

图 11-4　数据源分享功能

图 11-5　【共享数据源】选项卡

11.1.3　工程

【工程】模块主要用于数据分析流程的创建与管理，如图 11-6 所示。通过【工程】模块，用户可以创建空白工程，进行数据分析工程的配置，将数据输入/输出、数据预处理、挖掘建模、模型评估等环节通过流程化的方式进行连接，达到数据分析的目的。

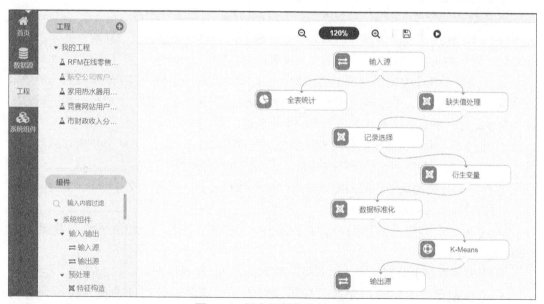

图 11-6　平台提供的示例工程

11.1.4　系统组件

【系统组件】模块主要用于数据分析常用算法组件的管理。组件包括【输入/输出】【脚本】【数据预处理】【统计分析】【分类】【回归】【聚类】【时序模型】【模型评估】【模型预测】，共十大类，如图 11-7 所示。

图 11-7　平台提供的系统组件

（1）【输入/输出】类提供配置数据分析工程的输入和输出组件，包括输入源、输出源。

（2）【脚本】类提供一个代码编辑框，包括 Python 脚本、SQL 脚本。用户可以在代码编辑框中粘贴已经写好的程序代码并直接运行，无须再额外配置成组件。

（3）【数据预处理】类提供对数据进行清洗的组件，包括特征构造、表堆叠、记录选择、表连接、新增序列、数据集划分、类型转换、缺失值处理、记录去重、异常值处理、数据标准化、数学类函数、排序、分组聚合、修改列名。

（4）【统计分析】类提供对数据整体情况进行统计的常用组件，包括数据探索、纯随机性检验、相关性分析、单样本 T 检验、正态性检验、双样本 T 检验、主成分分析、频数统计、全表统计、平稳性检验、因子分析、卡方检验。

（5）【分类】类提供常用的分类算法组件，包括 CART 分类树、ID3 分类树、最近邻分类、朴素贝叶斯、逻辑回归、支持向量机、多层感知神经网络。

（6）【回归】类提供常用的回归算法组件，包括 CART 回归树、线性回归、支持向量回归、最近邻回归、Lasso 回归。

（7）【聚类】类提供常用的聚类算法组件，包括层次聚类、DBSCAN 密度聚类、K-Means 聚类。

（8）【时序模型】类提供常用的时间序列算法组件，包括 ARIMA、GM(1,1)、差分。

（9）【模型评估】类提供对通过分类算法或回归算法训练得到的模型进行评价的组件。

（10）【模型预测】类提供对通过分类算法或回归算法训练得到的模型进行预测的组件。

11.1.5　TipDM 数据挖掘建模平台的本地化部署

通过开源 TipDM 数据挖掘建模平台官网（如图 11-8 所示），可以进入 GitHub 或码云开源网站（如图 11-9 所示），同步平台程序代码到本地，按照说明文档进行配置部署。

图 11-8　TipDM 数据挖掘建模平台官网

平台官网提供了丰富的不同行业解决方案，主要介绍使用平台搭建数据分析工程的不同行业案例，包括【金融保险】【电子商务】【广播电视】【智能设备】【智能电网】类等，如图 11-10 所示。用户可以根据步骤提示，动手搭建数据分析工程。

平台官网还提供了详细的帮助资料，包括【操作文档】【常见问题】【操作视频】选项卡，如图 11-11 所示。用户可以根据这些资料，轻松入门平台的使用。

图 11-9　平台程序代码（码云）

图 11-10　不同行业解决方案

图 11-11　【帮助中心】界面

11.2　快速构建航空公司客户价值分析工程

本节以航空公司客户价值分析案例为例，在 TipDM 数据挖掘建模平台上配置对应工程，展示几个主要流程的配置过程。

在 TipDM 数据挖掘建模平台上配置航空公司客户价值分析案例的总体流程如图 11-12 所示，主要包括以下 4 个步骤。

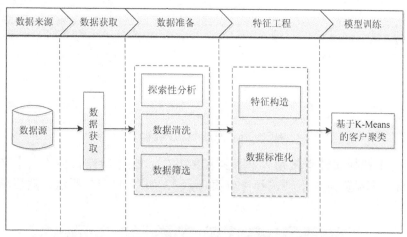

图 11-12　航空公司客户价值分析建模工程配置总流程

（1）将航空公司 2012 年 4 月 1 日—2014 年 3 月 31 日的数据导入 TipDM 数据挖掘建模平台。

（2）对数据进行探索性分析、数据清洗和数据筛选。

（3）对数据进行特征构造和数据标准化等操作。

（4）使用 K-Means 算法构建模型，进行客户分群。

得到的最终流程图如图 11-13 所示。

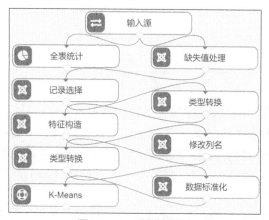

图 11-13　最终流程图

11.2.1　数据获取

本章的数据是 CSV 文件，使用 TipDM 数据挖掘建模平台导入该数据，步骤如下。

（1）单击【数据源】模块，在【新增数据源】下拉项中选择【CSV 文件】，如图 11-14 所示。

图 11-14　选择【CSV 文件】

（2）单击【选择文件】按钮，选择案例的数据，在【新建目标表名】文本框中填入"air_data"，【预览设置】项选择【分页显示】，如图 11-15 所示，然后单击【下一步】按钮。

图 11-15　选择上传的数据文件

（3）在【预览数据】模块，观察每个字段的类型及精度，然后单击【下一步】按钮。将【ffp_date】字段和【load_time】字段的类型选择为【字符】，如图 11-16 所示，将字段【avg_discount】的精度设置为【6】，如图 11-17 所示。单击【确定】按钮，即可上传。

数据上传完成后，新建一个名为【航空公司客户价值分析】的空白工程，配置一个【输入源】组件，步骤如下。

（1）在【工程】模块左下方的【组件】栏中，找到【系统组件】类下的【输入/输出】类。拖曳【输入/输出】类中的【输入源】组件至工程画布中。

（2）单击画布中的【输入源】组件，然后在工程画布右侧【字段属性】栏中的【数据表】文本框中输入"air_data"，在弹出的下拉框中选择【air_data】，如图 11-18 所示。

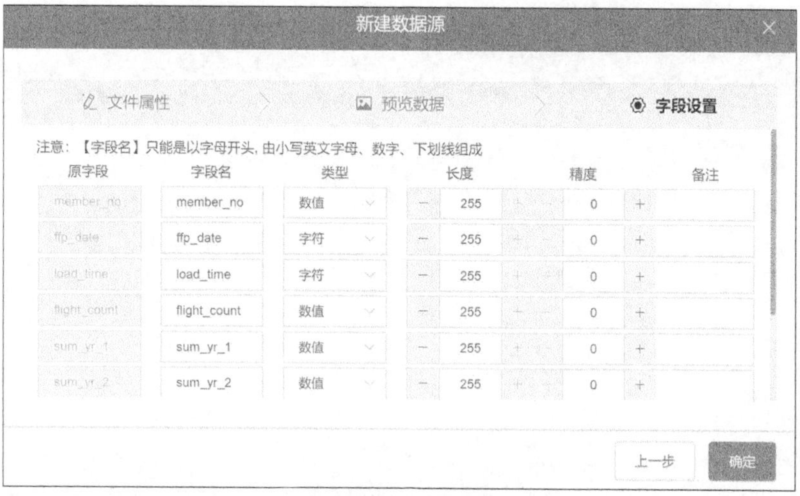

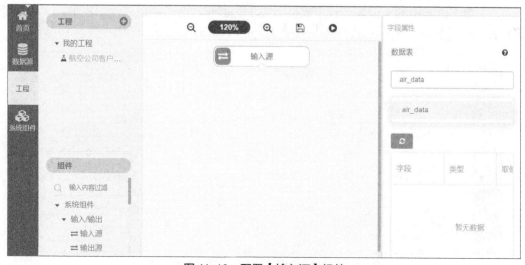

图 11-16　设置类型

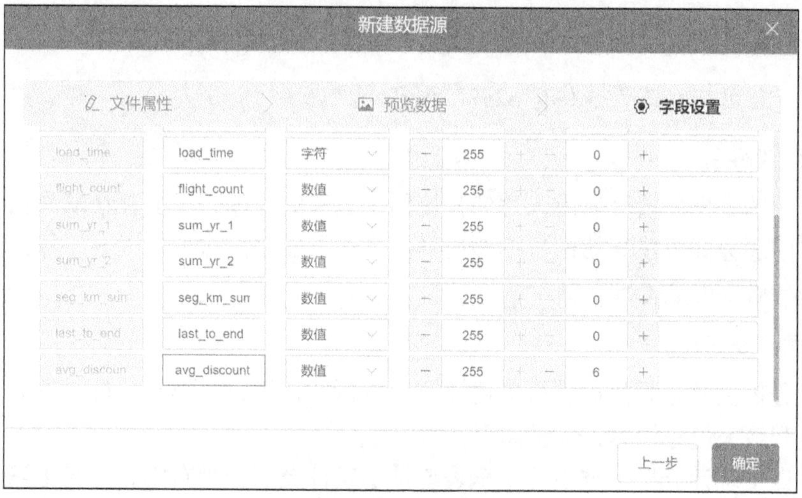

图 11-17　设置精度

图 11-18　配置【输入源】组件

（3）右键单击【输入源】组件，选择【查看数据】选项，结果如图 11-19 所示。

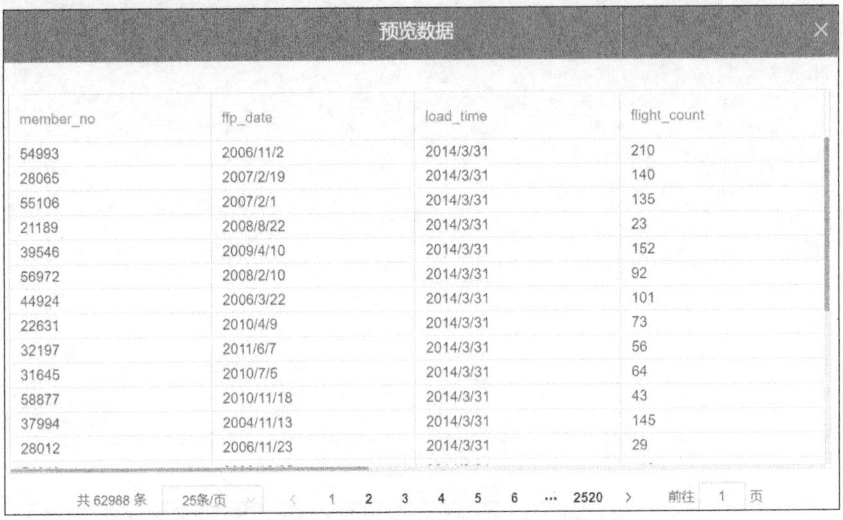

图 11-19　查看【输入源】组件的数据

由图 11-19 可知，该数据共有 62988 条记录。

11.2.2　数据准备

航空公司的数据质量可能尚未达到直接用于建模的程度，可能存在缺失值、异常值等问题，这些问题会导致建立的模型不够精确。为尽可能地排除干扰因素，保证模型的可靠性，需要进行必要的数据准备。

1. 探索性分析

探索性分析主要是对数据进行描述性统计分析，计算每个属性的记录总数、均值、方差、最小值和最大值等指标，步骤如下。

（1）拖曳【统计分析】类中的【全表统计】组件至工程画布中，并与【输入源】组件相连接。

（2）单击画布中的【全表统计】组件，在工程画布右侧【字段属性】栏中，单击【特征】项下的 ⟳ 图标，勾选全部字段，如图 11-20 所示。

图 11-20　对【全表统计】组件进行字段选择

（3）右键单击【全表统计】组件，选择【运行该节点】选项。运行完成后，右键单击【全表统计】组件，选择【查看数据】选项，如图 11-21 所示。

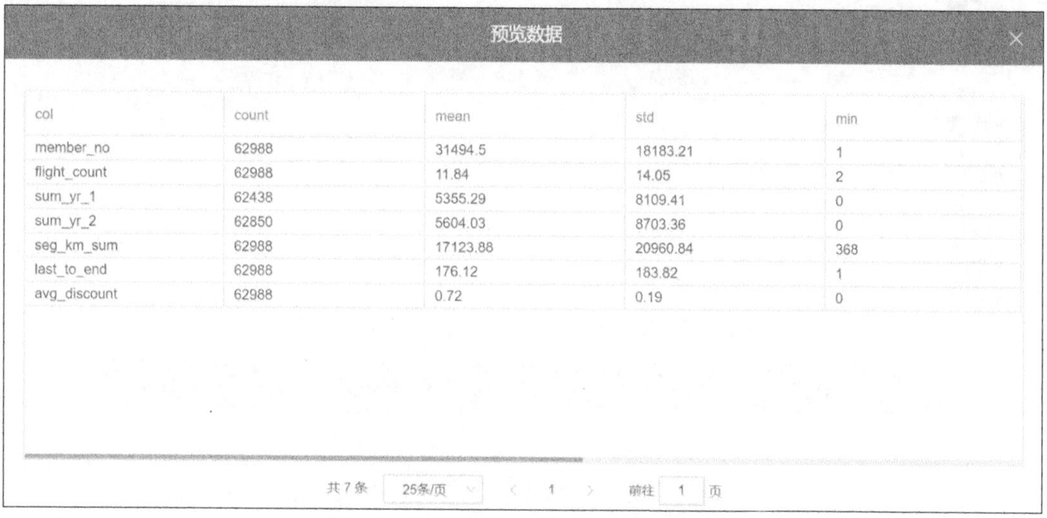

预览数据				×
col	count	mean	std	min
member_no	62988	31494.5	18183.21	1
flight_count	62988	11.84	14.05	2
sum_yr_1	62438	5355.29	8109.41	0
sum_yr_2	62850	5604.03	8703.36	0
seg_km_sum	62988	17123.88	20960.84	368
last_to_end	62988	176.12	183.82	1
avg_discount	62988	0.72	0.19	0

共 7 条　25条/页　<　1　>　前往　1　页

图 11-21　查看【全表统计】组件数据

2. 数据清洗

通过数据探索性分析，发现数据中存在缺失值，需要进行数据清洗，步骤如下。

（1）拖曳【数据预处理】类中的【缺失值处理】组件至工程画布中，并与【输入源】组件相连接。

（2）单击画布中的【缺失值处理】组件，在工程画布右侧【字段属性】栏中，单击【特征】项下的 🔁 图标，勾选全部字段，如图 11-22 所示。

图 11-22　对【缺失值处理】组件进行字段选择

（3）单击工程画布右下方的【参数设置】栏，在【处理方法】项中选择【删除缺失值】选项，如图 11-23 所示。

（4）右键单击【缺失值处理】组件，选择【运行该节点】选项。运行完成后，右键单击【缺失值处理】组件，选择【查看数据】选项，如图 11-24 所示。

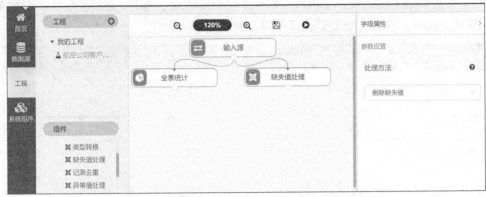

图 11-23　对【缺失值处理】组件进行参数设置

member_no	ffp_date	load_time	flight_count
54993	2006/11/2	2014/3/31	210
28065	2007/2/19	2014/3/31	140
55106	2007/2/1	2014/3/31	135
21189	2008/8/22	2014/3/31	23
39546	2009/4/10	2014/3/31	152
56972	2008/2/10	2014/3/31	92
44924	2006/3/22	2014/3/31	101
22631	2010/4/9	2014/3/31	73
32197	2011/6/7	2014/3/31	56
31645	2010/7/5	2014/3/31	64
58877	2010/11/18	2014/3/31	43
37994	2004/11/13	2014/3/31	145
28012	2006/11/23	2014/3/31	29

共 62300 条　　25条/页　　< 1 2 3 4 5 6 … 2492 > 　前往 1 页

图 11-24　查看【缺失值处理】组件数据

由图 11-24 可知，经过缺失值处理后，该数据剩下 62300 条记录，对比图 11-20 可知，共有 688 条记录被删除。

3. 数据筛选

通过数据探索性分析，发现数据中存在票价最小值为 0、折扣率最小值为 0、总飞行公里数大于 0 的记录。由于原始数据量大，这类数据所占比例较小，对于最终结果影响不大，因此进行丢弃处理，步骤如下。

（1）拖曳【数据预处理】类中的【记录选择】组件至工程画布中，并与【缺失值处理】组件相连接。

（2）单击【特征】项下的 ⟳ 图标，勾选全部字段。

（3）单击工程画布右下方的【参数设置】栏，然后单击 3 次【条件】项下方的 ➕ 图标，添加 3 个筛选条件。单击【条件】项下方的 ⟳ 图标。在【条件】项第 2 列中，3 个筛选条件的字段分别选择【sum_yr_1】【sum_yr_2】【seg_km_sum】；在【条件】项第 3 列中，3 个筛选条件都选择【>】；在【条件】项第 4 列中，3 个筛选条件都填入【0】。设置最终结果如图 11-25 所示。

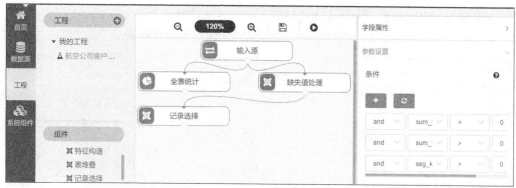

图 11-25　对【记录选择】组件进行参数设置

（4）运行【记录选择】组件。

（5）右键单击【记录选择】组件，选择【查看数据】选项，如图 11-26 所示。由图 11-26 可知，经过记录选择后，该数据剩下 41516 条记录。

member_no	ffp_date	load_time	flight_count
54993	2006/11/2	2014/3/31	210
28065	2007/2/19	2014/3/31	140
55106	2007/2/1	2014/3/31	135
21189	2008/8/22	2014/3/31	23
39546	2009/4/10	2014/3/31	152
56972	2008/2/10	2014/3/31	92
44924	2006/3/22	2014/3/31	101
22631	2010/4/9	2014/3/31	73
32197	2011/6/7	2014/3/31	56
31645	2010/7/5	2014/3/31	64
58877	2010/11/18	2014/3/31	43
37994	2004/11/13	2014/3/31	145
28012	2006/11/23	2014/3/31	29

预览数据

共 41516 条　　25条/页　　< 1 2 3 4 5 6 … 1661 > 前往 1 页

图 11-26　查看【记录选择】组件数据

11.2.3　特征工程

本小节主要对数据进行特征构造和数据标准化等操作。

1．特征构造

由于航空公司会员入会时间的长短在一定程度上能够影响客户价值，所以需要通过特征构造得到航空公司会员入会时长，步骤如下。

（1）拖曳【数据预处理】类中的【类型转换】组件至工程画布中，与【记录选择】组件相连接，目的是将 "ffp_date" 字段和 "load_time" 字段的类型由文本类型转换为日期类型。

（2）拖曳【数据预处理】类中的【特征构造】组件至工程画布中，并与【类型转换】组件相连接。

（3）单击【特征】项下的 🔄 图标，勾选全部字段。

（4）单击工程画布右下方的【参数设置】栏，在【新特征名】文本框中输入"new"，在【表达式】文本框中输入"load_time - ffp_date"，如图 11-27 所示。

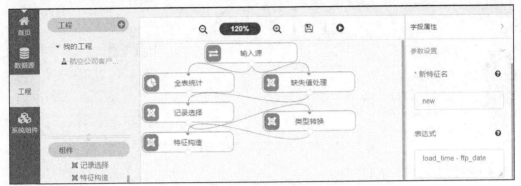

图 11-27　对【特征构造】组件进行参数设置

（5）运行【特征构造】组件，运行完成后，右键单击【特征构造】组件，选择【查看数据】选项，查看组件数据，如图 11-28 所示。

seg_km_sum	last_to_end	avg_discount	new
580717	1	0.961639	2706
293678	7	1.252314	2597
283712	11	1.254676	2615
281336	97	1.09087	2047
309928	5	0.970658	1816
294585	79	0.967692	2241
287042	1	0.965347	2931
287230	3	0.96207	1452
321489	6	0.828478	1028
375074	15	0.70801	1365
262013	22	0.988658	1229
271438	6	0.952535	3425
321529	67	0.799127	2685

共 41516 条　25条/页　< 1 2 3 4 5 6 … 1661 >　前往 1 页

图 11-28　查看【特征构造】组件数据

由图 11-28 所示，字段 new 为航空公司会员入会时长。

2. 数据标准化

由于属性间的数据取值范围差异较大，为了消除量级带来的影响，需要进行标准化处理，步骤如下。

（1）拖曳【数据预处理】类中的【修改列名】组件至工程画布中，与【特征构造】组件相连接，目的是将"flight_count""seg_km_sum""last_to_end""avg_discount""new"这 5 个字段的名称分别改为"f""m""r""c""l"。

（2）拖曳【数据预处理】类中的【类型转换】组件至工程画布中，与【修改列名】组件相连接，目的是将"l"字段的类型由文本类型转换为数值类型。

（3）拖曳【数据预处理】类中的【数据标准化】组件至工程画布中，并与【类型转换】组件相连接。

（4）单击【特征】项下的 🔄 图标，勾选全部字段。

（5）单击工程画布右下方的【参数设置】栏，在【标准化方式】项中选择【零均值标准化】选项，如图 11-29 所示。

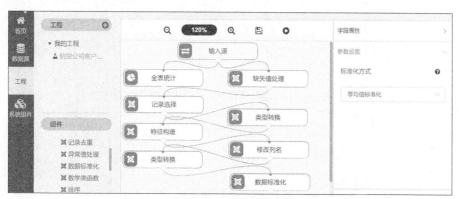

图 11-29　对【数据标准化】组件进行参数设置

（6）运行【数据标准化】组件。

11.2.4　模型训练

数据预处理完成后，使用 K-Means 聚类算法对客户数据进行分群，聚成 5 类，步骤如下。

（1）拖曳【聚类】类中的【K-Means】组件至工程画布中，并与【数据标准化】组件相连接。

（2）单击【特征】项下的 🔄 图标，勾选全部字段。

（3）单击工程画布右下方的【基础参数】栏，在【聚类数】项中填入 5，在【最大选代次数】项中填入 100，如图 11-30 所示。

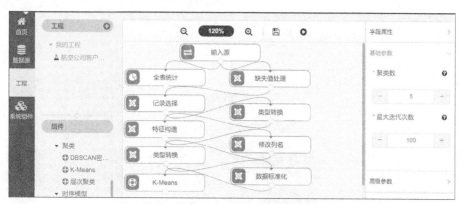

图 11-30　对【K-Means】组件进行参数设置

（4）运行【K-Means】组件。

（5）右键单击【K-Means】组件，选择【查看数据】选项，如图 11-31 所示。

（6）右键单击【K-Means】组件，选择【查看报告】选项，如图 11-32、图 11-33 和图 11-34 所示。

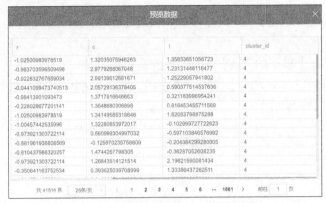

图 11-31　查看【K-Means】组件数据

图 11-32　查看【K-Means】组件报告（1）

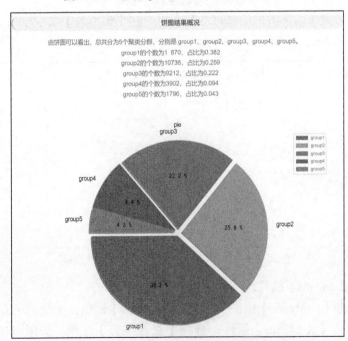

图 11-33　查看【K-Means】组件报告（2）

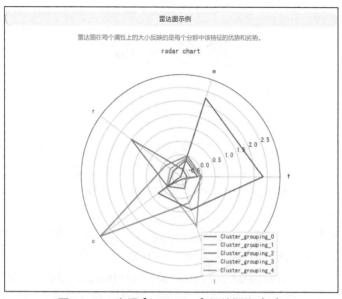

图 11-34　查看【K-Means】组件报告（3）

小结

本章简单介绍了如何在 TipDM 数据挖掘建模平台上配置航空公司客户价值分析案例的工程，从数据获取，到数据探索性分析，再到数据预处理，最后到数据建模，向读者展示了平台流程化的思维，使读者加深了对数据分析流程的理解。同时，平台去编程、拖曳式的操作，使没有 Python 编程基础的读者可以轻松构建数据分析流程，从而达到数据分析的目的。

课后习题

使用鸢尾花数据集，如表 11-1 所示，构建一个分类工程，要求至少包含对数据进行描述性统计分析、拆分成训练集和测试集以及构建分类模型 3 个过程。

表 11-1　鸢尾花数据集

sepal_length	sepal_width	petal_length	petal_width	species
5.1	3.5	1.4	0.2	setosa
4.9	3	1.4	0.2	setosa
4.7	3.2	1.3	0.2	setosa
4.6	3.1	1.5	0.2	setosa
5	3.6	1.4	0.2	setosa
……	……	……	……	……

参考文献

[1] 黄红梅, 张良均. Python 数据分析与应用[M]. 北京: 人民邮电出版社, 2018.

[2] 张良均, 杨海宏, 何子健, 等. Python 与数据挖掘[M]. 北京: 机械工业出版社, 2016.

[3] 张良均, 谭立云, 刘名军, 等. Python 数据分析与挖掘实战[M]. 2 版. 北京: 机械工业出版社, 2019.

[4] 韩宝国, 张良均. R 语言商务数据分析实战[M]. 北京: 人民邮电出版社, 2018.

[5] 廖芹, 郝志峰, 陈志宏. 数据挖掘与数学建模[M]. 北京: 国防工业出版社, 2010.

[6] QUINLNA J R. Induction of decision trees[J]. Machine Learning, 1986, 1（1）: 81-106.

[7] 何晓群, 刘文卿. 应用回归分析[M]. 北京: 中国人民大学出版社, 2011.

[8] 何书元. 概率论[M]. 北京: 北京大学出版社, 2006.

[9] 薛毅. 数值分析与科学计算[M]. 北京: 科学出版社, 2011.

[10] 王学民. 应用多元统计分析[M]. 4 版. 上海: 上海财经大学出版社, 2014.

[11] 周志华. 机器学习[M]. 北京: 清华大学出版社, 2016.

[12] 项亮. 推荐系统实战[M]. 北京: 人民邮电出版社, 2012.

[13] ZHENG A, CASARI A. Feature engineering for machine learning: principles and techniques for data scientists[M]. O'Reilly Media, Inc., 2018.

[14] BLEI D M, NG A Y, JORDAN M I. Latent Dirichlet Allocation[J]. Journal of Machine Learning Research, 2003, 3（Jan）: 993-1022.

[15] Pang-Ning Tan, Michael Steinbach, Vipin Kumar. 数据挖掘导论: 完整版[M]. 范明, 范宏建, 译. 北京: 人民邮电出版社, 2011.

[16] 罗亮生, 张文欣. 基于常旅客数据库的航空公司客户细分方法研究[J]. 现代商业, 2008（23）: 54-55.